GEMÜSEBAU-PRAXIS

Effizienter Anbau – nachhaltige Produktion

Liebe/r Leser/in,

wir freuen uns, dass wir dir mit unserem Buch neue Inspiration liefern dürfen und hoffen, es wird dir gefallen. Weitere Leseabenteuer mit verbriefter Fachinformation findest du auf www.cadmos.de

Wenn du mit uns in Verbindung treten oder deine Erfahrungen teilen möchtest, dann tue das bitte unter:
https://www.facebook.com/cadmosverlag
https://www.instagram.com/cadmosverlag
oder per Mail an info@cadmos.at

Wir freuen uns schon jetzt über dein Feedback!

Haftungsausschluss

Die Inhalte dieses Fachbuches wurden mit größter Sorgfalt und nach dem aktuellen Stand von Wissenschaft, Praxis und Rechtlage zusammengestellt. Dennoch kann keine Gewähr für die Vollständigkeit, Richtigkeit und Aktualität der Angaben übernommen werden.

Insbesondere bei der Anwendung von Pflanzenschutz- und Düngemitteln ist stets die jeweils geltende gesetzliche Regelung zu beachten. Die in diesem Buch genannten Mittel, Dosierungen und Verfahren stellen keine Empfehlung im rechtlichen Sinne dar, sondern dienen ausschließlich der fachlichen Information. Es liegt in der Verantwortung der Anwender, vor dem Einsatz die aktuell gültigen Zulassungen, Anwendungsbestimmungen, Sicherheitsvorschriften sowie die Produktetiketten und Sicherheitsdatenblätter sorgfältig zu prüfen und zu befolgen.

Die Autoren und der Verlag übernehmen keine Haftung für Schäden oder Verluste, die aus einer unsachgemäßen oder gesetzeswidrigen Anwendung von Produkten oder Verfahren resultieren.

Aktuelle Links zu EU-Richtlinien, amtlichen Verzeichnissen, nützlichen Downloadangeboten von Behörden und Institutionen findest du auf der Website https://fachbuch.cadmos.de/gemuesebau-praxis

Bildquellennachweis

Umschlag: Natalia Garidueva., sadecestock, Velzedo, Weha, Viktor Sergeevich, alle Shutterstock.com
Innenteil: Wenn nicht anders angegeben, alle Abbildungen von Helmut Pelzmann und Josef Kapper.

avBUCH im CADMOS Verlag

10. überarbeitete Auflage 2025

Gestaltung und Satz: armanda,geisler Wien
Überarbeitung: Hantsch PrePress Services OG, Wien
Lektorat: Ing. Barbara P. Meister MA, FachLektor.at, Wien
Druck: www.graspo.com

ISBN: 978-3-8404-8324-0

Printed in EU

Josef Kapper • Helmut Pelzmann

GEMÜSEBAU-PRAXIS

Effizienter Anbau – nachhaltige Produktion

10., überarbeitete Auflage 2025

avBUCH

Inhalt

Vorwort

Die Bedeutung des Gemüsebaus innerhalb der pflanzenbaulichen Produktion nimmt zu und viele Landwirte sind auf der Suche nach einer Spezialkultur zur Verbesserung ihres Einkommens. Dazu kommt, dass sich viele Kleingärtner heute wieder mehr dem Nutzgarten im Sinne einer erfüllenden Freizeitbeschäftigung und gesunden Ernährungsweise zuwenden. Zeitgemäße Ratschläge sollen dabei behilflich sein.

In der neuen Auflage wurden gesetzliche Rahmenbedingungen, die besonders für den professionellen Gemüsebau von Bedeutung sind, aktualisiert. Ebenfalls berücksichtigt wurden die Änderungen der klimatischen Bedingungen. Neu hinzu gekommen sind die Kulturanleitungen für Ingwer und Kurkuma. Ergänzungen erfolgten auch im Bereich des Biologischen (= Ökologischen) Landbaus und der erdelosen Kultur.

Auch die vorliegende Auflage möchte als Erstinformation für den beginnenden Gemüsebauer, für die schulische Ausbildung sowie als Leitfaden für den Praktiker gute Dienste leisten. Der fortschrittliche Betriebsführer wird sich darüber hinaus durch weiterführende Literatur und Fachzeitschriften, durch Teilnahme an Exkursionen und Fachtagungen sowie durch ständigen Kontakt zu den staatlichen Beratungs- und Versuchsstellen auf dem letzten Stand des gemüsebaulichen Wissens halten. Wer mehr weiß, braucht weniger zu glauben.

Josef Kapper

ALLGEMEINER TEIL

GRUNDLAGEN

für den Gemüsebau

Bedeutung und Einteilung

Der Gemüsebau ist ein wichtiger Bestandteil der pflanzenbaulichen Produktion und die intensivste Form der Ackernutzung. Er kann in kleineren Betrieben als Nebenerwerb und in größeren Spezialbetrieben als Hauptproduktionszweig (Vollerwerb) betrieben werden. Zweck des Gemüsebaus ist sowohl die ausreichende, gleichmäßige und abwechslungsreiche Nahrungsversorgung als auch die Sicherung des Einkommens durch Einsatz modernster Betriebsmittel und optimaler Kulturmethoden. Als Gemüse werden alle krautartigen Pflanzen bezeichnet, deren Teile (Wurzel, Stängel, Blatt, Blüte, Knospe usw.), frisch oder zubereitet, der menschlichen Ernährung dienen. Die Trennung von anderen pflanzenbaulichen Produkten wird in einigen Ländern unterschiedlich gehandhabt. Tomaten können auch als Obst bezeichnet werden oder die Kartoffeln als Gemüse.

Die **Einteilung des Gemüses** kann nach verschiedenen Gesichtspunkten erfolgen:

a) Nach der Zugehörigkeit zu Familien im botanischen System (wie im vorliegenden Buch)

Kreuzblütler:
Brokkoli, Chinakohl, Karfiol, Kohl, Kohlrabi, Kohlrübe, Kraut, Kren, Kresse, Radieschen, Rettich, Speiserüben, Sprossenkohl, Stielmus
Kürbisgewächse:
Gurke, Kürbis, Melone
Nachtschattengewächse:
Eierfrucht, Paprika, Tomate
Schmetterlingsblütler:
Busch- und Stangenbohne, Erbse, Feuerbohne, Puffbohne, Trockenkochbohne
Doldenblütler:
Dill, Knollenfenchel, Möhre, Pastinake, Petersilie, Sellerie
Korbblütler:
Artischocke, Chicorée, Endivie, Kopfsalat, Radicchio, Römischer Salat, Schwarzwurzel, Topinambur
Lauchgewächse: *
Knoblauch, Porree, Schalotte, Schnittlauch, Zwiebel
Spargelgewächse: *
Spargel
Gänsefußgewächse:
Mangold, Rote Rübe, Spinat
Gräser:
Zuckermais
Knöterichgewächse:
Rhabarber
Baldriangewächse:
Feldsalat (Rapunzel)
Eiskrautgewächse:
Neuseeländer Spinat

* Lauch- und Spargelgewächse zählten früher zu den Liliengewächsen (Liliaceae) – in älteren Publikationen werden also Zwiebel, Knoblauch, Porree, Schnittlauch, Schalotte und Spargel zur gleichen Familie gezählt.

b) Nach der Nutzung bestimmter Pflanzenteile

Wurzelgemüse:
Kren, Möhre, Pastinake, Petersilie, Radieschen, Rettich, Rote Rüben, Sellerie, Schwarzwurzel, Topinambur
Fruchtgemüse:
Bohne, Eierfrucht, Gurke, Kürbis, Melone, Paprika, Tomate, Zuckermais
Blattgemüse:
Chinakohl, Endiviensalat, Feldsalat, Kopfsalat, Löwenzahn, Spinat, Zichoriensalat
Stiel/Stängel/Sprossgemüse:
Rhabarber, Spargel, Stangensellerie, Stielmangold
Samengemüse:
Feuerbohne, Popcornmais, Sojabohne, Trockenkochbohne, Erbsenkorn

c) Nach botanischen Gruppen

Kohlgemüse:
Blattkohl, Brokkoli, Chinakohl, Karfiol, Kohl, Kohlrabi, Kraut, Sprossenkohl
Hülsenfrüchte:
Bohne, Erbse, Puffbohne
Zwiebelgemüse:
Knoblauch, Porree, Schnittlauch, Zwiebel

d) Nach dem Zeitpunkt der Ernte

Frühgemüse:
Januar bis Mai
Sommergemüse:
Juni bis September
Herbst-/Wintergemüse:
Oktober bis Dezember

e) Nach dem Anbauort

Freilandgemüse (auch mit Flachbedeckung)
Gemüse aus geschützter Kultur (Glashaus, Folientunnel)

f) Nach der Vermarktungsart

Frischgemüse
Konservengemüse:
Gärgemüse, Gefrierkonserve, Nasskonserve, Trockengemüse
Lagergemüse:
aus Normal- oder Kühllagern in den Wintermonaten

Das Gemüse dient als Ergänzung der kalorienliefernden Grundnahrung. Der Wert als Nahrungspflanze liegt im reichen Gehalt an Wirk-, Mineral- und Würzstoffen, relativ geringen Kalorienmengen und hohem Rohfasergehalt. Bei den Wirkstoffen sind es vor allem die Vitamine A, C, B_1 und B_2. Durch die Zunahme des Verbrauchs an kalorienreichen Nahrungsmitteln ist ein ausreichender Gemüseverzehr von besonderer gesundheitlicher Bedeutung.

Bioaktive Substanzen und gesundheitlicher Wert von Gemüse

Gemüse bietet neben Genuss, Frische und Vielfalt auch wertvolle Nährstoffe in einer schmackhaften, abwechslungsreichen Ernährung. Neben lebensnotwendigen Vitaminen und Mineralstoffen geht es um bioaktive Substanzen mit gesundheitsfördernder Wirkung. Bioaktive Inhaltsstoffe kommen nur in pflanzlichen Lebensmitteln vor, und zwar als Ballaststoffe, sekundäre Pflanzenstoffe und Inhaltsstoffe fermentierter Lebensmittel (z. B. Milchsäure in Sauerkraut).

Ballaststoffe sind unverdauliche Bestandteile pflanzlicher Lebensmittel mit vielfältigen Wirkungen. Sie stimulieren die Dickdarmtätigkeit, unterstützen Entgiftungsreaktionen des Körpers, verbessern die Blutzuckerregulation und tragen zur Senkung einer überhöhten Blutcholesterinkonzentration bei.

Relativ neu sind die Erkenntnisse über sekundäre Pflanzenstoffe mit ihren beachtlichen Wirkungen. Dazu zählen die Carotinoide, Glucosinolate, Polyphenole, Saponine und Sulfide.

Carotinoide – mit ihrem bekanntesten Vertreter Betacarotin – sind mehr als nur Farbstoffe. Carotinoide kommen vor allem in gelb, orange oder rot gefärbtem Gemüse vor, wie z. B. in Karotten, reifen Paprika, orangefarbenen Speisekürbissen. Doch auch in Grüngemüse sind die Werte nicht zu verachten, so bei Dill, Petersilie und Grünkohl. Die antioxidative Wirkung ist von wesentlichem Interesse, d. h., die sogenannten Freien Radikale, aggressive und äußerst reaktionsfreudige Sauerstoffverbindungen, werden unschädlich gemacht. Werden Freie Radikale nicht inaktiviert, schädigen sie Zellen, Gewebe und verändern vor allem die Erbsubstanz.

Glucosinolate sind nicht nur für den guten Geschmack und typischen Geruch vieler Gemüsearten aus der Familie der Kreuzblütler verantwortlich. Kohlgemüse wie Sprossenkohl, Rotkraut, Karfiol, Brokkoli, Kohlrabi und Rettich, Radieschen, Kresse zeigen höhere Werte. Erst bei der Zubereitung (Zerkleinern, Erhitzen) entstehen aus den Glucosinolaten die eigentlichen gesundheitsfördernden Substanzen wie Indole und Thiocyanate. Diese Verbindungen regen die körpereigenen Entgiftungsvorgänge an und unterbinden direkt bösartige Zellveränderungen.

Die Vielfalt der Gemüsearten und deren Inhaltsstoffe ergeben den hohen gesundheitlichen Wert.

Polyphenole sind eine große Gruppe von sekundären Pflanzenstoffen im Gemüse. Bekannteste Vertreter sind die Flavonoide, die als Farb- und Geschmacksstoff eine Rolle spielen. Sie kommen in Brokkoli, Grünkohl, Rotkohl, Grüne Bohnen, Sellerie, Tomatensaft, Zwiebeln und Endivie vor. Die Wirkung beruht auf Antioxidanzien, dabei entwickeln sie einen speziellen Schutz gegenüber dem Erbgut der Körperzellen. Besonders das Flavonoid Quercetin in der Zwiebel kann aufgrund seiner antioxidativen Wirkung die Nitrosaminbildung im Magen hemmen. Nitrosamine können im Magen aus Nitrat- und Eiweißverbindungen entstehen und gelten als kanzerogen.

Saponine sind ebenfalls Geschmacksstoffe. Sie kommen vor allem in Hülsenfrüchten, Linsen und Spinat vor. Den Saponinen wird eine besondere Schutzwirkung gegenüber Dickdarmkrebs zugesprochen, da sie die Vermehrung von Tumorzellen direkt hemmen sollen. Saponine stimulieren die körpereigenen Abwehrkräfte wie z. B. die Aktivität der im Blut zirkulierenden natürlichen Killerzellen, die veränderte Körperzellen vernichten können.

Sulfide sind Geschmacksträger, z. B. im Knoblauch, aber auch in anderen Zwiebelgewächsen wie Porree, Zwiebel, Schnittlauch. Wirksam sind die Sulfide nach dem Zerkleinern, dann sind sie als Radikalfänger aktiv, verstärken den Speichelfluss und die Magensaftbildung, steigern die Dickdarmtätigkeit und hemmen zudem Wachstum und Vermehrung von Bakterien. Sulfide verbessern zudem die Fließeigenschaften des Blutes.
Das antioxidative und gefäßschützende Potenzial der sekundären Pflanzenstoffe wird möglicherweise noch ergänzt bzw. potenziert durch das Vitamin C und Selen, die mit dem Gemüseverzehr aufgenommen werden.

Der Gemüseverbrauch ist in den einzelnen europäischen Ländern sehr unterschiedlich.
Er ist in den nördlicheren Breitengraden deutlich geringer. In nachfolgenden Aufstellungen wurden die Gemüsearten nach deren jährlichem Mengenverbrauch in Kilogramm dargestellt.

Gemüseverbrauch in Österreich (2022/23)
115,3 kg pro Person. Dazu kommen noch durchschnittlich 5,3 kg Gemüse aus Eigenanbau und Kleingärten.

Beispiele von Gemüseverbrauchsmengen

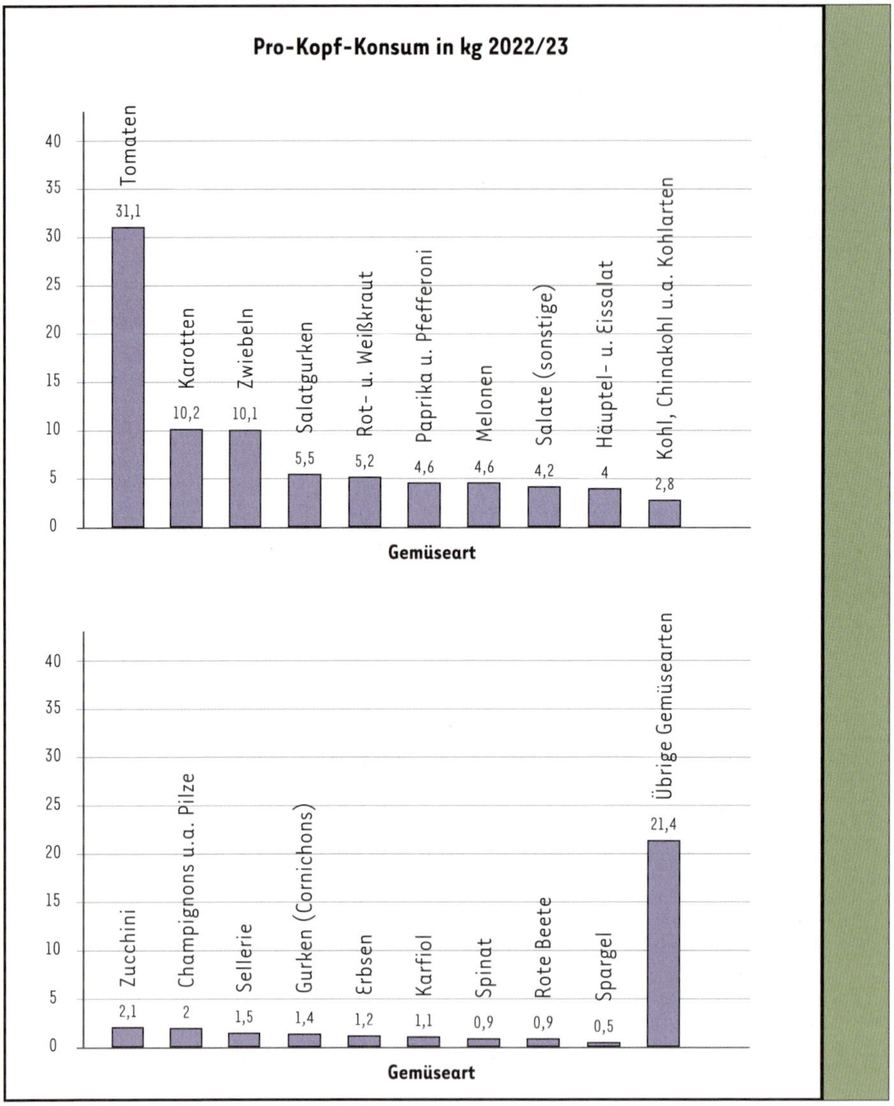

(Quelle: statista.de, 2024)

Aktuelle statistische Daten aus Deutschland finden Sie auf statista.de

Natürliche Bedingungen für den Gemüsebau

Klima, Lage und Boden

Der Gemüsebau stellt bestimmte Anforderungen an Klima, Lage, Boden und Betrieb. Diese Faktoren haben auf den Ertrag einen sehr wechselhaften Einfluss, da sich die einzelnen Gemüsearten in dieser Hinsicht sehr verschieden verhalten. Der Erfolg einer Gemüsekultur innerhalb einer landwirtschaftlichen Produktion hängt weitgehend auch vom Wissen und Können des Betriebsleiters, des Arbeitskräftebesatzes und vor allem von den Absatzmöglichkeiten (Direktabsatz ab Hof oder Bauernmarkt, Abo-Kiste, Erzeuger-Organisation (EO), Großmarkt, Absatzgenossenschaften, Anbauverträge mit der Konservenindustrie, Sammelstellen-Nähe usw.) ab.

Während beispielsweise die meisten Kohlgewächse, Wurzelgemüse, manche Bohnenarten u. a. auch in rauen Lagen gedeihen, ist die Kultur wärmeliebender Pflanzen wie Tomaten oder Gurken in solchen Gebieten nicht mehr möglich. Ähnliche Beobachtungen können auch hinsichtlich der Bodenansprüche, des Wasserbedarfs oder der Lichtbedürftigkeit gemacht werden. Aus diesem Grund sind daher im Laufe der Zeit unter Anpassung an die gegebenen Klima- und Bodenverhältnisse in Österreich (Seewinkel im Burgenland, Marchfeld in Niederösterreich, Eferdinger Becken in Oberösterreich, südöstliches Flach- und Hügelland in der Steiermark, Gegend um Innsbruck in Tirol) bestimmte Anbaugebiete entstanden, welche der Kultur dieser oder jener Gemüseart die günstigsten Bedingungen gewähren.

Im Allgemeinen sagt dem Gemüsebau ein gemäßigtes, ausgeglichenes Klima am besten zu: Jahresmitteltemperatur über 8 °C, Niederschlagsmenge über 600 mm (ohne Zusatzberegnung). Trockenheit und Hitze schließen eine erfolgreiche Kultur fast zur Gänze aus, während hohe Luftfeuchtigkeit, wie sie insbesondere die Nähe größerer Waldungen oder Wasserflächen (Seen, Teiche, Flussläufe) mit sich bringt, das Wachstum weitgehend fördert (Kohlgemüse).

Allerdings hat der Klimawandel mittlerweile erhebliche Auswirkungen auf den professionellen Gemüseanbau. Durch erhöhte Durchschnittstemperaturen verkürzt sich der Vegetationszyklus vieler Gemüsepflanzen, was zu Qualitätsproblemen und Ertragsverlusten führen kann. Außerdem bringen extremere Hitzewellen Stress für die Pflanzen mit sich, was wiederum ihre Widerstandskraft gegenüber Krankheiten schwächt.

Auch die Verfügbarkeit von Wasser wird durch den Klimawandel beeinflusst. Wasserressourcen werden knapper, insbesondere in bereits wasserarmen Regionen, und Bewässerungsschwierigkeiten nehmen zu. Veränderte Niederschlagsmuster, die sich in Form von unregelmäßigen, aber intensiveren Regenfällen zeigen, führen vermehrt zu Bodenerosion und Nährstoffauswaschung, was die Bodenfruchtbarkeit beeinträchtigt. In Küstennähe tritt durch die steigenden Meeresspiegel zunehmend Salzwasser in Grundwasserleiter ein, was zu einer Versalzung der Böden und erschwerten Bedingungen für den Gemüseanbau führt.

Darüber hinaus breiten sich neue Schädlinge und Pflanzenkrankheiten durch die Erderwärmung in Regionen aus, die zuvor unbetroffen waren, was zu weiteren Ertragsverlusten und Qualitätsminderungen führt. Zudem verändern sich die

Lebenszyklen von Schädlingen und Krankheiten, was ihre Bekämpfung erschwert und zusätzliche Pflanzenschutzmaßnahmen notwendig macht.

Die Bodenqualität leidet ebenfalls unter dem Klimawandel. Neben der bereits erwähnten Erosion kann es durch Versalzung zu Problemen bei der Nährstoffaufnahme durch die Pflanzen kommen, was die Erträge weiter verringert.

Als Reaktion auf diese Herausforderungen setzen viele Betriebe zunehmend auf Anpassungsstrategien, wie die Wahl klimastabiler Gemüsesorten, die widerstandsfähiger gegenüber Hitze, Trockenheit und Schädlingen sind. Effiziente Bewässerungstechniken wie Tropfbewässerung helfen, den Wasserverbrauch zu reduzieren und die Wasserversorgung in kritischen Phasen zu sichern.

Was die örtliche **Lage** betrifft, so ist ebenen oder leicht nach Süden geneigten Flächen, besonders für den Frühgemüsebau, der Vorzug zu geben. Allerdings darf die Neigung des Geländes nicht so stark sein, dass Abschwemmungsverluste und Behinderung des Maschineneinsatzes eintreten können.

Wichtig ist der Schutz der Gemüseflächen gegen Wind, insbesondere aus Norden und Osten, da dieser besonders abkühlend und stark austrocknend wirkt. Tiefer gelegene Grundstücke eignen sich daher meist besser für den Gemüsebau, da die sie umgebenden Höhen einen natürlichen Windschutz bilden (Beckenlagen). Bei einigen Gemüsearten kann aber gerade der Anbau in windoffenen Lagen sinnvoll sein. Beispielsweise ist dadurch bei Zwiebeln mit weitaus weniger Schadorganismen (Zwiebelfliege, Falscher Meltau) zu rechnen, was vor allem in der Bioproduktion wichtig ist.

Von größter Bedeutung ist die Wahl des richtigen **Bodens.** Wenn auch auf kleineren Flächen die Bodenfrage leichter zu lösen ist, da eine entsprechende Verbesserung (reichliche Düngung, Kalkung, Zufuhr von Humusdüngern usw.) eher durchgeführt werden kann, so ist die Bedeutung des Bodens als Träger allen Wachstums nicht zu unterschätzen.

Der Begriff der „Bodengare" umschreibt den Idealzustand eines fruchtbaren Bodens. Ein garer Boden ist krümelig, humos, gut durchlüftet, wasser- und nährstoffspeicher-

So bunt zeigt sich heute die Sorten-Vielfalt bei Salat.

fähig, leicht durchwurzelbar und von lebenden Organismen (Bakterien, Pilze, Insekten, Würmer usw.) durchsetzt.

Die besten Gemüseböden sind tiefgründige, humose, sandige Lehmböden (25 bis 30 % Tongehalt) oder lehmige Sandböden (20 % Tongehalt). Strenge Lehmböden (40 bis 50 % Tongehalt) oder schwere Tonböden (60 % Tongehalt) sind für einen Gemüsebau weniger geeignet, da sie im Allgemeinen feucht, kalt und auch schwer zu bearbeiten sind. Ebenso können Flugsandböden und lose Sandböden (geringer Tongehalt) nicht empfohlen werden. Infolge der meist ungünstigen Grundwasserverhältnisse stellen sie höhere Anforderungen an die Bewässerung und steigern damit den Betriebsaufwand beträchtlich. Schwemmlandböden und kultivierte Moorböden stellen hingegen ein sehr gutes Gemüseland dar, insbesondere für den Anbau von Kohlgewächsen aller Art. Allgemein soll als Regel gelten, dass für den Frühgemüsebau leichteren, für den Spätgemüsebau schwereren Böden der Vorzug zu geben ist.

Selbstverständlich dürfen bei der Beurteilung der Bodeneignung auch die Mächtigkeit der Ackerkrume und die Grundwasserverhältnisse nicht außer Acht gelassen werden. Da viele Gemüsearten erhebliche Tiefwurzler sind (Wurzeltiefgang bei Tomate bis 110 cm, bei Gurke bis 150 cm und bei Kraut bis 180 cm) und gegen stauende Nässe, wie sie insbesondere auf schwerer Lehmunterlage zu finden ist, empfindlich sind, muss der Untergrund eine gewisse Durchlässigkeit aufweisen. Hinsichtlich der Höhe des Grundwasserspiegels lassen sich keine bestimmten Werte angeben. Im Allgemeinen kann Grundwasser um so höher liegen, je leichter der Boden ist, wobei als oberste Grenze etwa 80 cm gelten dürfen.

Von großem Einfluss auf das Pflanzenwachstum ist auch der Reaktionszustand (pH-Wert) des Bodens (sauer, neutral, alkalisch) sowie sein Gehalt an pflanzenverfügbaren Nährstoffen.
Eine Bodenuntersuchung durch eine Untersuchungsanstalt sollte daher, insbesondere bei Kulturneuaufnahme, auf keinen Fall versäumt werden. Wichtigste Voraussetzung hierzu ist allerdings die richtige Entnahme der Bodenproben, da von dieser Arbeit in erster Linie die Verlässlichkeit der Untersuchungen abhängt.

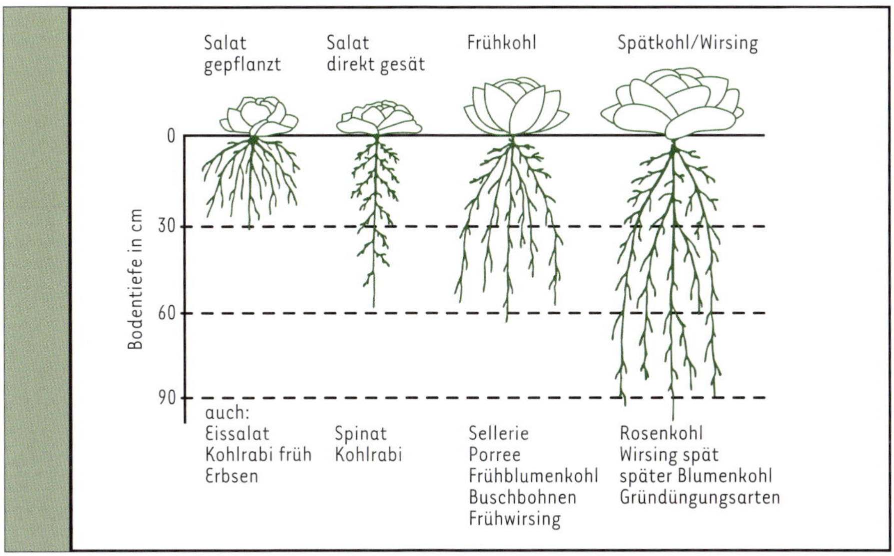

Bodendurchwurzelung bei einigen Gemüsepflanzen

Günstiger pH-Wert (= Reaktionszustand) des Bodens für einige Gemüsearten

Gemüse	pH-Bereich	Gemüse	pH-Bereich
Bohne	5,5–7	Porree (Lauch)	6–8
Chicorée	5–6,5	Feldsalat (Rapunzel)	6,5–7,5
Erbse	6–7	Rettich	5,5–7
Grünkohl	5,5–7	Rhabarber	5,5–7
Gurke	5,5–7,5	Sprossenkohl	6–7
Karfiol	6,5–7,5	Rotkraut, Rote Rüben	6,5–7,5
Karotte	6–7,5	Salat	5,5–7,5
Knoblauch	6–8	Schnittlauch	6–7
Kohlrabi	5,5–7	Schwarzwurzel	6–7,5
Kürbis	5,5–7	Sellerie, Spargel	6–7
Mangold	6–8	Spinat	5,5–7
Kren	6–7,5	Tomate	5,5–7
Melone	6–8	Weißkraut, Wirsing	6,5–7,5
Petersilie	6–8	Zwiebel	6,5–7,5

Einstufung der Bodenreaktion

pH-Wert	Bodenreaktion
unter 4,6	Stark sauer
4,6–5,5	Sauer
5,6–6,5	Schwach sauer
6,6–7,2	Neutral
7,3–8,0	Alkalisch
über 8,0	Stark alkalisch

Die Nährstoffverfügbarkeit ist vom pH-Wert abhängig

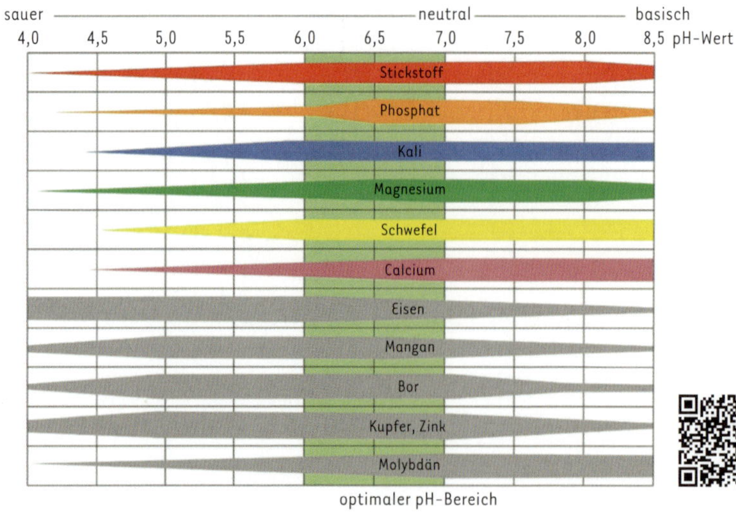

(Quelle: **Richtlinie für die sachgerechte Düngung** im Garten- und Feldgemüsebau, 2024)

Die Bodenbearbeitung

Die hohen Anforderungen, die im Gemüsebau an den Boden gestellt werden, zwingen zu einer besonders überlegten Bodenbearbeitung.

Aufgabe der Bodenbearbeitung ist
- die Bodenlockerung durch Pflug, Hackgerät, Grubber, Egge, Rotorkrümler, Fräse, Spatenmaschine
- die Bodenmischung durch Fräse, Rotorkrümler
- das Einbringen der Düngemittel, der Ernterückstände, der Gründüngung
- die Beikrautbekämpfung

Jede Bearbeitung ist ein Eingriff in das Ökosystem Boden. Es soll daher ein Zustand angestrebt werden, wie ihn der Boden unter einer natürlichen Vegetationsdecke aufweist. Um Bodenschäden zu vermeiden, sollen die Arbeitsgänge zur Bodenbearbeitung und -bestellung auf das notwendigste Maß beschränkt werden. Wiederholtes tiefes und intensives Lockern durch Pflug, Spatenmaschine oder Fräse ist zu vermeiden. Der kombinierte Einsatz von gezogenen Geräten wie Grubber oder Eggen und zapfwellengetriebener Geräte wie Kreiselegge, Fräse oder Zinkenrotor sollte verstärkt werden, um in einem Arbeitsgang z. B. Ernterückstände einzuarbeiten und den Boden saat- oder pflanzfertig herzurichten.

Die Bodenbearbeitung soll den Wasser-, Luft- und Wärmehaushalt regulieren, das Bodenleben, insgesamt die Bodengare, optimal fördern und so die Bodenfruchtbarkeit erhalten. Weitere Bodenpflegearbeiten verteilen sich über die gesamte Vegetationsdauer. Diese sind hauptsächlich das **Hacken** zur Beikrautbekämpfung, zur Bodenlüftung bzw. Freisetzung von Stickstoff und zur Verdunstungshemmung, das **Anhäufeln** zur Erhöhung der Bodentemperatur und Standfestigkeit bzw. Förderung der Adventivwurzelbildung (Zuckermais), **das Mulchen** [Bedecken des Bodens mit schwarzer Folie oder Mulchpapier, Mulchvlies (Einlegegurken), Stroh, Komposterde usw.] zur Förderung der Bodengare, der Krümelstruktur, zur Beikrautbekämpfung, Verdunstungshemmung und Bodentemperaturerhöhung.

Zur leichteren Abstimmung der Bodenbearbeitungsmaschinen, Sä- und Pflanzgeräte bzw. Erntemaschinen hat sich die Einhaltung der Beetkultur (1,25- oder 1,50 m-Beet) z. B. mit 2 Reihen (Kraut, Tomaten) bis 5 Reihen (Salat, Möhren) bewährt.

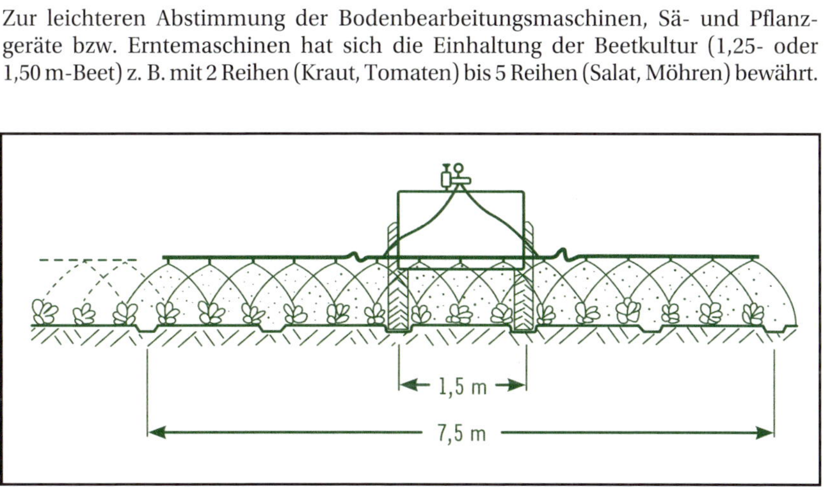

Bei 1,50-m-Beetkultur passt ein Spritzgestänge von 7,50 m Arbeitsbreite und 15 Düsen für 5 Beete.

Fruchtfolge und Bewirtschaftung

So wie in jedem landwirtschaftlichen Betrieb eine Fruchtfolge eingehalten werden muss und nicht jedes Jahr ein und dieselbe Pflanzenart auf dem gleichen Feld gezogen werden kann, ist auch im Gemüsebau die Festlegung einer Fruchtfolge unerlässlich. Hierfür sprechen sowohl pflanzenbauliche als auch wirtschaftliche Gründe, die im Folgenden kurz dargelegt werden sollen.

Wie im Kapitel „Düngung“ ausgeführt wird, ist eine regelmäßige Düngung mit Stallmist oder Kompost anzustreben. Allerdings sind nicht alle Gemüsearten in gleicher Weise befähigt, die im Stallmist enthaltenen Nährstoffe auszunützen. Es muss daher ein entsprechender Wechsel durchgeführt werden, der auch bei der Aufstellung der Fruchtfolge zu berücksichtigen ist.

Auch im Hinblick auf das Auftreten gewisser Krankheiten und Schädlinge ist ein solcher Fruchtwechsel nicht zu umgehen. Es ist bekannt, dass einzelne Gemüsearten bei wiederholtem Anbau auf demselben Grundstück starke Verfallserscheinungen zeigen (z. B. Erbsenmüdigkeit), die auf die sogenannte „Bodenmüdigkeit“ zurückzuführen sind. Es besteht auch die Gefahr eines einseitigen Entzugs der Bodennährstoffe sowie eines gesteigerten Krankheits- und Schädlingsbefalls, der schließlich zur völligen Einstellung der betreffenden Kultur führen müsste. Aus diesem Grund soll es stets vermieden werden, ein und dieselbe Gemüseart oder Gemüsearten, die nahe verwandt sind (z. B. die verschiedenen Kohlgemüse oder Tomaten und Paprika), unmittelbar hintereinander anzubauen.

Mischkulturen fördern die Entwicklung und Gesundheit der Pflanzen.

Von besonderer Bedeutung ist die Aufstellung einer richtigen Fruchtfolge für die Erhaltung der Bodengesundheit. Es bestehen engste Wechselbeziehungen zwischen Boden und Pflanze, die sich vor allem darin äußern, dass gewisse Pflanzen und Pflanzengruppen das Bodenleben und damit auch den Garezustand des Bodens außerordentlich fördern.

Die Gemüsearten sind diesbezüglich in Gruppen zu unterteilen:

- **Garefördernde oder Gesundungspflanzen**
  Hülsenfrüchte, Zwiebelgewächse, Nachtschattengewächse, Gurkengewächse, Kohlgemüse, Salatgewächse

- **Garebelastende Pflanzen**
  Wurzelgemüse, im besonderen Petersilie

Es ist selbstverständlich, dass diese Erkenntnisse auch bei der Aufstellung einer Fruchtfolge Berücksichtigung finden müssen und im Gemüsebau für einen regelmäßigen Wechsel zwischen garefördernden und garebelastenden Pflanzen Sorge zu tragen ist.

Beispiel einer mehrjährigen Fruchtfolge (Tracht)

Jahr	Feld 1	Feld 2	Feld 3	Feld 4
1	Kohlrabi Buschbohnen	Frühkohl Porree	Kopfsalat Sellerie	Gründüngung Karfiol
2	Karfiol Kopfsalat	Möhre Endivien	Kohlrabi Rote Rübe	Sellerie
3	Sellerie Chinakohl	Dicke Bohne Fenchel	Porree	Porree
4	Porree Endivien	Spinat Sellerie	Gründüngung Karfiol	Möhren

Auch aus wirtschaftlichen Gründen ist die Aufstellung einer Fruchtfolge wünschenswert. Sie bildet nicht nur die Grundlage für die alljährlich notwendigen Anschaffungen (Saatgut, Dünger, sonstige Betriebsmittel), Aufstellungen von Arbeits- und Anbauplänen, Ernteschätzungen usw., sondern ist auch für alle jene Maßnahmen bedeutsam, die den Verkauf der Erzeugnisse bzw. die Absatzsicherung (Abschluss von Anbau- und Lieferungsverträgen usw.) betreffen.

Selbstverständlich muss jede Fruchtfolge der jeweiligen Wirtschaftsform weitestgehend angepasst sein. Eine Kenntnis der einzelnen Betriebsformen des Gemüsebaus ist daher unerlässlich, umso mehr, als diese stark voneinander abweichen.

In dieser Hinsicht sind zu unterscheiden:

- **Gemüsebau im Hausgarten**

- **gärtnerischer Erwerbsgemüsebau (Freiland, Unterglas oder Folie)**

- **Feldgemüsebau (Freiland oder unter Folie)**

© jessicahyde/Shutterstock.com

Der Hausgarten dient zur Gemüseselbstversorgung.

Der Gemüsebau im Hausgarten

Wie schon die Bezeichnung andeutet, dient der Hausgarten vor allem der Selbstversorgung. Die Größe des Gemüsegartens hängt von der zu versorgenden Personenanzahl ab, wobei erfahrungsgemäß eine Fläche von 20 bis 30 m^2 genügt, um den Jahresbedarf für eine Person zu decken.

Im Vordergrund werden jene Gemüsearten stehen, die häufig in der Küche gebraucht werden bzw. wo Frische im Vordergrund steht: Salate, Radieschen, Bohnen, Gurken, Tomaten, Zucchini, Küchenkräuter. Gemüsearten mit weitem Standraum (Kraut) können meist billiger zugekauft werden.

Der gärtnerische Erwerbsgemüsebau

Der Gemüsebau des Erwerbsgärtners stellt die intensivste Form der landwirtschaftlichen Bodennutzung unter Einbeziehung von gärtnerischen Arbeitsmethoden, Gewächshäusern oder Folientunnels usw. dar. Dies erscheint auch verständlich, da der Gärtner meist gezwungen ist, auf kleineren Flächen zu wirtschaften (meist zwei Ernten pro Fläche), und keine Ersatzkulturen kennt, die ihm die gleichen Existenzmöglichkeiten bieten. Dadurch wird er zwangsläufig dazu angehalten, auch in Zeiten eines Konjunkturabstiegs Gemüse zu produzieren. Dabei lässt sich die Erdkultur, die im vorliegenden Buch näher erläutert wird, und die erdelose Kultur unterscheiden.

Im Gegensatz hierzu steht der Gemüsebau im landwirtschaftlichen Betrieb. Der Landwirt, der im Verhältnis zum Gärtner über größere Flächen verfügt, ist meist nur aus Gründen der Fruchtfolge oder freier Arbeitskapazitäten am Gemüsebau interessiert. Er wird daher nur so weit und so lange Gemüse erzeugen, als eine Rentabilität zu erwarten ist. Sinkt diese oder steigen die Preise für andere Erzeugnisse, wird er diesen Betriebszweig auflassen, ohne auf die Gleichmäßigkeit einer Marktversorgung Rücksicht zu nehmen.

Erdelose Kulturverfahren

In intensiv genutzten Gewächshäusern wurden vor über vier Jahrzehnten erdelose Kulturverfahren (Hydroponik, Aeroponik, Substratkulturen) eingeführt. Diese Verfahren verwenden verschiedene Substrate wie Steinwolle, Perlite oder Kokosfasern, die als Träger für die Pflanzen dienen, während die Nährstoffversorgung über Tröpfchenbewässerung mit präzise dosierten Nährstofflösungen erfolgt. Diese Systeme ermöglichen hohe Erträge und effiziente Nutzung von Wasser und Nährstoffen. Aufgrund ihrer höheren Ernteerträge und der Möglichkeit, auf kleiner Fläche viel Gemüse zu produzieren, sind sie in vielen Ländern, auch in Österreich, auf dem Vormarsch.

Aktuelle wissenschaftliche Erkenntnisse und das wachsende Bewusstsein für Nachhaltigkeit haben jedoch die ökologischen Auswirkungen dieser Substrate stärker in den Fokus gerückt. Viele der in erdelosen Systemen verwendeten Substrate, wie Steinwolle oder Schaumstoffe, sind nicht biologisch abbaubar und erzeugen am Ende ihres Lebenszyklus erheblichen Abfall, was ihre ökologische Bilanz belastet. Zudem erfordern sie hohe Energieaufwände bei der Herstellung.

Im Sinne der Nachhaltigkeit, wie sie im Lehrplan gefordert wird, gibt es heute verstärkte Bemühungen, alternative und umweltfreundlichere Substrate zu nutzen. Kokosfasern und Holzfasern sind Beispiele für erneuerbare und biologisch abbaubare Materialien, die zunehmend eingesetzt werden. Darüber hinaus wird der Einsatz von recycelbaren Substraten sowie die Wiederverwendung von Abfallstoffen aus der Landwirtschaft, wie Kompost, als nachhaltigere Alternative erforscht.

Ein weiterer kritischer Aspekt ist der Umgang mit Nährstofflösungen. In traditionellen erdelosen Systemen kann es zu einer Überdüngung und dem Verlust von Nährstoffen ins Abwasser kommen, was die Umwelt belastet. Nachhaltige Systeme setzen heute verstärkt auf geschlossene Kreisläufe, bei denen die Nährstofflösungen

Die erdelose Kultivierung von Tomaten ist weit verbreitet.

recycelt und wiederverwendet werden, um den Nährstoffverlust und die Wasserverschwendung zu minimieren.

Um den Anforderungen der Nachhaltigkeit gerecht zu werden, müssen in erdelosen Kulturverfahren Maßnahmen zur Reduzierung von Abfällen, zur Auswahl umweltfreundlicher Substrate und zur effizienten Bewirtschaftung von Wasser- und Nährstoffressourcen umgesetzt werden. Gleichzeitig wird an der Entwicklung von biologisch abbaubaren und regional verfügbaren Substraten geforscht, um die Abhängigkeit von importierten und energieintensiven Materialien zu verringern.

Der Feldgemüsebau

Als Feldgemüsebau wird die Produktion von Gemüse im Rahmen einer landwirtschaftlichen Fruchtfolge bezeichnet. Maßgebend für diese Erzeugungsrichtung ist daher nicht allein die berufliche Einstellung des Landwirts zum Gemüsebau, sondern in erster Linie die Tatsache, dass die Produktion von Gemüse in den Anbau von Getreide, Hackfrüchten, Futter-, Ölpflanzen usw. eingegliedert ist.

Damit verliert auch der Feldgemüsebau jene Intensität, wie sie der gärtnerische Gemüsebau besitzt, weil auf reine Gemüsefruchtfolgen verzichtet wird.

Es erscheint verständlich, dass für den Feldgemüsebau oft solche Gemüse in Betracht kommen, die für die Konservenindustrie bestimmt sind. Es sind dies z. B.: Spätkraut (Sauerkraut), Gurken (vornehmlich für Einlegezwecke), Industriepaprika (Capia), Pfefferoni, Rote Rübe, Spinat (Tiefkühlgemüse), Karotten, Zwiebeln, Kren (Meerrettich), Drescherbsen, Pflückbohnen und Bohnen für Trockenkorngewinnung, Knollensellerie.

Freilandgemüseproduktion in der Bundesrepublik Deutschland (Stand 2023) und in Österreich (Stand 2022) in Hektar:

Gemüseproduktion in Deutschland in Hektar, 2023

	Anbaufläche in Hektar
Insgesamt	121.537
Spargel	23.856
Spargel (im Ertrag)	20.371
Speisezwiebeln	15.084
Möhren/Karotten	13.485
Weißkohl	5.308
Speisekürbisse	5.296
Grüne Pflückbohnen	4.452
Buschbohnen	4.367
Frischerbsen	3.823
Spargel (nicht im Ertrag)	3.486
Eissalat	3.421
Frischerbsen zum Drusch (ohne Hülsen)	3.352
Broccoli	3.189
Spinat	3.094
Radies	2.954

(Quelle: Sandra Ahrens/Statista.com)

	Anbaufläche in Hektar
Blumenkohl	2.736
Bundzwiebeln	2.342
Porree	2.267
Rote Rüben (Rote Bete)	2.144
Zuckermais	2.095
Gurken	2.057
Feldsalat	1.988
Rotkohl	1.918
Einlegegurken	1.880
Römischer Salat (Romanasalat)	1.774
Knollensellerie	1.728
Kohlrabi	1.397
Rhabarber	1.301
Zucchini	1.210
Kopfsalat	1.153
Rucolasalat	1.133
Grünkohl	1.048
Lollosalat	895
Chinakohl	879
Wirsing	849
Eichblattsalat	732
Rosenkohl	559
Frischerbsen zum Pflücken (mit Hülsen)	471
Rettich	449
Endiviensalat	386
Stauden- und Stangensellerie	385
Chicoree	383
Radicchio	213
Dicke Bohnen	204
Salatgurken	177
Stangenbohnen	85
Sonstige Salate	512
Sonstige Gemüsearten	2.835

Gemüseproduktion in Österreich in Hektar, 2022

	Ertragsfähige Fläche in ha
Insgesamt	18.510
Fruchtgemüse	2.671
Gurken gesamt	336
Einlegegurken	141
Glashausgurken	167
Feldgurken	28
Paprika gesamt	155
Paprika bunt Freiland	8
Paprika bunt Glas/Folie	78
Paprika grün Freiland	9

(Quelle: Statistik Austria, 2022 und AMA)

Gemüseproduktion in Österreich in Hektar, 2022

	Ertragsfähige Fläche in ha
Paprika grün Glas/Folie	60
Pfefferoni	11
Tomate gesamt	197
Tomate Freiland	15
Rispentomate Glas/Folie	116
Sonstige Tomaten Glas/Folie	66
Zucchini	189
Speisekürbis	778
Melanzani	13
Melone	54
Zuckermais	938
Kohl-, Blatt- und Stängelgemüse	4.866
Brokkoli	166
Chinakohl	282
Karfiol	170
Kohl	48
Kohlrabi	158
Kraut gesamt	767
Industriekraut	244
Rotkraut	112
Frisch- und Lagerkraut	411
Kohlsprossen	59
Salate gesamt	1.575
Bummerlsalat Freiland	689
Bummerlsalat Glas/Folie	16
Chicoree und Radicchio	55
Endiviensalat	86
Friséesalat	26
Häuptelsalat Freiland	340
Häuptelsalat Glas/Folie	44
Vogerlsalat	79
Sonstige Salate	240
Spinat	394
Petersilie grün	58
Schnittlauch	381
Rhabarber	52
Spargel gesamt	757
Spargel weiß	505
Spargel grün	252
Hülsenfrüchte, Wurzel- und Zwiebelgemüse	10.973
Hülsenfrüchte	3.517
Gemüsesoja	544
Grünerbsen	1.920
Fisolen	350
Käferbohnen	703
Wurzel- und Zwiebelgemüse	7.456
Karotten	1.877

Gemüseproduktion in Österreich in Hektar, 2022

	Ertragsfähige Fläche in ha
Radieschen	342
Bierrettich	40
Rote Rüben	177
Knoblauch	272
(Knollen)-Fenchel	47
Kren	358
Pastinaken	29
Petersilienwurzel	99
Zwiebel gesamt	3.576
Sommerzwiebel	2.974
Winterzwiebel	422
Bundzwiebel	180
Porree	175
Sellerie	308
Süßkartoffeln	156
Sonstige Gemüse und sonstige frische Kräuter	280

Vielfach wird der Feldgemüsebau als sogenannter Spezialgemüsebau betrieben. Darunter fallen alle jene Betriebsformen des Gemüsebaus, die nur die Erzeugung einer Gemüseart zum Ziel haben. Meist ist dieser Spezialgemüsebau an bestimmte Anbaugebiete gebunden, die der Kultur dieser Gemüseart die günstigsten Bedingungen gewähren. Solche Anbaugebiete sind in Österreich z. B. das Raasdorfer Zwiebelgebiet im Marchfeld, das Eferdinger Becken mit Freilandgemüsebau, der Seewinkel im Burgenland mit Gurken, Tomaten, Paprika, die Oststeiermark mit Kren, Käferbohne und Chinakohl. Die Produktion dieser Gemüsearten findet fast durchweg im Rahmen landwirtschaftlicher Fruchtfolgen statt.

In der Steiermark ist der Chinakohl eine typische Feldgemüsekultur.

Gemüse-Produktionsauflagen

Durch EU-weite und nationale Umweltprogramme bzw. Vorgaben seitens der Abnehmer haben sich verschiedene Produktionsrichtungen mit zahlreichen Auflagen entwickelt.

Als Beispiele werden angeführt:

- Konventionelle Produktion (**Konditionalität der GAP seit 2023**) Einhaltung von Mindeststandards bei Düngung, Pflanzenschutz, Wasserrecht, Hygiene und Bodenschutz nach den gesetzlichen Grundlagen.
- GlobalGAP (EUREP-GAP)-Produktion (zusätzliche Handelsrichtlinien)
- Biologische/ökologische Produktion (EU-Verordnung)

Mehrere Lebensmittelskandale (BSE, EHEC etc.) führten dazu, dass viele Produktionsauflagen für den Gemüsebau genauer geregelt bzw. verschärft wurden. Hauptziele dieser Auflagen sind einerseits eine geringere Belastung des Ernteguts mit Schadstoffen (Pflanzenschutzmittel, Nitrat, Mikroorganismen) und andererseits ein für die Umwelt möglichst verträglicher Anbau. Dafür wurden teilweise auch Förderungsprogramme entwickelt. Der Lebensmitteleinzelhandel hat vor allem aus Wettbewerbsgründen mit sogenannten Nachhaltigkeitsprogrammen reagiert, um das Vertrauen der Konsumenten zu gewinnen.
Außerdem wurde vom Handel in den letzten Jahren die Einhaltung von Arbeitsschutzbestimmungen und eine Nachvollziehbarkeit aller produktrelevanten Daten verstärkt gefordert. Die Zertifizierung der Gemüseproduktion nach Qualitätssicherungssystemen wie GobalGap oder QS-System sind mittlerweile bei der Belieferung des Handels Standard geworden.

Gleichzeitig hat die Nachfrage nach biologischer Produktion stark zugenommen.

Produktionsrichtungen

Grundsätzlich werden folgende Produktionsrichtungen unterschieden:

A) Konventionelle Wirtschaftsweise (Erd- oder erdeloser Anbau)

1) Rechtliche Rahmenbedingungen (Konditionalität der GAP seit 2023)

Mit der neuen Förderperiode der Gemeinsamen Agrarpolitik (GAP) der EU ab 2023 wurde das bisherige System der „Cross Compliance" durch das neue System der **Konditionalität** ersetzt. Diese ist nun zentrale Voraussetzung für den Bezug von Direktzahlungen und weiteren Förderprogrammen.
Die Konditionalität umfasst zwei Hauptbestandteile:

- **GLÖZ** (*Grundanforderungen an den guten landwirtschaftlichen und ökologischen Zustand der Flächen,* engl. GAEC),
- **GAB** *(Grundanforderungen an die Betriebsführung)*

Diese Anforderungen gelten für alle Formen der landwirtschaftlichen Produktion – auch für den Gemüsebau – und umfassen unter anderem Vorschriften zu:

- sachgerechter Düngung und Nährstoffbilanzen,
- Pflanzenschutzmittelanwendung,
- Schutz von Gewässern und Biodiversität,
- Tierwohl (bei Tierhaltung im gemischtwirtschaftlichen Betrieb),
- Erhaltung von Dauergrünland und Bodenschutz.

Die Einhaltung dieser Vorgaben ist verpflichtend und wird regelmäßig kontrolliert. Verstöße führen zu Kürzungen oder Rückforderungen von Fördergeldern.

2) GobalGAP (früher EUREPGAP = Europe Retail Produktion Good Agricultural Practice)

Durch die Zusammenarbeit von mehreren Handelsketten wurde 1997 begonnen, ein Qualitätssicherungssystem auszuarbeiten, das unter Mitwirkung von Kontrollstellen für Produzenten von Obst- und Gemüse umgesetzt wird. Ein umfassendes Regelwerk die „General Rules" wird alle 5 Jahre neu herausgegeben. Die Qualitätssicherung umfasst Hygiene, Produktionsaufzeichungen, Mitarbeiterschulungen, Pflanzenschutz- und Düngungsvorschriften und vieles mehr.
Eine Teilnahme an GlobalGap ist unabhängig von einer Teilnahme an anderen Förderungsprogrammen möglich. Die Einhaltung der rechtlichen Rahmenbedingungen gemäß GAP-Konditionalität ist in vielen Bereichen auch Voraussetzung für eine GlobalG.A.P.-Zertifizierung. Es muss nicht mit jeder Gemüsekultur daran teilgenommen werden.

B) Biologische/Ökologische Wirtschaftsweise (nur Erdanbau)

In immer mehr Anbaugebieten werden biologische Landbaumethoden eingeführt. Seit dem 1. Januar 2022 gilt die **Verordnung (EU) 2018/848**, welche die vorherigen Verordnungen (EG) 834/2007 und 889/2008 ersetzt hat. Diese neue Verordnung legt die aktuellen Standards für Erzeuger und Verarbeiter von Bio-Lebensmitteln in der EU fest. Sie regelt die Grundsätze, Ziele und Vorschriften des biologischen Landbaus und stärkt den Fokus auf Nachhaltigkeit, Umweltschutz und den Erhalt der Bodenfruchtbarkeit. Die Verordnung (EU) 2018/848 sieht strenge, regelmäßige Kontrollen durch akkreditierte Stellen vor, um die Einhaltung der Bio-Standards zu gewährleisten.
Die Verordnung bezieht sich auch auf spezifische ökologische Praktiken, wie den Erdanbau, und verlangt, dass die ökologischen Methoden weiterhin die Verwendung natürlicher Ressourcen maximieren und synthetische Eingriffe minimieren. Zudem betont sie die Notwendigkeit eines geschlossenen Nährstoffkreislaufs und den Schutz der Biodiversität. Zwei Hauptrichtungen werden unterschieden:

1) Biologisch-dynamischer Landbau (Stand 2024)

Das Ziel des biologisch-dynamischen Landbaus ist die Entwicklung eines standortgemäßen, ganzheitlichen Betriebsorganismus, der sich durch eine harmonische Interaktion von Boden, Pflanzen und Tieren auszeichnet. Dabei wird besonderer Wert auf das Erkennen und Gestalten der natürlichen Gegebenheiten gelegt, um eine nachhaltige und gesunde Produktivität zu gewährleisten. Zentral ist dabei die persönliche Beziehung des Landwirts zum Boden, zu den Tieren und den Pflanzen, welche als Grundlage für eine langfristige, ökologische Fruchtbarkeit betrachtet wird.

Seit dem 1. Januar 2024 gelten die neuen **Demeter-Richtlinien zur Erzeugung und Verarbeitung**, die strenger sind als die Vorgaben des organisch-biologischen Landbaus und der EU-Bioverordnung (EU 2018/848). Diese Richtlinien betreffen sowohl die landwirtschaftliche Erzeugung als auch die Verarbeitung und zielen darauf ab, die Qualität und Integrität von Demeter-Produkten noch weiter zu steigern.

STRENGERE AUFLAGEN IM BIOLOGISCH-DYNAMISCHEN LANDBAU

Im Vergleich zum organisch-biologischen Landbau und der EU-Bioverordnung legt der Demeter-Verband noch strengere Maßstäbe an. Diese umfassen:

1. **Eigenproduktion von Futter- und Düngemitteln:**
   Biologisch-dynamische Betriebe streben an, möglichst alle benötigten Futter- und Düngemittel selbst zu erzeugen. Der Zukauf von Betriebsmitteln ist auf ein Minimum beschränkt und unterliegt strikten Kontrollen. Externe Düngemittel sind nur in Ausnahmefällen erlaubt und müssen strenge Demeter-Qualitätskriterien erfüllen.

2. **Biologisch-dynamische Präparate:**
   Ein zentraler Bestandteil des biologisch-dynamischen Landbaus sind die speziellen **Präparate aus Heilkräutern** wie Schafgarbe, Kamille, Löwenzahn, Brennnessel, Eichenrinde und Baldrian. Diese werden eingesetzt, um organischen Dünger wie Mist oder Gülle in wertvollen, fruchtbaren Kompost zu verwandeln. Daneben gibt es Präparate aus Kuhmist und fein vermahlenem Quarz, wie **Hornmist** und **Hornkiesel**, die gezielt eingesetzt werden, um Wachstums- und Reifeprozesse der Pflanzen zu fördern.

3. **Berücksichtigung kosmischer Rhythmen:**
   Im biologisch-dynamischen Landbau spielen kosmische Einflüsse, insbesondere die Rhythmen des Mondes und der Planeten, eine wichtige Rolle. Landwirte planen Saat, Pflege und Ernte unter Berücksichtigung dieser Rhythmen, da sie glauben, dass Pflanzen besonders sensibel auf solche Einflüsse reagieren, wenn sie in Kombination mit den biologisch-dynamischen Präparaten angewendet werden.

4. **Tierhaltung:**
   Die Demeter-Richtlinien verlangen strengere Auflagen für die artgerechte Tierhaltung als in der EU-Bioverordnung. Dazu gehört die flächengebundene Tierhaltung, bei der der Betrieb ausreichend Fläche für die Tiere zur Verfügung stellen muss, um eine naturnahe Weidehaltung zu gewährleisten. Zudem ist die präventive Gabe von Medikamenten, wie Antibiotika, stark reglementiert und nur im Notfall erlaubt.

STRENGE KONTROLLEN UND ZERTIFIZIERUNG

Die Einhaltung der Demeter-Richtlinien wird durch regelmäßige und unabhängige Kontrollen gewährleistet, die strenger sind als die Standard-Biozertifizierungen nach EU-Bioverordnung. Jeder Schritt von der Erzeugung bis zur Verarbeitung unterliegt diesen Kontrollen, um sicherzustellen, dass alle Demeter-Produkte die höchsten Standards in puncto Ökologie und Nachhaltigkeit erfüllen.

UNTERSCHIEDE ZUR EU-BIOVERORDNUNG

Die EU-Bioverordnung (EU 2018/848), die seit dem 1. Januar 2022 gültig ist, bietet einen breiten Rahmen für den ökologischen Landbau. Allerdings erlauben die EU-Bio-Richtlinien einige Praktiken, die im Demeter-Landbau untersagt sind. Beispielsweise sind die Vorgaben für den Zukauf von Futter- und Düngemitteln bei Demeter deutlich strenger, ebenso wie die Anforderungen an die Tierhaltung.

Insgesamt stellt der biologisch-dynamische Landbau nach den Demeter-Richtlinien das strengste Bio-Anbausystem in Österreich, Deutschland und der EU dar. Demeter-Landwirte setzen dabei konsequent auf einen geschlossenen Nährstoffkreislauf, die Stärkung der Biodiversität und den Schutz der Bodenfruchtbarkeit.

2) Organisch-biologischer Landbau

Der organisch-biologische Landbau, dessen Grundlagen in den 1930er Jahren von Dr. Hans Müller, einem Schweizer Agrarpolitiker, entwickelt wurden, verfolgt das Ziel, die **Selbstständigkeit und Unabhängigkeit der Bauern** zu stärken. Müller legte besonderen Wert auf die Verwendung eigener Betriebsmittel, um außerbetriebliche Zukäufe zu minimieren. Durch eine verstärkte Eigenverantwortung sollte die Vermarktung der landwirtschaftlichen Produkte direkt in den Händen der Bauern liegen.

GRUNDPRINZIPIEN DES ORGANISCH-BIOLOGISCHEN LANDBAUS

Der organisch-biologische Landbau basiert auf folgenden Prinzipien:

- **Weitgehend geschlossener Betriebskreislauf:** Ziel ist es, die Nährstoffkreisläufe innerhalb des Betriebs zu schließen und so auf externe Betriebsmittel zu verzichten.

- **Erhaltung der Bodenfruchtbarkeit:** Der Boden wird als zentraler Bestandteil eines gesunden Agrarbetriebs betrachtet. Maßnahmen zur Erhaltung und Förderung der Bodenlebewesen stehen im Vordergrund.

- **Schonung der natürlichen Ressourcen:** Nachhaltigkeit in der Nutzung von Wasser, Boden und anderen natürlichen Ressourcen ist ein Hauptanliegen.

- **Flächengebundene Tierhaltung:** Tiere müssen in einer flächengebundenen Weise gehalten werden, was bedeutet, dass die Anzahl der Tiere an die Betriebsfläche angepasst ist.

- **Artgerechte Tierhaltung:** Die Haltung der Tiere erfolgt nach strengen Vorgaben, die artgerechte Bedingungen gewährleisten.

- **Natürliche Regelmechanismen:** Der organisch-biologische Landbau setzt auf die Förderung von natürlichen Regelmechanismen im Ökosystem, anstatt auf chemische Eingriffe.

DÜNGEMITTEL UND PFLANZENSCHUTZ

Mineraldünger, die wasserlöslich und ätzend sind oder brennende Wirkungen haben, sind im organisch-biologischen Landbau weiterhin **nicht zugelassen**. Stattdessen werden organische und organisch-mineralische Dünger eingesetzt. Besonders wichtig ist der Einsatz von **Kompost** zur Förderung der Bodenfruchtbarkeit. Die Verwendung von **Fungiziden und Insektiziden** ist ebenfalls stark eingeschränkt. Diese dürfen nur bei nachweisbarem Bedarf und nach Genehmigung durch die zuständige Biokontrollstelle eingesetzt werden.

ZUSÄTZLICHE ANFORDERUNGEN DURCH BIOVERBÄNDE

Je nach Bioverband, z. B. **Demeter, Bioland oder Naturland**, gibt es zusätzliche Vorgaben, die über die EU-Bioverordnung hinausgehen. Diese Einschränkungen betreffen insbesondere den Einsatz von Dünge- und Pflanzenschutzmitteln. Beispielsweise setzen viele Bioverbände auf **striktere Tierhaltungsrichtlinien**, die über das Mindestmaß der EU hinausgehen, sowie auf **höhere Standards für den Schutz der Bodenfruchtbarkeit**.

NACHHALTIGKEIT IM ORGANISCH-BIOLOGISCHEN LANDBAU

Die aktuellen Richtlinien betonen die Notwendigkeit eines **geschlossenen Nährstoffkreislaufs**, die Förderung der **Biodiversität** und die Schonung der **natürlichen Ressourcen**. Um den Betrieb nachhaltig zu führen, sind Bauern angehalten, **ressourcenschonende Techniken** einzusetzen und den Einsatz externer Betriebsmittel zu minimieren. **Nachhaltigkeit** spielt auch in der Vermarktung eine wesentliche Rolle. Lokale, direkte Vertriebswege und Kooperationen mit **solidarischen Landwirtschaften (CSA)** sind bevorzugte Vermarktungsformen.

RICHTLINIEN UND ZERTIFIZIERUNG

Die Einhaltung der organisch-biologischen Standards wird durch **regelmäßige Kontrollen** unabhängiger Kontrollstellen überwacht. In Österreich, Deutschland und der EU sind diese Kontrollen gesetzlich vorgeschrieben, um sicherzustellen, dass die Biozertifizierung gemäß den aktuellen **EU-Standards** erfolgt. Die Richtlinien umfassen unter anderem:

- **Konditionalität:** Anforderungen an alle landwirtschaftlichen Betriebe im Rahmen der GAP seit 2023, inklusive GLÖZ- und GAB-Standards.

- **GlobalGAP:** Internationaler Standard für gute Agrarpraxis.

- **Biologisch (= ökologisch):** Nationale und internationale Biozertifizierungen, die auf der EU-Bioverordnung basieren, aber oft durch zusätzliche Standards erweitert werden.

- **BIO AUSTRIA (Bio Ernte Austria):** In Österreich bieten Bioverbände wie BIO AUSTRIA bzw. Bio Ernte Austria weiterführende Richtlinien, die über die EU-Standards hinausgehen. Dazu zählen strengere Vorgaben hinsichtlich Tierhaltung, Düngung, Pflanzenschutz und Vermarktung. Mitgliedsbetriebe verpflichten sich zur Einhaltung dieser höheren Standards und werden ebenfalls regelmäßig kontrolliert.

Der **organisch-biologische Landbau** bleibt somit ein wichtiges Element nachhaltiger Landwirtschaft in Europa, dessen strenge Richtlinien und Verfahren sicherstellen, dass sowohl Umwelt als auch Verbraucher von den Vorteilen dieser Anbauweise profitieren.

© Jacob Lund/Shutterstock.com

Vergleich der Produktionsauflagen im Freiland (Stand 2025)

Bereich	Konditionalität (GLÖZ/GAB)	GlobalG.A.P.	BIO (EU-BioVO 2018/848)
1. Standort			
1.1 Risikoanalyse für neue Flächen	–	√	√
1.2 Kein Einsatz von Klärschlamm	√	√	√
1.3 Fruchtfolgebestimmungen	√ (GLÖZ 7)	√	√
1.4 Biodiversitätsauflagen	√ (GLÖZ 7, 8)	√	√
2. Saatgut und Pflanzgut			
2.1 Dokumentation der Anzucht	–	√	√
2.2 Verwendung von Bio-Saatgut (wenn verfügbar)	–	–	√
3. Substrate und Boden			
3.1 Dokumentation der Substratbehandlung	–	√	√
4. Wasserqualität			
4.1 Gießwasseruntersuchung	–	√	√
4.2 Waschwasseruntersuchung	–	√	√
5. Düngung			
5.1 Schlagbezogene Aufzeichnungen	√ (teilweise Pflicht)	√	√
5.2 Grundbodenuntersuchung	–	√	√
5.3 Erstellung einer Nährstoffbilanz	√ (teilweise Pflicht)	√	√
5.4 N_{min}-Untersuchung vor der Düngung		√	
6. Pflanzenschutz			
6.1 Dokumentation der Anwendungen	√	√	√
6.2 Schulung und Sachkunde	√	√	√
6.3 Zulassung und Mittelwahl	√	√	√ (nur zugelassene biologische Mittel)
7. Ernte, Hygiene, Rückverfolgbarkeit			
7.1 Dokumentation der Erntechargen	–	√	√
7.2 HACCP-Konzept oder Hygieneleitlinie	–	√	√
7.3 Rückverfolgbarkeit	–	√	√
8. Nachhaltigkeit & Umwelt			
8.1 Maßnahmen zur Erosionsvermeidung	√ (GLÖZ 5)	√	√
8.2 Landschaftselemente erhalten	√ (GLÖZ 8)	–	√

Hinweise zur Verwendung:

√ = verpflichtend / Bestandteil der jeweiligen Auflage
– = keine explizite Vorgabe im jeweiligen System
* GLÖZ = Grundanforderungen an den guten landwirtschaftlichen und ökologischen Zustand
* GAB = Grundanforderungen an die Betriebsführung

Checkliste für die Praxis: Was ist bei Produktionsauflagen zu beachten?

Diese Punkte sollten Betriebe jährlich überprüfen – unabhängig von der gewählten Produktionsrichtung:

- ☐ **Boden- und Wasseranalysen aktuell?**
  → Alle 3–5 Jahre empfohlen. Für GlobalG.A.P. verpflichtend.

- ☐ **Düngestrategie dokumentiert?**
  → Düngeaufzeichnungen mit Nährstoffbilanz. Wichtig für GlobalG.A.P. / (GLÖZ/GAB)-Kontrollen und Bio-Kontrollen.

- ☐ **Fruchtfolge eingehalten?**
  → Keine „verwandte" Kultur nach sich selbst (z. B. Kohl nach Kohl). Bio: 5–7 Jahre Abstand empfohlen.

- ☐ **Pflanzenschutz korrekt angewendet?**
  → Mittelwahl, Wartezeiten, Aufzeichnungen – auch bei biologischen Mitteln!

- ☐ **Dokumentation vollständig und aktuell?**
  → Saatgut, Dünger, Pflanzenschutz, Ernte, Hygiene – ideal in einem Betriebsheft oder digital.

- ☐ **Zertifikate und Schulungen gültig?**
  → GlobalG.A.P. und Bio: jährliche Kontrolle! Mitarbeiterschulungen notwendig.

- ☐ **Eigenkontrolle: Sind alle Auflagen sichtbar im Betrieb umgesetzt?**
  → Aushänge (Hygiene etc.), Lagerräume, Kennzeichnung – wichtig bei Kontrolle vor Ort.

Tipp: Viele Bio-Kontrollstellen und die Agrar Markt Austria (AMA) bieten **Vorlagen und Jahres-Checklisten** an – ideal zur Vorbereitung auf Inspektionen!

Download-Checklisten und Vorlagen auf:

www.bio-austria.at oder

www.globalgap.org

Der Pflanzenschutz

Der moderne Gemüsebau kommt ohne die intensive Beschäftigung mit dem Pflanzenschutz nicht aus, und dies unabhängig von der Wirtschaftsweise (konventionell, Bio). In den letzten Jahren wurden zahlreiche gesetzliche Auflagen geschaffen, die den Gemüsebau sehr nachhaltig beeinflussen.
Insbesondere die Zulassung der Präparate für jeweils eine spezielle Indikation (= Schadorganismus/Einsatzort/Kulturart/Kulturverfahren) hat eine Reihe von Einschränkungen von allgemein zugelassenen Handelsprodukten gebracht.
Somit sind zahlreiche sogenannte Indikationslücken (Schadorganismus, der in einer bestimmten Kultur nicht bekämpft werden kann) im Gemüsebau vorhanden. Die Grundproblematik liegt im geringen Flächenausmaß der meisten Gemüsekulturen und der daraus resultierenden mangelnden Wirtschaftlichkeit der jeweiligen Pflanzenschutzmittel über den zu erwartenden Verkaufserlös. In den letzten Jahren werden von den Behörden und vom Lebensmitteleinzelhandel laufend Pflanzenschutzmittel-Rückstandskontrollen durchgeführt.
Um den chemisch-synthetischen Pflanzenschutz zu reduzieren, sind vor allem die Ausnutzung und Optimierung der vorbeugenden Maßnahmen ein Gebot der Stunde.

a) Biologischer Pflanzenschutz

Vorbeugende Maßnahmen

Zu den wichtigsten vorbeugenden Maßnahmen zählen:

- Standortwahl (kulturspezifische Ansprüche in Bezug aus Boden und Klima beachten)
- Weite Fruchtfolgen (wirkt vor allem bodenbürtigen Pilzen, Bakterien, Nematoden (Fadenwürmer) usw. entgegen, Gründüngung)
- Schonende Bodenbearbeitung (fördert das Bodenleben)
- Sortenwahl (tolerante/resistente Sorten sind zu bevorzugen)
- Größere Standweiten (schnellere Abtrocknung → geringerer Pilz- und Bakterienbefall)
- Ausgeglichenes Nährstoffangebot (Stickstoffüberangebot fördert z. B. Blattlausanfälligkeit)
- Förderung natürlicher Schädlingsfeinde (= Nützlinge siehe Punkt Nützlingseinsatz)
- Konsequente Betriebshygiene (Jungpflanzenanzucht, kranke Pflanzen entfernen usw.)
- Gezielte und gleichmäßige Bewässerung (beugt pilzlichen Krankheiten vor)

Direkte Maßnahmen

Seit dem 1. Januar 2022 regelt die neue **EU-Bioverordnung (EU) 2018/848** den Einsatz von Pflanzenschutzmitteln im ökologischen Landbau, einschließlich des Biogemüsebaus. Die Verordnung (EG) Nr. 834/2007 wurde durch diese Verordnung ersetzt. Der Einsatz von Pflanzenschutzmitteln und anderen Wirkstoffen unterliegt strengen Regularien, um die Umwelt und die biologische Vielfalt zu schützen.

Für den **Biogemüsebau** sind nach der aktuellen Gesetzeslage folgende Wirkstoffe zugelassen:

- **Pflanzenextrakte** (z. B. Azadirachtin, gewonnen aus dem Neembaum; Pyrethrine, gewonnen aus Chrysanthemenblüten)

- **Tierische Substanzen** (z. B. hydrolisiertes Eiweiß zur Schädlingsbekämpfung; Lecithin zur Krankheitskontrolle)

- **Pflanzenöle** (z. B. Minzöl, Kümmelöl, Neemöl zur Bekämpfung von Schädlingen)

- **Mikroorganismen und Substanzen von Mikroorganismen** (z. B. Spinosad, ein Insektizid natürlichen Ursprungs, das von Bodenbakterien produziert wird)

- **Mineralische Substanzen** (z. B. Eisen-III-Phosphat zur Bekämpfung von Schnecken, Schwefel und Kupferverbindungen zur Bekämpfung von Pilzerkrankungen)

- **Seifen** (zur Insektenbekämpfung)

- **Pheromone** (z. B. Sexuallockstoffe für Insekten, um diese gezielt anzulocken und zu stören)

WICHTIGE ERGÄNZUNGEN DER AKTUELLEN VERORDNUNG (EU) 2018/848:

- Die **Verwendung von Kupfer** ist weiterhin erlaubt, jedoch streng reguliert. Die jährliche Menge an Kupfer, die ausgebracht werden darf, ist auf maximal 4 kg pro Hektar limitiert (basierend auf einem mehrjährigen Durchschnitt, um die Anreicherung im Boden zu vermeiden).

- **Mikroorganismen** und andere biologisch aktive Substanzen, die das Pflanzenwachstum fördern und vor Krankheiten schützen, spielen eine zunehmende Rolle im ökologischen Landbau.

- Der Einsatz dieser Wirkstoffe muss **von der zuständigen Biokontrollstelle** genehmigt werden. Es sind regelmäßige Kontrollen vorgeschrieben, um die Einhaltung der Bio-Richtlinien sicherzustellen.

AKTUELLE ZULASSUNGSSITUATION:
Die **Zulassungssituation** von Pflanzenschutzmitteln und anderen Substanzen kann sich je nach Land und aktuellen wissenschaftlichen Erkenntnissen ändern. Es ist für Biogemüsebauern zwingend erforderlich, sich über die **aktuelle Liste der zugelassenen Wirkstoffe** zu informieren, die von den zuständigen Behörden in Österreich, Deutschland und der EU regelmäßig aktualisiert wird.

Zusammenfassend bleibt der Einsatz von **natürlichen und umweltfreundlichen** Substanzen im Biogemüsebau von großer Bedeutung. Die Einhaltung der EU-Bioverordnung 2018/848 gewährleistet, dass der ökologische Landbau in Übereinstimmung mit den höchsten ökologischen Standards durchgeführt wird.

Die Kenntnis der Biologie der zahlreichen möglichen Schadorganismen ist unabdingbar, um entsprechende Gegenmaßnahmen rechtzeitig setzen zu können. Wichtig ist, dass der Gemüsebau als komplexes System betrachtet wird, in dem zahlreiche Faktoren (z. B. Bodenaufbau, Fruchtfolge, Zwischensaaten, Schaffen von Lebensräumen für natürliche Schädlingsfeinde usw.) über den Erfolg einer Kultur entscheiden.

Nützlingseinsatz

Der Einsatz von Nützlingen ist vor allem im Geschützten Anbau sowohl im biologischen wie auch im konventionellen Anbauverfahren verbreitet.
Nützlinge können in zwei Kategorien eingeteilt werden:

- **Räuber**: Schädling wird überwältigt und getötet. Meistens können verschiedene Entwicklungsstadien und Arten als Beute dienen.
  Beispiele: Raubmilbe, Blumenwanze, Räuberische Gallmücke, Florfliege

- **Parasiten**: Schädling dient als Vermehrungsort (= Wirtstier), z. B.: werden Eier in Blattlaus abgelegt. Der Schädling wird nicht sofort getötet.
  Beispiele: Schlupfwespe, Blattlauswespe, Erzwespe (Encarsia)

Beispiele für den Nützlingseinsatz

Nützling	Umgangssprachliche Bezeichnung	Schädling	Parasit	Räuber	Hauptkultur(en)
Encarsia	Die gelb-schwarze Erzwespe	Weiße Fliegen	✓		Paradeis, Gurken, Melanzani, Stangenbohnen
Macrolophus	Die grüne Raubwanze	Weiße Fliegen		✓	Paradeis
Aphidius	Die zierliche schwarze Schlupfwespe	Blattläuse	✓		Paprika, Gurken
Aphidoletes	Die orange Gallmücke	Blattläuse		✓	Paradeis, Paprika, Gurken, Melanzani (Stangenbohnen)
Marienkäfer		Blattläuse		✓	Paprika
Schwebfliegen		Blattläuse		✓	Paprika
Florfliegen		Blattläuse		✓	Paprika
Amblyseius	Die Raubmilbe „Das Zwergerl“	Thrips		✓	Paprika, Gurken, Melanzani, Stangenbohnen
Orius	Die gefräßige Blumenwanze	Thrips		✓	Paprika, Gurken
Phytoseiulus	Die Raubmilbe „Südamerika“	Spinnmilben		✓	Gurken, Stangenbohnen, Melanzani, Paprika
Dacnusa	Die Schlupfwespe „Sibirien“	Minierflieg	✓		Paradeis, Gurken
Diglyphus	Die wärmeliebende Schlupfwespe	Minierflieg	✓		Paradeis, Gurken

(Quelle: Ambrosch, BioGemüseRundbrief, 2000)

Nützlingseinsatzmengen vorbeugend und kurativ

Nützling	Schädling	Einsatzmengen vorbeugend pro m²	Wiederholung	Einsatzmengen kurativ pro m²	Wiederholung
Encarsia formosa	WF	1–2	3–5	5	2–3
Macrolophus	WF	Offene Zucht Tabak		1	2
Aphidius	BL	Offene Zucht Getreide 0,5 –1	2–3	Leichter Befall: 1–2 Mittlerer Befall: 2–3	2 3
Aphidoletes	BL	Offene Zucht Getreide	2–3	Leichter Befall: 1–2 Mittlerer Befall: 2–3	2 3
Marienkäfer	BL	Sinnvoll bei Jungpflanzen			
Schwebfliegen	BL	Sinnvoll bei Jungpflanzen			
Florfliegen	BL,T	Sinnvoll bei Jungpflanzen			
Amblyseius	T, SPM; WM	10–25	3–5	25–50	2–3
Orius	T	Nicht sinnvoll		1–2	2
Phytoseiulus	SPM	Nicht sinnvoll		5–10	2
Dacnusa	MFL	0,5–1	2–3	1–2	2–3
Diglyphus	MFL	Nicht sinnvoll		0,5	1–2

Abkürzungen: WF Weiße Fliege, BL Blattläuse, T Thrips, SPM Spinnmilben, WM Weichhautmilben, MFL Minierfliegen

Nützlingseinsatz bei Gurken – Raubmilben werden gegen Thripse eingesetzt.

b) Chemisch-synthetischer Pflanzenschutz

Die Anwendung von chemischen Pflanzenschutzmitteln ist im konventionellen Gemüsebau vor allem durch wirtschaftliche Gründe bedingt. Es können dadurch die Ertragssicherheit, Qualität und Quantität erhöht werden. Vor der Anwendung des chemisch-synthetischen Pflanzenschutzes sollen die vorbeugenden Maßnahmen beachtet werden. Der Nützlingseinsatz und die Anwendung von biologischen Pflanzenschutzmittteln sollte ebenfalls überlegt werden.

Allgemein werden Pflanzenschutzmittel (= Pestizide) in folgende Gruppen eingeteilt (gilt auch für Biomittel):

Fungizide	= Mittel zur Bekämpfung von Pilzen
Insektizide	= Mittel zur Bekämpfung von Insekten
Akarizide	= Mittel zur Bekämpfung von Spinnmilben
Nematizide	= Mittel zur Bekämpfung von Nematoden (Älchen, Fadenwürmer)
Molluskizide	= Mittel zur Bekämpfung von Schnecken
Herbizide	= Mittel zur Bekämpfung von Beikräutern
Rodentizide	= Mittel zur Bekämpfung von Nagetieren

Aufgrund der laufenden Änderungen ist eine genaue Auflistung der zugelassenen Pflanzenschutzmittel nicht möglich. Es sei hier aber auf die offiziellen Internetseiten der Behörden in Deutschland und Österreich hingewiesen:

- Online-Datenbank der in Deutschland zugelassenen Pflanzenschutzmittel, Bundesamt für Verbraucherschutz und Lebensmittelsicherheit
- Verzeichnis der in Österreich zugelassenen Pflanzenschutzmittel, Bundesamt für Ernährungssicherheit = Pflanzenschutzmittelregister

Die aktuellen Links zu den Registern zugelassener Pflanzenschutzmittel in Österreich, Deutschland und der EU finden Sie auf der Website **https://fachbuch.cadmos.de/gemuesebau-praxis**

Auf europäischer Ebene ist mittlerweile die Verordnung 1107/2009 (EG) über das Inverkehrbringen und die Richtlinie 2009/128 (EG) über die Anwendung von Pflanzenschutzmittel erlassen worden. Letztere wird durch nationalstaatliche Gesetze (z. B. Österreichisches Pflanzenschutzgesetz, Landespflanzenschutzgesetze) umgesetzt. Die EU-Verordnung sieht eine vereinfache Zulassung innerhalb der Länder der gleichen Klimazone vor. Europa wird in 3 Zonen (1 Zone für Geschützten Anbau) eingeteilt. Deutschland und Österreich gehören zur Zone Mitte. Erstmals wird zwischen beruflicher und nicht beruflicher Anwendung unterschieden. Eine sogenannte Ausbildungsbescheinigung ist Grundlage für die berufliche Ausbringung von Pflanzenschutzmittel. Im Haus- und Kleingartenbereich sind eigene Zulassungen vorgesehen.

Ein Auszug aus der österreichischen Liste der zugelassenen Pflanzenschutzmittel für Kopfsalat Freiland, siehe Tabelle folgende Seite.

Wie in der Liste ersichtlich, müssen neben der Zulassungs- und Aufbrauchszeit die Wartefrist (= Karenzzeit, Zeit von der Anwendung bis zur Ernte (Lagerung und Vermarktungszeit zählt nicht!)), der Anwendungszeitpunkt, die Aufwandmenge, die maximale Anzahl der Anwendungen, der Schadfaktor und diverse Einschränkungen genau beachtet werden.

Ländliches Fortbildungs Institut LFI

Pflanzenschutzmittel Liste der Kultur Kopfsalat (Freiland)

lk

Pflanzenschutzmittel (RegNr) [Wirkstoff]	AGES Ind. Nr	Kulturen lt. AGES	Schaderreger	Aufwandmenge	Max Anwendungen	Zeitabstand (Tage)	Wartefrist (Tage)	Zulassungsende / Aufbrauchsfrist
	Fungizid							
Azoshy (4285/0) [Azoxystrobin]	87	Salate,Endivie (Escariol)	Falscher Mehltau [Bremia lactucae]	1 l/ha	2	mind. 8 - 12	14	31.12.2025 / ---
			Anwendungszeitpunkt: Bei Infektionsgefahr bzw. nach Warndiensthinweis					
	88	Salate,Endivie (Escariol)	Rhizoctonia solani [Rhizoctonia solani]	1 l/ha	2	mind. 8 - 12	14	31.12.2025 / ---
			Anwendungszeitpunkt: Bei Infektionsgefahr bzw. nach Warndiensthinweis					
	159	Gartensalat (Nutzung als Baby-leaf-Salat)	Pilzliche Blattfleckenerreger [-]	1 l/ha	1	---	7	31.12.2025 / ---
			Anwendungszeitpunkt: Bei Infektionsgefahr bzw. nach Warndiensthinweis					
Basamid Granulat (1399/0) [Dazomet]	5	Gemüsekulturen (Ausgenommen Karotten, Ausgenommen Rettiche, Ausgenommen Zuckermais)	Fusarium-Arten [Fusarium],Phoma-Arten [Phoma],Phytophthora - Arten [Phytophthora sp.],Plasmodiophora-Arten [Plasmodiophora],Pythium-Arten [Pythium sp.],Rhizoctonia [Rhizoctonia sp.],Sclerotinia-Arten [Sclerotinia sp.]	500 kg/ha	1	---	--	31.08.2027 / ---
			Anwendungszeitpunkt: Frühjahr bis Sommer					
Cuprozin progress (3405/0) [Bio] [Kupferhydroxid]	22	Salat-Arten	Falscher Mehltau [Bremia lactucae]	2 l/ha	4	7 - 10	7	--- / ---
			Anwendungszeitpunkt: Bei Infektionsgefahr bzw. ab Warndiensthinweis					
Dagonis (4036/0) [Fluxapyroxad, Difenoconazol]	20	Salate (Ausgenommen Chicory)	Sclerotinia [Sclerotinia minor],Stängelfäule [Sclerotinia sclerotiorum]	2 l/ha	1	---	14	31.12.2024 / ---
			Anwendungszeitpunkt: Bei Infektionsgefahr bzw. nach Warndiensthinweis					
	21	Salate (Ausgenommen Chicory)	Schwarzfäule [Rhizoctonia solani]	2 l/ha	1	---	14	31.12.2024 / ---
			Anwendungszeitpunkt: Bei Infektionsgefahr bzw. nach Warndiensthinweis					
Enervin SC (4221/0) [Ametoctradin]	15	Salate	Falscher Mehltau [Peronosporaceae]	1,2 l/ha	2	7 mind.	7	31.12.2026 / ---
			Anwendungszeitpunkt: Bei Infektionsgefahr bzw. ab Warndiensthinweis					
FytoSave (3870/0) [Bio] [COS-OGA]	14	Blattgemüse ausgenommen Kreuzblütler (Brassicaceae)	Echte Mehltaupilze [Erysiphaceae]	2 l/ha	8	7	1	13.02.2025 / ---
			Anwendungszeitpunkt: 1. Applikation vor Sichtbarwerden des Befalls,					

(Quelle: https://warndienst.lko.at/pages/pflanzenschutz/Kopfsalat.pdf)

Rückstände von Pflanzenschutzmitteln

Europaweit wurden die Grenzwerte für Pflanzenschutzmittel-Rückstände mit der **Verordnung (EG) Nr. 396/2005**, die seit dem **1. September 2008** in Kraft ist, harmonisiert. Diese Verordnung regelt die zulässigen Höchstgehalte (Maximum Residue Levels, MRLs) von Pestizidrückständen in Lebensmitteln. Die MRLs gelten für alle Mitgliedstaaten der Europäischen Union und sind für verschiedene Kulturpflanzen spezifisch festgelegt. Änderungen oder Aktualisierungen dieser Grenzwerte erfolgen regelmäßig, um die Lebensmittelsicherheit weiter zu gewährleisten.

AKTUELLE HÖCHSTWERTE-DATENBANK
Die EU-Datenbank für Pflanzenschutzmittel-Rückstandshöchstgehalte (MRLs) kann unter der folgenden Internetadresse abgerufen werden:
https://tinyurl.com/46mmkyjj

MRL (MAXIMAL RESIDUE LEVEL)
Der maximal zulässige Rückstandswert (MRL) stellt die Obergrenze dar, wie viele Rückstände eines Pflanzenschutzmittels in oder auf Lebensmitteln zulässig sind. Die Überwachung dieser Werte erfolgt regelmäßig und ist eine zentrale Vorgabe für Produzenten innerhalb der EU.

PRIVATE VORGABEN DER HANDELSKETTEN
Neben den gesetzlichen Vorschriften legen viele Lebensmitteleinzelhändler (LEH) zusätzliche, strengere Grenzwerte fest. Diese Programme, wie Pestizidreduktionsprogramme oder Nachhaltigkeitsprogramme, verlangen oft deutlich niedrigere Rückstandshöchstwerte und beschränken die Anzahl der zulässigen Wirkstoffe. Für Produzenten kann dies zusätzliche Herausforderungen darstellen, da die Einhaltung dieser strikteren Vorgaben in der Praxis oft schwierig ist.

NATIONALSTAATLICHE UMSETZUNG
In Österreich und Deutschland wird die EU-Verordnung (EG) Nr. 396/2005 durch nationale Gesetze und Verordnungen umgesetzt. Diese beinhalten zusätzliche Kontrollen und Sanktionen bei Nichteinhaltung der festgelegten Grenzwerte.
Für aktuelle Informationen und spezifische MRLs zu verschiedenen Pflanzenschutzmitteln können Sie die EU-Datenbank sowie nationale Verzeichnisse wie das österreichische Pflanzenschutzmittelregister konsultieren.

Wichtige Regeln für den Umgang mit Pflanzenschutzmitteln:

- Genaue Kenntnis über die Zulassung und Anwendung
- Schutzausrüstung für den Anwender
- Sorgfältiger Umgang mit Pflanzenschutzmittel (Aufwandmenge einhalten bzw. reduzieren)
- Pflanzenschutzmittel - Ausbringungsgeräte regelmäßig überprüfen lassen
- Wartefrist unbedingt einhalten
- Pflanzenschutzmittel - Ausbringungsgeräte nach Anwendung sorgfältig reinigen
- Wasserqualität beachten (Hygiene)
- Mischbarkeit berücksichtigen

Die regelmäßige Überprüfung des Pflanzenschutzgeräts ist für eine gleichmäße Ausbringung notwendig.

Die Düngung

Eine der wichtigsten Aufgaben im Gemüsebau ist die richtige Düngung. Dabei werden Nährstoffe zugeführt, die im Boden entweder in ungenügender Menge oder nicht in einer für die Pflanzen aufnehmbaren Form vorhanden sind. Besonders gilt dies für die Hauptnährstoffe Stickstoff (N), Phosphor (P), Kalium (K), Kalk (Ca) und Magnesium (Mg). Diese Elemente sind essenziell für das Wachstum und die Qualität der Pflanzen.

Jedoch bezieht die Pflanze diese lebenswichtigen Nährstoffe nicht mehr ausschließlich aus dem Boden. Neben dem Boden spielen heute auch andere Nährstoffquellen eine wichtige Rolle:

- **Wirtschaftsdünger:** Dazu zählen z. B. Stallmist und Kompost, welche wertvolle Nährstoffe enthalten und zur Erhaltung der Bodenfruchtbarkeit beitragen.
- **Mineraldünger:** Diese kommen zum Einsatz, um spezifische Nährstoffdefizite gezielt auszugleichen.
- **Ernterückstände:** Das Belassen von Ernterückständen auf dem Feld kann zur Nährstoffrückführung beitragen.
- **Nährstoffe im Beregnungswasser:** Diese können Nährstoffeinträge wie z. B. Kalzium oder Magnesium liefern, sind jedoch schwer exakt zu bewerten.
- **Atmosphärische Einträge:** Durch Regen oder Luftverschmutzung können Nährstoffe, wie Stickstoff, in den Boden gelangen.
- **Hydroponische Systeme:** Bei erdlosen Anbaumethoden kommen Nährstoffe ausschließlich über die Nährstofflösung zu den Pflanzen.

Da Nährstoffverluste durch Auswaschung, Abgasung oder Fixierung unvermeidbar sind, ist es wichtig, die Nährstoffzufuhr so zu bemessen, dass Pflanzen ausreichend versorgt werden, ohne eine Überdüngung zu riskieren. Dabei müssen auch nationale Düngungsrichtlinien und Umweltauflagen berücksichtigt werden. Die Düngung im Gemüsebau sollte aus einer Kombination von organischen und mineralischen Düngemitteln bestehen, um sowohl die Bodenfruchtbarkeit langfristig zu erhalten als auch den kurzfristigen Nährstoffbedarf der Pflanzen zu decken. Im biologischen Anbau werden keine leichtlöslichen mineralischen Düngemittel verwendet. Trotzdem müssen auch hier kurzfristige Nährstoffbedarfsspitzen gedeckt werden.

Kontrolle der Versorgung und Nährstoffquellen

- Bodenproben und Nährstoffanalysen
- Wirtschaftsdünger (z. B. Stallmist, Kompost)
- Nährstoffeinträge durch Regen oder Luft

Wie wirken Nährstoffe?

Stickstoff

Er dient in erster Linie der Bildung des lebenswichtigen Pflanzeneiweißes und der Förderung des Wachstums, der Zartheit und dem Mengenertrag. Reichliche Versorgung mit Stickstoff ist schon rein äußerlich an der dunkelgrünen Färbung und dem üppigen Wachstum der Blätter und Stängel erkennbar, während Stickstoffüberdüngung zu einem ungesunden, sogenannten mastigen Wachstum, verringerter Standfestigkeit und verzögerter Reife führt. Stickstoffmangel ist an einem kümmerlichen Wuchs und einer Blassfärbung der Blätter zu erkennen, welche sehr rasch einen Farbumschlag ins Braungelbe zeigen und absterben. Stickstoff ist sehr leicht beweglich und löslich. Dies führt vor allem bei den Stickstoffdüngern des Handels zur sogenannten Stoßwirkung. Darunter verstehen wir die Erscheinung, dass nach einer Stickstoffdüngung bei Eintritt günstiger Außenbedingungen wie Wärme und Feuchtigkeit plötzlich große Stickstoffmengen zur Verfügung stehen.
Innerhalb kürzester Zeit wird dann von diesem Nährstoff so viel verbraucht, dass für das weitere Wachstum nichts oder fast nichts verbleibt. Eine Vorratsdüngung mit Handelsdüngerstickstoff ist daher nicht möglich, sondern es muss durch wiederholte Kopfdüngung für ein gleichmäßiges Stickstoffangebot gesorgt werden. Durch die in letzter Zeit in einigen Anbaugebieten auftretenden Probleme der Nitratbelastung des Grundwassers, des Bodens und des Gemüses ist es zur Festsetzung von Grenzwerten (Richtwerten) gekommen.
Der verantwortungsbewusste Gemüsebauer wird trachten, diese Grenzwerte einzuhalten bzw. der Stickstoffdüngung verstärkte Aufmerksamkeit widmen, insbesondere bei Blattgemüse bzw. Herbst- und Wintergemüse.

Ursachen für hohe Nitratgehalte im Gemüse können sein:

- zu hohe und nicht zeitgerechte mineralische bzw. organische Stickstoffdüngung
- Beeinträchtigung der Stickstoffverarbeitung in der Pflanze durch geringes Lichtangebot und zu niedrige Temperaturen
- zu hohes Stickstoffangebot im Boden durch Mineralisierung (Umwandlung der organischen Substanz in lösliche Nitratform durch vermehrte Bakterientätigkeit)

Bemessung der Düngung nach KNS

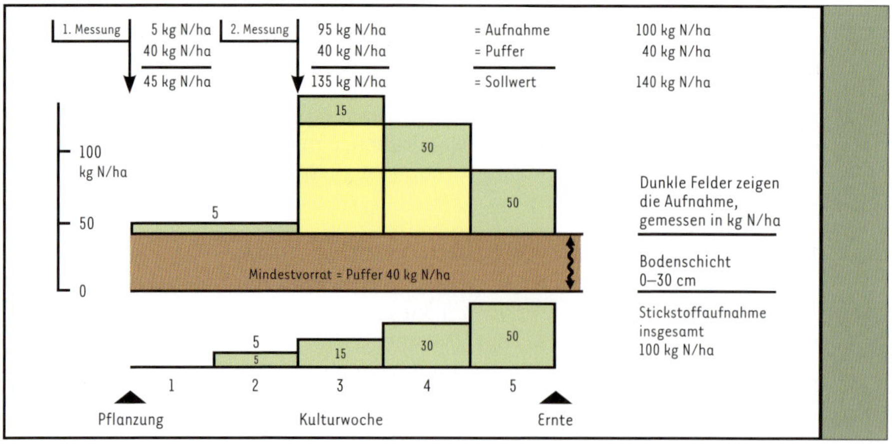

(Quelle: Schlaghecken, 1989)

Grenzwerte für Nitrat im Gemüse

	Erzeugnis	Höchstgehalt (mg NO_3/kg)	
1.1	Frischer Spinat *(Spinacia oleracea)*	Ernte in den Wintermonaten	3.500
1.2	Haltbar gemachter, tiefgefrorener oder gefrorener Spinat		2.000
1.3	Frischer Salat *(Lactuca sativa* L.*)* (unter Glas/Folie angebauter Salat und Freilandsalat) außer unter Nr. 1.4 aufgeführter Salat	Ernte vom 1. Oktober bis 31. März:	
		Unter Glas/Folie angebauter Salat	5.000
		Im Freiland angebauter Salat	4.000
		Ernte vom 1. April bis 30. September:	
		Unter Glas/Folie angebauter Salat	4.000
		Im Freiland angebauter Salat	3.000
1.4	Salat des Typs „Eisberg"	Unter Glas/Folie angebauter Salat	2.500
		Im Freiland angebauter Salat	2.000
1.5	Rucola *(Eruca sativa, Diplotaxis* sp.*)*	Ernte vom 1. Oktober bis 31. März:	7.000
		Ernte vom 1. April bis 30. September	6.000
1.6	Getreidebeikost und andere Beikost für Säuglinge und Kleinkinder		200"

(Quelle: VERORDNUNG (EU) Nr. 1.258/2011 CELEX : 02023R0915-20240722 vom 22.07.2024)

Die hohen Nitratgehalte in einigen Gemüsearten, insbesondere bei Salaten und Rucola, resultieren aus geringem Licht und niedrigen Temperaturen, wie es in den Wintermonaten in Gewächshäusern der Fall ist.

Die gemüsebauliche Praxis wird daher den Bodenvorrat an Stickstoff durch den sogenannten N_{min}-Test feststellen und dementsprechend die notwendige Düngermenge staffeln oder überhaupt unterlassen.

N_{min} = mineralischer Stickstoff (Nitrat, Ammonium), der momentan im Boden für die Pflanze verfügbar und für die Düngerbemessung anrechenbar ist. Schnellmethoden-Messung mit Merckoquant-Teststäbchen bzw. mit dem Nitracheck-Reflektometer oder exakter Laboranalyse.

Im Smart Farming eingesetzte N-Sensoren messen den Stickstoffgehalt der Pflanzen während des Wachstums. Diese Daten werden genützt, um die Düngung präzise anzupassen und eine Überdüngung zu vermeiden.

GeoSenSys – Georeferenziertes Sensorgestütztes Daten Management-System zur teilflächenspezifischen Bewässerung und Düngung von Freilandgemüse.

Bei der Stickstoffdüngung ist es zweckmäßig, das kulturbegleitende N_{min}-Sollwert-System (KNS nach Schlaghecken) anzuwenden.
Es berücksichtigt je nach Wahl nach 1 bis 3 N_{min}-Messungen zu Kulturbeginn und während der Kultur:
- den N_{min}-Sollwert (Stickstoffbedarf)
- einen N-Puffer (Mindestvorrat durch witterungsbedingte Unwägbarkeit)
- den N_{min}-Vorrat im Boden und
- den zu erwartenden frei werdenden Stickstoff aus Ernterückständen

N_{min} = mineralischer Stickstoff, der momentan im Boden für die Pflanze verfügbar und für die Düngerbemessung anrechenbar ist.
Schnellmethoden-Messung mit Merckoquant-Teststäbchen bzw. mit dem Nitracheck-Reflektometer oder exakter Laboranalyse.

Mögliche Nitratgehalte in einigen Gemüsearten

Hoch (1.000 – 4.000 mg/kg)		Mittel (500 – 1.000 mg/kg)	Niedrig (unter 500 mg/kg)	
Kopfsalat	Stielmangold	Sellerie	Tomaten	Rosenkohl
Spinat	Fenchel	Möhren	Gurken	Erbsen
Feldsalat	Chinakohl	Kopfkohl	Bohnen	
Endivie	Petersilie	Blumenkohl	Paprika	Zwiebeln
Rote Bete	Spargel	Porree	Melonen	Knoblauch
Radieschen	Kresse	Auberginen	Chicorée	
Rettich	Rukola	Zucchini		
		Kohlrabi		

Einige Möglichkeiten, den Nitratgehalt im Gemüse zu senken, sind:

- Düngergabe nach Bedarf der einzelnen Kulturpflanzen genau dosieren
- organische Düngung nicht unbedingt im Herbst ausbringen
- Winterbegrünung abgeernteter Gemüseflächen anstreben
- Gemüse nur zum optimalen Erntezeitpunkt ernten (Reifestadium und Tageszeit)
- Stickstoffart berücksichtigen (Ammonium, Harnstoff, Kalkstickstoff bzw. Chloriddünger und langsam wirkende Dünger einsetzen)
- Flach- und Tiefwurzler, Stark- und Schwachzehrer abwechselnd anbauen
- pH-Wert des Bodens senken

Phosphor

Phosphor ist sowohl Pflanzendünger als auch Bodendünger. Als Pflanzendünger ist Phosphor am Stoffhaushalt und besonders an der Eiweißbildung maßgeblich beteiligt und muss daher der Pflanze immer zur Verfügung stehen. Große Phosphormengen befinden sich in den Samen.

Die Wirkungen des Phosphors sind auch rein äußerlich zu erkennen: hohe Blühwilligkeit, reicher Blütenansatz, frühe Reife, gute Frucht- und Samenausbildung sowie eine starke Förderung des Wurzelwachstums.

Phosphormangel äußert sich in einem kümmerlichen Wuchs und waagrecht abstehenden Blättern, die den Pflanzen das Aussehen von Schattenpflanzen verleihen. Besonders auffällig ist die blaurot-violette Verfärbung der Blätter, die ein typisches Mangelzeichen darstellt.

Als Bodendünger hat Phosphor wichtigste Aufgaben zu erfüllen. Er leistet einer Verschiebung der Bodenreaktion Widerstand (Pufferung) und fördert die Beständigkeit der Krümelstruktur. Da Phosphor im Boden unbeweglich ist und kaum ausgewaschen wird, müssen Phosphordünger durch Einackern oder Umgraben an den Ort des Bedarfs - das ist eine Tiefe von 15 bis 18 cm - gebracht werden.

Kali

Kali ist unentbehrlich für die Bildung und den Transport von Stärke, Zucker, Zellulose und anderen Zwischenprodukten des pflanzlichen Stoffwechsels. An dem inneren Aufbau des Pflanzengerüsts nimmt es wirksamen Anteil, verleiht Stängeln und Blättern eine gesunde, kräftige Struktur und fördert die Winterfestigkeit sowie die Widerstandsfähigkeit gegen verschiedene Krankheiten, verbessert den Geschmack und steigert den Wassergehalt der Pflanze, die Haltbarkeit sowie den Gehalt an Vitamin C und Zucker. Bedeutend sind auch die Wechselbeziehungen

zwischen dem Kaligehalt einer Pflanze und ihrer Fähigkeit, Kohlenstoff aufzunehmen. So konnte nachgewiesen werden, dass Kalimangelpflanzen auch bei einem hohen Gehalt an Blattgrün (Chlorophyll) fast kein Kohlendioxid assimilieren, während nach Zugabe von Kalisalzen die Kohlendioxidaufnahme in kürzester Zeit ansteigt. Alle Pflanzen, die viel Licht verlangen (Rüben, Wurzelgemüse, Tomaten usw.) oder viel Reservestoffe (Zucker, Stärke) speichern, sind daher für eine reichliche Kalidüngung besonders dankbar.
Im Hinblick auf diese so wichtigen Aufgaben des Kalis wirkt sich daher auch Kalimangel schon rein äußerlich stark aus. Die Blätter zeigen braune Ränder, rollen sich schließlich ein und sterben ab.

Kalk

Er ist nicht nur Pflanzennährstoff, sondern auch einer der wichtigsten Bodendünger. Als solcher hat er vornehmlich die Aufgabe, Boden- und Krümelstruktur zu verbessern, Nährstoffumsetzung zu fördern und der Versauerung des Bodens entgegenzuwirken. Damit wirkt er auch biologisch, weil er den Bodenorganismen, auf deren Mitarbeit nicht verzichtet werden kann, den günstigsten Lebensraum schafft. Als Pflanzennährstoff nimmt Kalk am Stoffwechsel der Pflanzen wesentlichen Anteil und hat namentlich in den Blättern wichtige Aufgaben der verschiedensten Art zu erfüllen. Dafür spricht auch die Tatsache, dass alle Kulturpflanzen mit einem hohen Blattanteil auch einen hohen Kalkverbrauch zeigen. Besonders hervorzuheben ist sein Einfluss auf die Qualität, auf die Festigkeit und Stämmigkeit des Pflanzengerüsts sowie auf die Steigerung der Widerstandsfähigkeit gegen verschiedene Krankheiten und Schädlinge.
Auch Kalkmangel führt zu äußerlich sichtbaren Ausfallserscheinungen. Typisch ist eine an den Blattspitzen beginnende Chlorose und eine Verfärbung der Gipfelknospen ins Braune oder Schwarze mit späterem Absterben. Die Blätter kräuseln oder drehen sich, rollen sich ein und werden frühzeitig abgeworfen. Auch Kalküberschuss kann zu chlorotischen Erscheinungen führen. Da Kalk außerordentlich leicht ausgewaschen wird, ist vor allem in niederschlagsreichen Gebieten der regelmäßigen Kalkdüngung besondere Aufmerksamkeit zu schenken.

Magnesium

Es muss richtigerweise zu den Haupt- oder Kernnährstoffen gerechnet werden. Infolge des nachgewiesenen Mangels auf vielen Böden ist seine Zufuhr zu einer dringenden Notwendigkeit geworden. Magnesium ist vor allem am Aufbau des Blattgrüns beteiligt, und es erscheint daher verständlich, dass Magnesiummangel eine Herabsetzung der Chlorophyllbildung bewirkt und eine hellgrüne bis hellgelbe, mitunter rote Verfärbung der Blattspitzen und Ränder eintritt, die sich später auf die ganze Blattfläche verteilt, während die Blattnerven bis kurz vor dem Absterben grün verbleiben.

Schwefel

Viele organische Verbindungen in Pflanzen enthalten Schwefel. Vor allem schwefelhältige Aminosäuren wie Cystein, Cystin und Methionin sind für das Pflanzenwachstum wichtig. Durch das Verbrennen von fossilen Brennstoffen (Erdöl, Erdgas, Kohle) wurden früher hohe Mengen Schwefel gasförmig freigesetzt. Je nach Region sind die Schwefelemissionen, die in hohen Mengen stark pflanzenschädigend wirken, wieder reduziert geworden. Daher kann eine Düngung mit sulfathaltigen Düngemitteln je nach Boden nötig sein.

Die Spurenelemente (Mikronährstoffe)

Wie Untersuchungen ergeben haben, sind außer diesen Haupt-, Makro- oder Kernnährstoffen zum Leben unserer Pflanzen auch noch andere Grundstoffe notwendig, die allerdings nur in so kleinen Mengen vorhanden sein müssen, dass sie auch als Spurenelemente oder Mikronährstoffe bezeichnet werden. Dazu zählen Bor - Mangan - Kupfer - Molybdän - Kobalt - Zink - Eisen und auch noch andere, die fördernd auf das Pflanzenwachstum wirken. Wenn auch bei diesem oder jenem Mikronährstoff schon Mangelerscheinungen (bei jahrelangen Monokulturen) nachgewiesen werden konnten, so dürfte doch eine regelmäßige und allgemein durchgeführte Düngung mit Spurenelementen nicht nötig sein. Die Böden verfügen zumeist noch über genügend Vorräte an diesen Stoffen, und durch Düngung mit Stallmist, Kompost und sonstigen Humusdüngemitteln wird im Allgemeinen eine völlig ausreichende Menge an Spurenelementen verabreicht.

Harmonische Düngung, Grunddüngung, Kopfdüngung

Schon aus diesen kurzen Hinweisen ist zu entnehmen, dass die Aufgaben der Makronährstoffe Stickstoff, Phosphorsäure, Kali, Kalk und Magnesium außerordentlich vielseitig und lebenswichtig sind. Sie ergänzen sich wohl in ihrer Wirkung, aber niemals kann ein Nährstoff einen anderen ersetzen. Das ist eine Tatsache, die vor allem bei der Verwendung mineralischer Düngemittel zu beobachten ist. Um jegliche Einseitigkeit zu vermeiden, muss daher die Düngung harmonisch, d.h. ausgeglichen erfolgen und alle Pflanzennährstoffe berücksichtigen, sofern sie nicht in genügender Menge im Boden vorhanden sind. Das Nährstoffverhältnis von N : P : K : Mg soll etwa 1 : 0,4 : 1,3 : 0,3 betragen.
Grundlage jeder richtigen Düngerbemessung soll die Bodenuntersuchung sein. Zusätzlich sind die natürliche Nachschaffungskraft des Bodens, die Erneterück-

Das Gesetz vom abnehmenden Ertragszuwachs
nach Mitscherlich

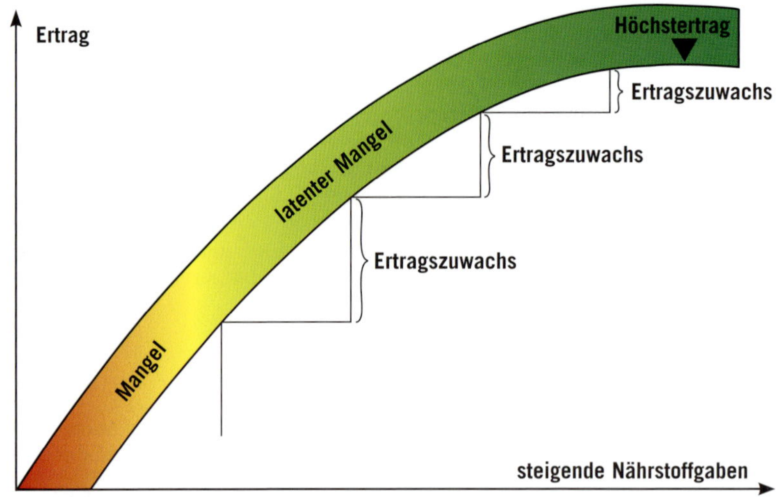

Der Ertrag lässt sich durch steigende Nährstoffabgaben anheben (bis zum Höchstertrag), jedoch wird der Ertragszuwachs mit jeder zusätzlichen Düngereinheit immer kleiner. Werden die Nährstoffgaben über den Höchstertrag hinaus gesteigert, kann der Ertrag wieder zurückgehen.

Beurteilung der Werte der Bodenuntersuchung

Gehaltsstufe	mg Phosphor (P_2O_5) /100 g Boden	(mg P /1.000 g Boden)
A sehr niedrig	Unter 6	(unter 24)
B niedrig	6–10	(26–46)
C ausreichend	11–25	(47–111)
D hoch	24–40	(112–174)
E sehr hoch	Über 40	(über 174)

Gehaltsstufe	Kalium (K_2O) mg/100 g Boden bzw. (mg Mg/1.000 g Boden)		
	Leichter Boden	Mittelschwerer Boden	Schwerer Boden
A sehr niedrig	Unter 6 (50)	Unter 8 (66)	Unter 10 (83)
B niedrig	6–10 (50–87)	8–13 (66–112)	10–16 (83–137)
C ausreichend	11–21 (88–178)	14–25 (113–212)	17–29 (138–245)
D hoch	22–35 (179–291)	26–40 (213–332)	30–45 (246–374)
E sehr hoch	Über 35 (291)	Über 40 (332)	Über 45 (374)

Gehaltsstufe	Magnesium (MgO) mg/100 g Boden bzw. (mg Mg/1.000 g Boden)		
	Leichter Boden	Mittelschwerer Boden	Schwerer Boden
A sehr niedrig	–	Unter 3 (30)	Unter 4 (40)
B niedrig	Unter 5 (50)	3–5 (30–55)	4–7 (40–75)
C ausreichend	5–7 (50–75)	6–10 (56–105)	8–13 (76–135)
D hoch	8–15 (76–150)	11–9 (106–190)	14–22 (136–220)
E sehr hoch	Über 15 (150)	Über 19 (190)	Über 22 (220)

Gehaltsstufe	mg/1.000 g Boden					
	Bor	Kupfer	Zink	Mangan	Eisen	Selen
A niedrig	Unter 0,2	Unter 2	Unter 2	Unter 20	Unter 20	Unter 0,03
C mittel	Um 0,6	Um 8	Um 8	Um 70	Um 100	Um 2
E hoch	Über 2,0	Über 20	Über 20	Über 200	Über 300	Über 2

Einstufung der Bodenschwere und anzustrebender Humusgehalt

Bezeichnung	Bodenschwere	Tongehalt	Optimaler Humusgehalt
2	Leicht	Unter 15 %	Über 2,0 %
3	Mittel	15–25 %	Über 2,5 %
4	Schwer	Über 25 %	Über 3,0 %

stände, die Nährstoffe der zugeführten organischen Dünger, die Gründüngung und der Eintrag durch Regen oder künstliche Bewässerung zu bewerten. Die Nährstoffgehalte werden nach Gehaltsstufen eingeteilt (A = sehr niedrig, B, C, D, E = sehr hoch versorgt). Nach Möglichkeit sollen die Richtlinien für die Integrierte Produktion (IP) von Gemüse eingehalten werden.

Nicht nur auf die Ausgeglichenheit der Düngung kommt es an, sondern auch auf die richtige Höhe und den richtigen Zeitpunkt der Düngergaben.
Es fallen daher sowohl der Grunddüngung als auch der Kopfdüngung wichtige Aufgaben zu.

Durch die **Grunddüngung**, das ist die Düngung vor dem Anbau oder vor der Pflanzung, sei es im Herbst oder im Frühjahr, sollen die Pflanzen schon von den Anfängen ihres Wachstums an mit Nährstoffen versorgt werden. Soll aber dieses Nährstoffangebot konstant bleiben, dann ist auch dafür Sorge zu tragen, dass die durch das Wachstum verbrauchten Nährstoffe fortlaufend ersetzt werden. Dies ist Aufgabe der **Kopfdüngung**, worunter wir die feste oder flüssige Düngung wachsender Pflanzenbestände, also während der Vegetation, verstehen. Besonders wichtig ist diese Maßnahme bei den Stickstoffdüngern des Handels, welche die schon besprochene Erscheinung der sogenannten Stoßwirkung zeigen.

Die organischen Dünger

Zu diesen gehören:

1. Stallmist
2. Kompost
3. Gründüngung
4. Organische Handelsdünger

1. Der Stallmist

Von allen Düngern, die im Gemüsebau Verwendung finden, steht Stallmist an erster Stelle. Dauernde Düngung mit gut verrottetem Stallmist macht den Boden locker und trägt zur Humusbildung bei. In Verbindung mit einer entsprechenden Bearbeitung erhält dann das Gemüsefeld alle jene guten Eigenschaften, die wir in ihrer Gesamtheit als Gare bezeichnen und welche die Voraussetzung für eine ertragreiche Kultur bilden. Der Humusgehalt soll bei 3–5 % liegen. Eine wertvolle Eigenschaft des Stalldüngers ist seine nachhaltige Wirkung, die 3–5 Jahre anhält. Im Allgemeinen kann man annehmen, dass von einer Stallmistdüngung im ersten Jahr 50 %, im zweiten Jahr 25 %, im dritten Jahr 10 % und im vierten Jahr der Rest ausgenützt werden. Selbstverständlich hängen diese Angaben nicht nur von der Tiergattung und Bodenart, sondern auch von der richtigen Lagerung auf der Düngerstätte und der zeitgemäßen Ausbringung in den Boden ab. Nach Möglichkeit werden alle zwei Jahre 400–600 kg/a Stallmist verabreicht.

Obwohl Stallmist sämtliche Nährstoffe enthält, welche die Pflanzen zu ihrer Entwicklung benötigen, ist seine Verwendung doch begrenzt, da niemals solche Mengen in den Boden eingebracht werden können, um den Nährstoffbedarf der Pflanzen zu decken. Wir sind daher angewiesen, den fehlenden Teil durch Handelsdünger zu ergänzen.
Damit soll nichts gegen die Bedeutung und den Wert des Stallmists gesagt sein. Es muss aber festgehalten werden, dass Stallmist in erster Linie Bodendünger und Nahrungsquelle für die Bodenorganismen ist und erst in zweiter Linie einen Nährstoffträger für die Pflanzen darstellt.
Mit Rücksicht auf die Stickstoffwirkung des Stallmists sowie die Gefahr eines verstärkten Schädlingsbefalls bei einzelnen Gemüsearten (Zwiebeln, Möhren) sind größere Mengen einer frischen Stallmistdüngung nur dort am Platz, wo sie auch

Nährstoffgehalt einiger Stallmist-Arten in kg/m³ (nach Richtlinien der sachgerechten Düngung)

	N	P_2O_5	K_2O	Organische Substanz
Hühnermist	2,6	2,5	1,5	38
Pferdemist	2,3	1,5	3,0	113
Rindermist	3,2	2,5	4,2	145
Schafmist	4,3	2,1	4,9	140
Schweinemist	4,2	5,5	3,6	182

erforderlich sind. Aus diesem Grund hat sich die Einhaltung einer bestimmten Stallmist-Düngerfolge ergeben, und zwar in der Weise, dass zwischen Gemüsearten der ersten und zweiten Tracht oder auch der ersten, zweiten und dritten Tracht unterschieden wird.

2. Der Kompost

Kompost ist neben dem Stallmist ein wertvoller Humuslieferant, Bodenverbesserer durch Stabilisierung der Krümelstruktur, Düngemittel durch seine aufgeschlossenen Nährstoffe und vor allem Futter für die zahllosen Bodenlebewesen. Es gilt daher in einem Gemüsebetrieb alle anfallenden organischen Stoffe zu sammeln, wie z. B. Ernterückstände, Gemüse- und Putzabfall, Mähgut, alle Arten von Stallmist, Stroh, Laub, gehäckselten Strauchschnitt, Küchenabfall u. a. m.
Auch außerbetriebliche organische Abfälle wie Rinden, Sägespäne, Trester, Kommunalabfälle usw. kommen in Betracht und sollen einer Verrottung zugeführt werden. Alle infrage kommenden Materialien sollen unbedenklich, natürlich frei von Schadstoffen sein, insbesondere ist auf die Gehalte von Schwermetallen zu achten. Die Breite und Höhe der auf geeigneten Plätzen aufzusetzenden Mieten sollen sich nach den Maßen der Kompostwendemaschine richten.

Regelmäßige Kompostgaben sichern die Humusversorgung. Dieses Foto zeigt die Kompostverarbeitung im gewerblichen Maßstab.

Je nach Zusammensetzung der Rohstoffe wird auch ein Zusatz von lehmiger Erde bis zu 10 % notwendig sein. Dies erleichtert die Bildung des Ton-Humus-Komplexes im Fertigkompost deutlich.
Nach dem Aufsetzen ist eine Bedeckung mit Stroh, Laub oder einem Kunststoffvlies vor allem als Regenschutz und Vermeidung von Zuflug von Beikrautsamen notwendig. Zur optimalen Sauerstoffzufuhr während des Rottevorgangs ist ein 3- bis 4-maliges Umsetzen mit der Kompostwendemaschine (z. B. Fabrikate Komptech Topturn; Gujer) unbedingt notwendig.
Je nach Außentemperatur und Temperaturentwicklung in der Mitte ist der Kompost nach 8 bis 10 Wochen gebrauchsfertig. Die Kompostgaben richten sich je nach Kultur und Nährstoffbedarf und liegen bei 20 bis 40 m^3/ha.

3. Die Gründüngung

Als Gründüngung wird eine grüne Pflanzendecke bezeichnet, die als Zwischen- oder Winterfrucht gesät wird. Nach entsprechendem Aufwuchs bzw. Massebildung erfolgt nach dem Abmähen oder Abschlegeln die Einarbeitung in den Boden (Spatenpflug, Rotorkrümler, Grubber) als organische Düngung und zur Bodenverbesserung. Vorteile dieser Gründüngung sind die Aktivierung des Bodenlebens, die Bodenlockerung durch tief wurzelnde Pflanzen wie Ackerbohne, Winterraps, Klee, Luzerne, die Bodenbeschattung, der Erosionsschutz, die Beikrautunterdrückung und die Verminderung der Nährstoffauswaschung. Gründüngung ist eine Möglichkeit der Bodenbewirtschaftung und Grundlage der Bodenfruchtbarkeit. Am besten eignen sich hierzu Leguminosen (Kleearten, Wicken usw.), da sie in kurzer Zeit große Mengen organischer Masse bilden und befähigt sind, Stickstoff aus der Luft zu binden. Vielfach findet auch Senf Verwendung, obwohl diese Pflanze kein Stickstoffsammler ist. Mit Rücksicht auf die vorwiegende Stickstoffanreicherung ist eine Zusatzdüngung mit Phosphor und Kali notwendig. Die Einbringung in den Boden erfolgt im Herbst oder besser im Frühjahr entweder durch Einfräsen oder Einpflügen. Im gärtnerischen Gemüsebau lässt sich eine ausgesprochene Gründüngung schwer durchführen, da die intensive Fruchtfolge meist keine Gelegenheit bietet, besondere Gründüngungspflanzen anzubauen. Bis zu einem gewissen Grad sind die Erfolge der Gründüngung durch die Kultur von Pflückerbsen oder Pflückbohnen zu erreichen, wenn das Laub grün in den Boden gebracht wird.

Gründüngung aktiviert das Bodenleben.

Saatgutbedarf und Bestandsdichte bei Gründüngungsarten

Pflanzenarten	Saatgutbedarf *) (kg/ha)	Bestandsdichte/m²
Gräser (Gramineae) **)		
Futterhirse (Sorghum)	20 kg	50 Pfl.
Roggen	150 kg	350 Pfl.
Weidelgras (Deutsches-)	35 kg	–
Weidelgras (Einjähriges)	45 kg	–
Weidelgras (Welsches)	35 kg	–
Weizen	260 kg	500 Pfl.
Kreuzblütler (Cruciferae)		
Chinakohlrübsen (Perko)	10 kg	200 Pfl.
Ölrettich	20 kg	200 Pfl.
Raps (Sommer-)	15 kg	200 Pfl.
Raps (Winter-)	10 kg	200 Pfl.
Rübsen (Sommer-)	12 kg	200 Pfl.
Rübsen (Winter-)	12 kg	200 Pfl.
Senf (Gelb)	17 kg	200 Pfl.
Leguminosen (Fabaceae)		
Ackerbohnen	180 kg	25 Pfl.
Esparsette (Türkenklee)	160 kg	800 Pfl.
Felderbsen (Peluschke)	220 kg	100 Pfl.
Klee (Alexandriner-)	32 kg	800 Pfl.
Klee (Bodenfrüchtiger)	30 kg	280 Pfl.
Klee (Inkarnat-)	30 kg	800 Pfl.
Klee (Perser-)	20 kg	800 Pfl.
Lupine (Blaue)	180 kg	90 Pfl.
Lupine (Gelbe)	170 kg	90 Pfl.
Lupine (Weiße)	200 kg	45 Pfl.
Luzerne (Ewiger Klee)	25 kg	280 Pfl.
Platterbse	140 kg	120 Pfl.
Serradella (Krallenklee)	42 kg	800 Pfl.
Steinklee (Bucharaklee)	30 kg	900 Pfl.
Wicke (Sommer-)	150 kg	150 Pfl.
Wicke (Winter-)	90 kg	150 Pfl.
Korbblütler (Asteraceae)		
Sonnenblumen	70 kg	70 Pfl.
Wasserblattgewächse (Hydrophyllaceae)		
Phacelia	14 kg	250 Pfl.
Mischkulturen		
Landsberger Gemenge	80 kg	–
Roggen + Wicken	80 kg + 80 kg	–
Weizen + Wicken	80 kg + 80 kg	–

(Nach Schlaghecken, 1984)

*) SAATGUTBEDARF: Höhere Saatgutmengen bei Spätsaat, ungünstigen Saatbedingungen und Breitsaat

**) BESTANDSDICHTE: Bei tetraploiden Sorten größerer Saatgutbedarf, da größere und schwerere Samen

Vergleich von Eigenschaften organischer und mineralischer Dünger (nach SGU-Richtlinien)

Eigenschaften	Organischer Dünger	Mineralischer Dünger
Nährstoffkonzentration	Relativ gering; z. B. Stickstoffgehalt im Mist: 0,5 %	Teilweise sehr hoch; z. B. Stickstoffgehalt von Harnstoff: 46 %
Nährstoffgehalt-Genauigkeit	Nach Herkunft, Zusammensetzung und Behandlung der Dünger sind große Abweichungen möglich	Immer gleich hoch
Organische Substanz	Unterschiedlich hoch	Null
Harmonie der Nährstoffe	In der Regel der Pflanze angepasst, aus pflanzlichem oder tierischem Material stammend	Einzelnährstoffdünger zur Ergänzung fehlender Nährstoffe; Mehrnährstoffdünger den Pflanzenansprüchen mehr oder weniger gut angepasst
Löslichkeit, Verfügbarkeit	Allgemein langsam löslich; Nährstoffe werden vorwiegend durch mikrobiellen Abbau pflanzenverfügbar	N-, P-, K-Dünger in der Regel rasch löslich, was kurzfristig zu allzu hohen Nährstoffkonzentrationen führen kann, Rohphosphate und Thomasmehl langsam abbaubar
Spurenelemente	Ausreichend vorhanden	Sehr unterschiedlich
Schwermetalle	Vorsicht bei Klärschlamm und Müllkompost	Teilweise hohe Gehalte im Thomasmehl
Boden-pH-erhöhende Dünger	Mist vor allem im unteren pH-Bereich	Kalkhaltige Dünger (Kalkstickstoff, Thomasmehl)
Boden-pH-senkende Dünger	Torf	Ammonsulfat
Ausbringung	Aufwendig	Einfach
Einfluss auf Humusgehalt des Bodens	Günstig	Bei richtiger Anwendung Steigerung des Humusgehalts möglich; bei einseitiger Anwendung Humusschwund
Einfluss auf Bodenlebewesen	Günstig	Bei zu hohen Gaben oder einseitigem Nährstoffverhältnis ungünstig
Einfluss auf Bodenstruktur	Sehr günstig	Kalkung in der Regel ungünstig
Pflanzenverträglichkeit	Wenn in vernünftigem Maß angewendet, gut	Einzelne Begleitstoffe (z. B. Chlorsalze) für bestimmte Pflanzen (z. B. Bohnen, Tomaten usw.) ungünstig

4. Die organischen Handelsdünger

Steht Kompost nur in beschränktem Maß zur Verfügung, können organische Handelsdünger eingesetzt werden. Die Aufwandmenge soll sich nach den Angaben der Hersteller richten.

Beispiele organischer Handelsdünger für den ökologischen Gemüsebau

Düngemittel	Herkunft	Nährstoffgehalt (%) N	P_2O_5	K_2O	Anwendung zur Saat
Ackerbohnenschrot	Ackerbohnen geschrotet	4,5	~ 1	1,5	Nein
Biosol	Pilzbiomasse aus der Penicillinherstellung	7	1	1,5	Ja
BioAgenasol	Stärkeproduktion	6	3	2	Ja
Biofert	Zitronensäureproduktion	5	2	2	Ja
Erbsenschrot	Körnererbsen geschrotet	3,5	~ 1	1,5	Nein
Haarmehlpellets	Schweineborsten vermahlen	13,5	~ 1	–	Ja
Hornmehl, -gries, -späne	Rinderhörner, -hufe vermahlen	14	~ 1	–	Ja
Kürbiskuchenmehl	Rückstände bei Ölgewinnung	8	4	1	Ja
Lupinenschrot	Lupinen geschrotet	4–5	~ 1	1,5	Nein
Maltaflor Symbio	Rückstände aus Malzproduktion mit Vinasse zugesetzt	4,5	1	5	Ja
Organic Plant Feed	Luzernemehl, Melasse, Vinasse u. a.	8	3	3	Ja
Phytogrieß	Rückstände aus Maisverarbeitung	6;5	4,5	1	Ja
Rapsschrot	Rückstände bei Ölgewinnung	5,5	1,5	1,5	Nein
Rizinusschrot	Rückstände bei Ölgewinnung	5	2	1	Nein
Vinasse	Fermentierte Melasse aus Zuckerrüben	4,5	0,3	6	Ja

Die Mineraldünger

Die Verwendung mineralischer Dünger (Handelsdünger) hat den Zweck, die Nährstoffwirkung des Stallmists oder anderer organischer Dünger zu ergänzen und jene Stoffe in leicht löslicher Form zuzuführen, welche die Pflanzen besonders benötigen. Die Ansicht, dass natürliche Dünger durch Handelsdünger ersetzt werden können, ist nicht richtig und müsste früher oder später zu Misserfolgen führen. Nach wie vor soll der organische oder natürliche Dünger (Stallmist, Kompost usw.) die Grundlage jeder geregelten Düngerwirtschaft bilden, wie sie insbesondere der Gemüsebau verlangt.

Die im Handel erhältlichen Dünger werden nach ihren Nährstoffen bezeichnet:

1. Stickstoffdünger (N)
2. Phosphordünger (P_2O_5)
3. Kalidünger (K_2O)
4. Kalkdünger (CaO)

5. Magnesiumdünger (MgO)
6. Spurenelementdünger (Fe, B, Cu, Zu, Mn, Mo, Co usw.)
7. Volldünger (N - P - K)
8. alternative Düngemittel (organisch-mineralische Handelsdünger)

1. Die Stickstoffdünger

Kalkammonsalpeter (NAC, Nitramoncal)

ist ein Dünger, der je zur Hälfte sowohl rasch wirkenden Salpeter als auch nachhaltig wirkenden Ammoniumstickstoff enthält und daher vielseitig anwendbar ist. Er ist besonders zur Frühjahrsdüngung für alle Kulturen und zur Kopfdüngung geeignet.

Ammonsulfat (schwefelsaures Ammoniak)

ist überall zu empfehlen, wo sich die Stickstoffwirkung auf einen längeren Zeitraum erstrecken soll. Es ist auch zur Flüssigdüngung geeignet. Bei wiederholter Anwendung von Ammonsulfat ist dem Kalkzustand des Bodens besondere Beachtung zu schenken.

Harnstoff

eignet sich besonders zur Flüssigdüngung (Blattdüngung). Er ist aber auch als hochwertiger Bodendünger geeignet. Harnstoff ist mit allen Spritzmitteln mischbar. In der Praxis hat sich eine Kombination von Schädlingsbekämpfung und Blattdüngung mit Harnstoff gut bewährt. Geringfügige Verätzungen der Pflanzen haben auf die gewünschte Ertragssteigerung keinen Einfluss.

Kalksalpeter

wird vor allem dann angewendet, wenn der Stickstoff schnell zur vollen Wirkung gelangen soll, so z. B. bei verspäteter Stickstoffdüngung, zur raschen Kräftigung der Saaten sowie bei Krankheits- und Schädlingsbefall (Hagelschlag).

Kalkstickstoff

wirkt langsam, weil er den Stickstoff als Cyanamid enthält. Erst nach der Umwandlung des Cyanamids in Ammonium bzw. Salpeter kann der Stickstoff von der Pflanze aufgenommen werden. Da bei dieser Umsetzung im Boden zuerst chemische Verbindungen entstehen, die schädigend auf keimende Beikrautsamen und auf tierische Schädlinge wirken, ist Kalkstickstoff gleichzeitig auch ein Bodenent-

Empfehlenswerte Kalkstickstoffgaben in kg/ha als Grunddüngung für die wichtigsten Gemüsearten

Sehr stark N-zehrende Gemüsearten	
Spargel, Rhabarber, Weiß- und Rotkraut, Karfiol, Kohl, Chinakohl, Sprossenkohl, Kohlrabi, Zuckermais, Brokkoli	**800 bis 1.200 kg**
Stark N-zehrende Gemüsearten	
Tomaten, Gurken, Porree, Sellerie, Kürbis, Salat	**500 bis 600 kg**
Mittel N-zehrende Gemüsearten	
Rote Rüben, Möhren, Rettich, Radieschen, Zwiebeln, Schwarzwurzeln	**300 bis 500 kg**
Schwach N-zehrende Gemüsearten	
Erbsen, Bohnen	**100 bis 200 kg**

Kalkstickstoffgaben zur Beikrautbekämpfung

Erbsen	200–300 kg/ha vom Durchspitzen bis Handhöhe	Alle Kalkstickstoff-Formen können verwendet werden
Steckzwiebeln	300–400 kg/ha etwa 2–3 Wochen nach dem Pflanzen	Bei Aufwandmengen unter 300 kg je ha ist gemahlener Kalkstickstoff zu bevorzugen
Buschbohnen	200–400 kg/ha nach der Saat	Bis kurz vor dem Durchstoßen der Bodenoberfläche
Porree (Lauch)	300–500 kg/ha etwa 2–3 Wochen nach dem Pflanzen	
Kohlarten	300–550 kg/ha etwa 2–3 Wochen nach dem Pflanzen Bei Karfiol empfiehlt sich die geringere Menge	Nur granulierter Kalkstickstoff
Spargel	Während der Stechzeit: 300 kg/ha, wenn die Beikräuter auflaufen	Alle Formen
Spargel	Nach dem Stechen: 1. Gabe: 500 kg/ha nach dem Auseinanderpflügen der Dämme beim Auflaufen der Unkräuter 2. Gabe: 500 kg/ha etwa 2–3 Wochen später	Nur granulierter Kalkstickstoff

Beispiele für Stickstoffdünger (Gehalte in %)

	N	Schwefel	physiolog. Wirkung	Stickstoffform
Kalkammonsalpeter (NAC)	27		Neutral/ schwach sauer	13,5 % Nitrat + 13,5 % Ammonium
Ammonium-Harnstoff-Lösung AHL	30		Sauer	7 % Nitrat + 7 % Ammonium + 14 % Amid
Harnstoff	46		Sauer	Carbamid
Nitramon S (Ammonsulfatsalpeter, ASS)	26	13	Sehr sauer	7,5 % Nitrat + 18,5 % Ammonium
Schwefelsaures Ammoniak (Ammonsulfat)	21	24	Sehr sauer	Ammonium
Entec 26	26	13	Sauer	7,5 % Nitrat + 18,5 % Ammonium mit DMPP*
Kalksalpeter	15		Alkalisch	14,9 % Nitrat + 0,6 % Ammonium
Kalkstickstoff	20		Alkalisch	> 15 % Cyanamid + 1,5 % Nitrat
Piamon 33-S	33	12	Sauer	22,6 % Carbamid + 10,4 % Ammonium

*) Dimethylpyrazolphosphat (Nitrifikationshemmstoff)

Kalkammonsalpeter wird bei Chinakohl zur Kopfdüngung verwendet. Die Ausbringung erfolgt im Zuge der Beikrautregulierung.

seuchungsmittel. Zur Beikrautbekämpfung streut man ihn bei mäßig feuchtem Boden. Der Kalkstickstoff ist mindestens drei Wochen vor dem Anbau oder 14 Tage nach der Pflanzung zu geben, um eine Schädigung der Pflanzen zu vermeiden. Bodenbürtige Schaderreger wie z. B. Sclerotinia-Krankheiten und die Rhizoctonia- bzw. Fusarium-Wurzel- und Stängelfäule können durch Kalkstickstoffanwendung gemindert werden.

2. Die Phosphordünger

Superphosphat

wirkt sehr rasch und anhaltend, vor allem für Böden mit gutem Kalkzustand und für trockene Gebiete. Da die Phosphorsäure nicht ausgewaschen wird, kann es zur Herbst- und Frühjahrsdüngung und auch als Kopfdüngung gegeben werden.

Beispiele für Phosphordünger (Gehalte in %)

	P_2O_5	Sonstige	Physiolog. Wirkung	Löslichkeit
Superphosphat	18		Leicht sauer	93 % wasserlöslich
Triple-Superphosphat	45		Leicht sauer	93 % wasserlöslich
Hyperphosphat mehlfein	29	Ca. 40 % CaO	Basisch	Ameisensäurelöslich
Naturphosphat	26	Ca. 40 % CaO	Basisch	Ameisensäurelöslich

3. Die Kalidünger

40%ige und 60%ige Kalidüngersalze

sind mit einigen Ausnahmen für alle Kulturen und alle Bodenarten verwendbar. Sie werden zweckmäßig einige Zeit vor dem Anbau ausgestreut. Da die Kalisalze Chlor enthalten, sind sie zur Düngung von chlorempfindlichen Pflanzen wie Bohne oder Gurke weniger geeignet. Sellerie, Spargel und Spinat bevorzugen jedoch chloridhaltige Kalidünger.
Werden chloridhaltige Kalidünger verwendet, müssen sie entweder schon im Herbst oder aber zwei bis drei Wochen vor dem Anbau gestreut werden. Dann kann das Chlor bis zum Anbau in tiefere Schichten ausgewaschen werden. Bei Anwendung größerer Kalidüngermengen, besonders auf schweren Böden, ist darauf zu achten, dass der Kalkzustand des Bodens in Ordnung ist, damit Bodenverdichtungen vermieden werden.

Patentkali

kann bei allen Kulturen verwendet werden, die chlorempfindlich sind. Es ist ein Spezialdünger für jene Pflanzen, die einen hohen Magnesiumbedarf haben. Als Vorratsdünger hat es sich bestens bewährt.

Schwefelsaures Kali

ist ebenfalls chloridfrei und daher ein Spezialdünger für chlorempfindliche Pflanzen. Es kann wie das Patentkali vor dem Anbau gestreut und sogar als Kopfdünger verwendet werden. Vor allem ist es überall dort anstelle von Patentkali zu empfehlen, wo der Boden gut mit Magnesium versorgt ist.

Beispiele für Kalidünger (Gehalte in %)

	K_2O	MgO	Sonstige	Physiolog. Wirkung	Eigenschaften
40 % Kali (Kornkali)	40	6	3 % NaO + 4 % S	Neutral	Chloridhaltig
60 % Kali	60			Neutral	Chloridhaltig
Kalisulfat (Schwefelsaures Kali)	50		18 % S	Neutral	Chloridfrei
Patentkali	30	10	17 % S	Neutral	Chloridfrei
Magnesia Kainit	11	5	20 % NaO+4 % S	Neutral	Chloridhaltig

4. Kalkdünger

Kohlensaurer Kalk

ist der Kalkdünger für leichtere Böden. Er wirkt milde und nachhaltig. Seine Wirkung besteht darin, dass er die in jedem Boden durch Düngung und Humuszersetzung entstehenden Säuren bindet und damit unschädlich macht.
Gleichzeitig werden auch den für die Fruchtbarkeit des Bodens wichtigen Kleinstlebewesen die besten Bedingungen für ihre Vermehrung und ihre nützliche Tätigkeit geschaffen.
Darüber hinaus erhält der Kalk die Krume locker, fördert dadurch die Wasser- und Luftzirkulation und ermöglicht eine gute Wurzelausbildung. Kalk ist in Verbindung mit Humus die Voraussetzung für die Bodengare.

Branntkalk

wirkt grundsätzlich wie kohlensaurer Kalk, nur bindet er durch seine raschere Löslichkeit die Bodensäuren viel schneller und lockert den Boden durch seine Quellwirkung wesentlich stärker. Er ist die richtige Kalkform, wenn es auf schnelle und intensive Wirkung ankommt.

Mischkalk

ist ein Gemisch aus kohlensaurem Kalk und Branntkalk, besitzt also die Eigenschaften der beiden vorgenannten Kalkformen, weshalb er auf mittleren und schwereren Böden bevorzugt werden soll.

5. Die Magnesiumdünger

Die Steigerung der Erntemengen in den letzten Jahrzehnten hat den Nährstoffgehalt des Bodens stark beansprucht. Während der verstärkte Entzug der vier Kernnährstoffe N, P, K und Ca registriert und durch entsprechende Düngung vielfach wettgemacht wurde, blieben die ebenfalls verstärkten Entzüge an Magnesium unberücksichtigt, bis sich in letzter Zeit stellenweise Mangelerscheinungen bemerkbar machten.

Übersicht über die Magnesiumdünger

Bezeichnung des Düngers	%-Gehalt in MgO	chem. Bindungsform *)
Bittersalz (Mg-Sulfat)	16,4	$MgSO_4$ * 7 H_2O
Hydromag	50	MgO
Kieserit gemahlen	25	$MgSO_4$
Kohlens. Magnesiakalk	15–22	$MgCO_3$
Magnesium-Mischkalk	15–20	MgO + MgO_3
Patentkali (schwefels. Kalimagnesia)	10	$MgSO_4$

*) MgO = Magnesiumoxyd, $MgCO_3$ = Magnesiumkarbonat, $MgSO_4$ = Magnesiumsulfat

6. Die Spurenelementdünger

Wenn trotz optimaler Düngung mit den Hauptnährstoffen die Ernten nicht zufriedenstellend sind, sind andere Faktoren die Ursache dieser Wachstumsstörungen. Einer davon kann ein Mangel an einem Spurenelement sein. Die Bodenuntersuchung kann die Mängel feststellen und den Bedarf an geeigneten Spurenelementdüngern ermitteln.

7. Die Volldünger

Um Transportspesen und Arbeitsaufwand für das getrennte Streuen der Einzeldünger herabzusetzen und die richtige Dosierung zu erleichtern, werden „Mehrnährstoffdünger“ (P-K-Dünger) oder „Volldünger“ (N-P-K-Dünger) verwendet, die alle notwendigen Pflanzennährstoffe und teilweise auch Spurenelemente enthalten.
Bei der Wahl der Volldünger ist auf ein entsprechendes Nährstoffverhältnis zu achten, und die Werte der Bodenuntersuchung sind unbedingt zu berücksichtigen. Die Grunddüngung wird häufig mit Einzeldünger, die Kopfdüngung mit N-Dünger im Wechsel mit Volldünger verabreicht. Die Langzeit-Volldünger (z. B.

Einzelspurenelementdünger: (Richtlinien für die sachgerechte Düngung im Garten- und Feldgemüsebau 2008)

Spurennährstoff	Typenbezeichnung	Nährstoffmindestgehalt (in Gewichtsprozenten) Angaben zur Nährstoffbewertung
Bor	Borsäure	14 % B, wasserlöslich
	Natriumborat	10 % B, wasserlöslich
	Calciumborat	7 % Gesamtbor, Mahlfeinheit: mindestens 98 % Siebdurchgang bei 0,063 mm lichter Maschenweite
	Borethanolamin	8 % B, wasserlöslich
	Bordüngerlösung	2 % B, wasserlöslich
	Bordüngersuspension	2 % B, wasserlöslich
Kupfer	Kupfersalz	20 % Cu, wasserlöslich
	Kupferoxid	70 % Gesamtkupfer, Mahlfeinheit: mindestens 98 % Siebdurchgang bei 0,063 mm lichter Maschenweite
	Kupferhydroxid	45 % Gesamtkupfer, Mahlfeinheit: mindestens 98 % Siebdurchgang bei 0,063 mm lichter Maschenweite
	Kupferchelat	9 % Cu, wasserlöslich, davon mindestens 8/10 des zugesicherten Gehalts in Chelatform
	Düngemittel auf Kupferbasis	5 % Gesamtkupfer
	Kupferdüngerlösung	3 % Cu, wasserlöslich
	Kupferoxidchlorid	50 % Gesamtkupfer, Mahlfeinheit: mindestens 98 % Siebdurchgang bei 0,063 mm lichter Maschenweite
	Kupferoxidchlorid-suspension	17 % Gesamtkupfer
Eisen	Eisensalz	12 % Fe, wasserlöslich
	Eisenchelat	5 % wasserlösliches Eisen, dessen Anteil in Chelatform mindestens 80 % betragen muss
	Eisendüngerlösung	2 % Fe, wasserlöslich
Mangan	Mangansalz	17 % Mn, wasserlöslich
	Manganchelat	5 % Mn, wasserlöslich, davon mindestens 8/10 des zugesicherten Gehalts in Chelatform
	Manganoxid	40 % Gesamtmangan, Mahlfeinheit: mindestens 98 % Siebdurchgang bei 0,063 mm lichter Maschenweite
	Mangandünger	17 % Gesamtmangan
	Mangandüngerlösung	3 % Mn, wasserlöslich
Molybdän	Natriummolybdat	35 % Mo, wasserlöslich
	Ammoniummolybdat	50 % Mo, wasserlöslich
	Molybdändünger	35 % Mo, wasserlöslich
	Molybdändüngerlösung	3 % Mo, wasserlöslich
Zink	Zinksalz	15 % Zn, wasserlöslich
	Zinkchelat	5 % Zn, wasserlöslich, davon mindestens 8/10 des zugesicherten Gehalts in Chelatform
	Zinkoxid	70 % Gesamtzink, Mahlfeinheit: mindestens 98 % Siebdurchgang bei 0,063 mm lichter Maschenweite
	Zinkdünger	30 % Gesamtzink
	Zinkdüngerlösung	3 % Zn, wasserlöslich

Merkmale der Kalkdünger

Bezeichnung des Düngers und der Kalkform	Gehalt an $CaCO_3$ + $MgCO_3$ CaO + MgO	Auf CaO umgerechnet	Farbe	Beschaffenheit	Wirkung	Chem. Reaktion
Kohlens. Kalk (gemahlen)	90–95 % $CaCO_3$ und $MgCO_3$ wenigstens 85 % als $CaCO_3$	54	Grauweiß bis weiß	Feinpulverig	Nachhaltig	Alkalisch
Kohlens. Magnesiakalk	90–95 % $CaCO_3$ und $MgCO_3$, davon 15–35 % $MgCO_3$, davon 20 % MgO	50	Grauweiß bis rötlich weiß	Feinpulverig	Nachhaltig	Alkalisch
Branntkalk (gemahlen)	80–95 % CaO + MgO, da von weniger als 15 % MgO	90	Grauweiß bis weiß	Feinpulverig	Schnell	Alkalisch
Magnesia-Branntkalk (gemahlen)	80–95 % CaO + MgO, davon 15–20 % MgO	75	Weiß	Feinpulverig	Schnell	Alkalisch
Mischkalk (gemahlen)	Gemisch aus Branntkalk und kohlens. Kalk; entspricht 65–70 % CaO und MgO, davon wenigstens 58 % CaO	65	Grauweiß	Feinpulverig	Schnell	Alkalisch
Magnesia-Misch-Kalk (gemahlen)	Gemisch aus Magnesia, Branntkalk und kohlens. Kalk, davon wenigstens 41 % CaO + 15 % MgO	45	Grauweiß	Feinpulverig	Schnell	Alkalisch
Carbokalk	45 bis 55 % $CaCO_3$	30	Grau bis weiß	Feinpulverig	Relativ schnell	Alkalisch
Algenkalk	70–80 % $CaCO_3$ und 6–13 % $MgCO_3$	39	Grau, braun, rötlich	Granuliert	Nachhaltig	Alkalisch

Basacote, Osmocote, Plantosan, Triabon usw.) finden in der Jungpflanzenanzucht bei Substratmischungen Verwendung. Es ist zu beachten, dass einige Mikronährstoffe (z. B. Bor, Eisen) bei zu hohem pH blockiert werden.

Beispiele von Dünger, die mehrere Spurenelemente enthalten (Richtlinien für die sachgerechte Düngung im Garten- und Feldgemüsebau 2008)

	Spurenelemente	Enthaltene Hauptnährstoffe
Gabi Mikro Fe	Fe (5 %)	
Gabi Mikro T	B, Cu, Mn, Fe, Zn	
Terraflor	Fe (9 bzw. 13 %)	
Ferro aktiv	Fe (5 %)	
Wuxal Eisen plus	Fe (5 %)	
Wuxal Microplant	B, Cu, Fe, Mn, Mo, Zn	5 % N, 10 % K_2O, 3 % MgO
Basafer	Fe (6 %)	
Nutribor	B (8 %), Mn, Zn, Mo	6 % N, 5 % MgO
Basfoliar	B, Mn, (Cu), (Fe), (Mo), (Zn)	9–27 % N, 3 % MgO bzw. 11 % CaO

Beispiele für Mehr-Nährstoff-Dünger (Gehalte in %)

	N	P_2O_5	K_2O	S	Sonstige	Physiologische Wirkung
NPK-Dünger						
Complex	15	15	15	3	Zn	Schwach sauer
Complex	14	10	20	4		Schwach sauer
Complex	20	8	8	4	3 MgO	Schwach sauer
Complex	15	5	18	7	2,5 MgO, B, Zn	Schwach sauer
Complex	12	12	17	5	2 MgO, B, Zn	Schwach sauer
Entec perfekt	14	7	17	11	2 MgO, B, Zn	Schwach sauer
DC-37	12	10	15	14		Sauer
DC Frucht	12	5	15	18		Sauer
DC Bor-Start	6	10	16	10	0,1 B	Sauer
Eurofertil plus 38	8	14	16	16	16 CaO, B, Zn	Schwach sauer
Nitrophoska perfekt	15	5	20	8	2 MgO	Schwach sauer
Nitrophoska spezial	12	12	17		2 MgO, B, Zn	Schwach sauer
NP-Dünger						
Complex	20	20		3	Zn	Schwach sauer
Diammonium-phosphat (DAP)	18	46	0			Sauer
PK-Dünger						
DC-45	0	12	20	8		Neutral
DC-44	0	10	30	11	3 MgO + 0,1 B	Neutral
DC Rübe	0	10	30	6	0,2 B	Schwach sauer
Hyperkali	0	18	18		Ca. 35 % CaO	Basisch
Thomaskali	0	10	20	2	MgO	Basisch

Umrechnungsfaktoren von chemischen Verbindungen in Elemente

Gegeben	Gesucht	Multiplikationsfaktor
N (Stickstoff)	NO_3	4,428
NO_3 (Nitrat)	N	0,226
P (Phosphor)	P_2O_5	2,291
P_2O_5 (Phosphat)	P	0,436
K (Kalium)	K_2O	1,205
K_2O (Kali)	K	0,830
Ca (Kalzium)	CaO	1,339
Ca (Kalzium)	$CaCO_3$	2,497
Mg (Magnesium)	MgO	1,658
MgO (Magnesia)	Mg	0,603
$MgCO_3$ (Magnesiumkarbonat)	Mg	0,288
$MgSO_4.7H_2O$ (Magnesiumsulfat)	Mg	0,098

Umrechnungstabelle von Reinnährstoffen auf Düngemittel

Nährstoffgehalt des Düngers in %	Empfohlene Düngung in kg Reinnährstoff/ha											
	20	40	60	80	100	120	140	160	180	200	240	280
	Empfohlene Düngung in kg Düngemittel/ha											
6	330	670	1.000	1.330	1.670	2.000	2.330	2.670	3.000	3.330	4.000	4.670
9	220	440	670	890	1.110	1.330	1.550	1.780	2.000	2.220	2.670	3.110
10	200	400	600	800	1.000	1.200	1.400	1.600	1.800	2.000	2.400	2.800
12	170	330	500	670	830	1.000	1.160	1.330	1.500	1.670	2.000	2.330
13	150	310	460	620	770	920	1.080	1.230	1.380	1.540	1.850	2.150
14,5	140	280	410	550	690	830	970	1.100	1.240	1.380	1.660	1.930
15	130	270	400	530	670	800	930	1.060	1.200	1.330	1.600	1.870
18	110	220	330	440	560	670	780	890	1.000	1.110	1.330	1.560
20	100	200	300	400	500	600	700	800	900	1.000	1.200	1.400
21	95	190	290	380	480	570	670	760	860	950	1.140	1.330
26	77	150	230	310	385	460	540	620	690	770	920	1.080
27	75	150	220	295	370	445	520	595	670	740	890	1.040
30	65	130	200	270	330	400	470	540	600	670	800	930
29	63	125	190	250	310	375	440	500	560	625	750	875
40	50	100	150	200	250	300	350	400	450	500	600	700
45	50	100	140	190	240	290	330	380	430	480	570	670
46	43	87	130	170	220	260	300	350	390	430	520	610
50	40	80	120	160	200	240	280	320	360	400	480	560
60	33	67	100	130	170	200	230	270	300	330	400	470

GEBRAUCHSANWEISUNG: Zahlenkolonne unter der empfohlenen Düngung in kg Reinnährstoffen so weit nach unten verfolgen, bis links der Nährstoffgehalt der gewünschten Konzentration des Düngers auf gleicher Höhe ist. Zahl im Schnittpunkt ist Menge in kg Düngemittel.

Beispiel: Empfohlene Menge = 60 kg P_2O_5 (26 kg P)
Wird ein Düngemittel mit einem P_2O_5-Gehalt von 18 % (entspricht 7,8 % P) verwendet, müssen 330 kg ausgebracht werden.

Dünger für den Biolandbau

Nach der Verordnung (EG) Nr. 834/2007 und der EU-Durchführungsverordnung (EU) Nr. 2021/1165 über den ökologischen Landbau dürfen im Biolandbau nur bestimmte Düngemittel, Bodenverbesserer und Nährstoffe verwendet werden. Diese Stoffe müssen natürlichen Ursprungs sein und dürfen keine Produkte der industriellen Tierhaltung beinhalten. Die nachfolgend aufgelisteten Stoffe sind gemäß den Richtlinien erlaubt:

- **Tierische Exkremente:**
  - Stallmist (frisch, getrocknet)
  - Geflügelmist (auch getrocknet)
  - Flüssige Exkremente wie Gülle oder Jauche

- **Komposte und organische Abfälle:**
  - Kompost aus tierischen Exkrementen (einschließlich Geflügelmist)
  - Kompostierte und fermentierte Haushaltsabfälle
  - Wurmkompost (Exkremente von Würmern) und Insektenkompost

- **Pflanzliche Düngemittel:**
  - Pflanzenkompost und Produkte pflanzlichen Ursprungs (z. B. Kakaoschalen, Malzkeime)
  - Algen und Algenprodukte, z. B. Algenkalk

- **Mineralische Düngemittel:**
  - Weicherdiges Rohphosphat und Phosphatkreide
  - Kaliumsalze wie Kainit oder magnesiumsalzhaltiges Kaliumsulfat
  - Magnesiumsulfat (z. B. Kieserit)
  - Kalkdünger: Kalziumcarbonat natürlichen Ursprungs (z. B. Kreide, Mergel)

- **Weitere zugelassene Stoffe:**
  - Holzprodukte (Sägemehl, Holzasche, Rindenkompost)
  - Gips (Kalziumsulfat) und Schwefel
  - Gesteinsmehle und Spurenelemente

Produkte aus der industriellen Tierhaltung sind weiterhin nicht zugelassen. Die nationalen Bestimmungen wie das österreichische „ÖPUL-Programm“ und die Düngemittelverordnungen in Deutschland müssen zusätzlich beachtet werden. In vielen EU-Ländern gibt es darüber hinaus freiwillige Bioverbände, die strengere Regeln anwenden können, beispielsweise durch zusätzliche Einschränkungen beim Einsatz von mineralischen Düngemitteln.

https://food.ec.europa.eu/plants/pesticides/eu-pesticides-database_en?prefLang=de

Beispiele für mineralische Handelsdünger für den ökologischen Gemüsebau

Düngemittel	Nährstoffgehalt (%)					
	N	P_2O_5	K_2O	MgO	SO_4	CaO
Physio Mescal G18		18		5		36
Patentkali (Kalimagnesia)	–	–	30	10	17	–
Kaliumsulfat	–	–	50	–	18	–
Hyperkorn	–	26	–	–	–	–
Naturphosphat	–	26	–	–	–	–
Hyperphosphat	–	29	–	–	–	15
Bittersalz/Magnesiumsulfat	–	–	–	16	–	–

Ausbringen der Düngemittel

Das Ausbringen der Dünger kann entweder mit dem Düngerstreuer oder auf kleineren Flächen von Hand aus erfolgen. Auf jeden Fall soll nur an windstillen Tagen bzw. nur zu trockenen Pflanzen bei gleichmäßigster Verteilung gestreut werden. Nach dem Ausstreuen wird der Dünger am besten eingeeggt. Bei der Kopfdüngung, das ist die Düngung wachsender Pflanzenbestände, darf man - von wenigen Ausnahmen abgesehen - nicht breitwürfig streuen, sondern muss den Dünger vorsichtig unter Schonung der Pflanzen (Herzblätter) zwischen den Reihen unterbringen.

Eine besondere Art der Kopfdüngung ist die Beregnungsdüngung, die jedoch nur dann möglich ist, wenn eine Beregnungsanlage vorhanden ist. Mit ihrer Hilfe können vollwasserlösliche Dünger ohne Aufwand von Streuarbeit gleichzeitig mit dem Beregnungswasser ausgebracht werden. Das Wasser dient als Nährstoffträger, und die Pflanzen können mit Nährstoffen noch zu einem Zeitpunkt versorgt werden, zu dem eine feste Düngung nicht mehr möglich ist. Im Normalfall werden 2-3 kg/a Düngemittel im Beifließverfahren ausgebracht bzw. soll die Düngermenge im Beregnungswasser 0,2-0,3 % nicht übersteigen (EC-Wert beachten).

Als Flüssigdünger kommen wasserlösliche Einzel- oder Volldünger in Frage, z. B. Alkril, Ammonsulfat, Kalziumchlorid, Complesal, Fertiactyl, Ferty, Flory, Gabi Plus, Hakaphos, Harnstoff, Kalisalpeter, schwefelsaures Kali, Wuxal u. a.

Zur Behebung akuter Mangelerscheinungen kann auch die Blattdüngung eingesetzt werden, da die Pflanze imstande ist, Nährstoffmengen über das Blatt aufzunehmen. Die Blattdüngung kann auch gemeinsam mit einer Pflanzenschutzmaßnahme vorgenommen werden. Gebrauchsanweisung der Blattdünger beachten.

Übliche Konzentration bei Blattdüngung

Allgemein	0,3 % (3 g/l oder 300 g/100 l)
Tomate, Gurke, Salat	0,4 % (4 g/l oder 400 g/100 l)
Paprika, Radieschen	0,6 % (6 g/l oder 600 g/100 l)
Zwiebel	1,0 % (10 g/l oder 1.000 g/100 l)

Foto ©: www.rauch.de

Düngerstreuer

Durchschnittlicher Nährstoffbedarf in kg/ha einiger Gemüsearten

Kultur	Ertrag [t/ha]	Stickstoff kg/ha	Phosphor kg/ha	Kalium kg/ha	Magnesium kg/ha
Brokkoli	15–20	200	40	110	10
Buschbohne, gepflückt	14–18	140	20	50	10
Chicoree	20–45	155	40	150	15
Chinakohl	50–70	200	60	180	20
Eichblattsalat	25–35	100	30	140	15
Einlegegurke	45–55	180	50	210	15
Eissalat	30–35	115	30	140	15
Endivie	30–40	150	35	140	15
Erbsen	25–35	70	20	50	10
Feldsalat (Rapunzel, Vogerlsalat)	6,5–8,5	60	10	60	5
Grünkohl	25–35	210	40	140	15
Gurken (geschützter Anbau)	130–160	255	80	280	30
Karfiol/Blumenkohl	20–30	200	35	130	10
Karotten Bund	45–55	110	30	200	20
Karotten (Lager)	65–80	150	50	250	20
Knoblauch Frühjahr	4,0–5,0	75	30	80	15
Knoblauch (Herbst)	5,0–9,0	90	30	80	15
Knollenfenchel	25–30	150	20	140	10
Kochsalat	45–55	160	60	180	20
Kohl/Wirsing (Herbst)	40–50	250	50	180	15
Kohlrabi	25–35	160	40	140	15
Kopfsalat	30–40	100	30	140	15
Kopfsalat (geschützter Anbau)	30–40	100	30	140	15
Kraut (Sommer)	45–55	200	50	190	20
Kraut (Lager)	65–75	265	70	285	30
Kraut (Industrie, spät)	90–110	340	80	310	30
Kren	8,0–10	200	60	180	30
Ölkürbis	0,4–0,7	80	50	180	30
Speisekürbis	20–45	185	50	220	30
Lollo	25–30	100	30	140	15
Mangold	15–20	140	40	180	10
Melanzani (geschützter Anbau)	80–100	200	50	240	25
Melone	15–25	145	50	210	10

(Quelle: Richtlinien für die sachgerechte Düngung im Garten- und Feldgemüsebau, 2008)

Durchschnittlicher Nährstoffbedarf in kg/ha einiger Gemüsearten

Kultur	Ertrag [t/ha]	Stickstoff kg/ha	Phosphor kg/ha	Kalium kg/ha	Magnesium kg/ha
Paprika (geschützter Anbau, Kurzkultur)	40–60	250	50	220	25
Pastinak	40–50	130	30	190	15
Petersilie	25–35	130	30	190	15
Porree (Herbst, Winter)	35–45	160	50	180	15
Radicchio	25–35	100	30	140	15
Radieschen (geschützter Anbau)	15–20	80	20	100	10
Rettich, schwarz	25–35	120	40	200	15
Rhabarber	20–30	125	60	200	20
Rote Rüben (Frischmarkt)	45–55	150	50	195	20
Schnittlauch	30–40	200	50	180	15
Schwarzwurzeln	22–28	155	60	155	20
Sellerie, Knollen	40–50	200	80	280	20
Spargel	4,0–7,0	100	60	140	20
Spinat (Blatt-)	12,0–18	140	40	140	10
Sprossenkohl	10,0–15	250	50	160	10
Stangenbohne (frisch)	15–25	120	40	150	10
Tomate (geschützter Anbau, Kurzkultur)	140–160	320	60	330	50
Zucchini	35–45	180	50	210	30
Zuckerhut	40–50	120	30	140	20
Zuckermais	12,0–14	160	40	150	10
Zwiebel (Sommer)	30–40	130	40	140	15

Foto ©: www.rauch.de

Reihendüngerstreuer

Sortenwahl

Einen wesentlichen Beitrag zum Kulturerfolg leistet die richtige Sortenwahl. Vielgestaltig sind die Anforderungen an die Sorten hinsichtlich Ertragsleistung, Widerstandsfähigkeit gegenüber Krankheiten und Witterungsunbilden, Haltbarkeit bzw. Lagerfähigkeit, Fruchtmerkmalen, Geschmack und Bekömmlichkeit, Frischmarkt- oder Konservieretgnung usw. Die Samenzuchtbetriebe sind hier ständig bemüht, durch geeignete Zuchtmethoden (Hybridisierung, Gewebekultur u. a.) Verbesserungen zu erzielen. Durch die überregionale Züchtertätigkeit gehen leider oft bodenständige, den örtlichen Klima- und Bodenverhältnissen angepasste Sorten verloren. Bei sehr vielen Gemüsearten wurde die Hybridzüchtung eingeführt. Hybridsorten entstehen durch Kreuzung verschiedener Inzuchtlinien, wobei der sogenannte Heterosiseffekt deutliche Merkmalsunterschiede gegenüber den Kreuzungseltern bewirkt. In den Samenkatalogen sind diese Sorten mit dem Zusatz „Hybrid“ oder „F1“ (1. Tochtergeneration) bezeichnet und entsprechend teurer. „Normale“ Sorten werden auch „frei abblühende“ oder „samenfeste“ Sorten genannt und sind durch die einfachere Samengewinnung billiger.

Zu beachten sind bei der Sortenwahl die wertvollen Resistenz- oder Toleranzeigenschaften einzelner Sorten gegenüber bestimmten Krankheiten oder Schädlingen, die einen Pflanzenschutz teilweise erübrigen.

Um den Gemüseproduzenten bei unbekannten Sorten sowie Neuzüchtungen unliebsame Überraschungen zu ersparen, sind den Samenkatalogen vorerst genaue Sortenbeschreibungen und wesentliche Sortenmerkmale zu entnehmen. Zu diesen Eigenschaften gehören:

- Kulturzeitpunkt: z. B. Sommer- oder Herbstsalat, Früh- oder Sommerkarfiol
- Fruchtfarbe: z. B. Grün- oder Gelbhülsigkeit bei Bohnen, Weiß- oder Rotkraut, Grün- oder Gelbpaprika
- Winterhärte: bei Sprossenkohl, Salat, Wirsingkohl, Porree, Winterkarfiol
- Reifezeit: Früh- oder Spätkraut, Sommer- oder Herbstporree, Herbst- oder Winterkohl
- Lagerfähigkeit: besonders bei Kraut, Chinakohl, Möhren, Sellerie, Petersilie, Rote Rüben usw.
- Verwertungseignung: Eignung zur Tiefkühlung, Trocknung, Entsaftung, zur Sauerkrauterzeugung
- Fruchtform: bei Salatgurken, Paprika, Tomaten, Kohl
- Inhaltsstoffe: Bitterstoff bei Einlegegurken, Vitamin-C-Gehalt bei Saftmöhren, Nitratgehalt besonders bei Blattgemüse, geschmacksbildende Stoffe usw.
- Verwendungsart: Blatt- oder Wurzelpetersilie, Knollen-, Stangen- oder Blattsellerie
- Wuchsform: Buschkürbis oder langtriebiger Kürbis, begrenzt oder unbegrenzt wachsende Tomaten, niedrige oder hohe Erbsen, Busch- oder Stangenbohnen
- Toleranz bzw. Resistenzen gegenüber Krankheiten und Schädlingen

Regionale Züchtungen wie z. B. der helle Krachsalat (Batavia) 'Grazer Krauthäuptel' sollten bei der Sortenwahl berücksichtigt werden.

Wichtige Resistenzen von Gemüsearten

Gemüseart	Resistenz	Kurzbezeichnung
Tomate	Tomatenmosaikvirus	TMV
	Samtflecken *(Cladiosporium)*	Cf., C5
	Fusariumwelke	Fol, For, F
	Blattfleckenkrankheit *(Stemphylium)*	Sbl
	Verticillium	Va, Vd, V
	Nematoden	N
	Pepino Mosaic Virus Pep	MV
Salat	Falscher Mehltau	Bl
	Grüne Salatblattlaus	Nr
	Salatmosaikvirus	LMV
	Salatwurzellaus	Pb
Gurke	Gurkenmosaikvirus	CMV
	Cucumber Vein Yellowing Virus	CVYV
	Echter Mehltau	Sf
	Gurkenkrätze *(Gummosis)*	Cl
	Blattbrand	Cc
Zucchini	Zucchinigelbmosaikvirus	ZYMV
	Gurkenmosaikvirus	CMV
	Wassermelonenmosaikvirus	WMV2
Bohnen	Gewöhnlicher Bohnenmosaikvirus	BCMV
	Gewöhnlicher Bohnenmosaiknekrosevirus	BCMNV
	Brennflecken	Cl
Zuckererbse	*Fusarium oxysporum*	For
Spinat	Falscher Mehltau	Pfs
	Gurkenmosaikvirus	CMV

ANMERKUNG: Sowohl die Bezeichnung für Schaderreger als auch die Kürzel für Resistenzen werden von den Züchtern nicht einheitlich benutzt. Für die meisten Schaderreger gibt es mehrere lateinische und englische Synonyme. Im Zweifelsfall sollte die Bedeutung hier nicht gelisteter Bezeichnungen für Erreger oder Resistenzkürzel direkt beim Züchter erfragt werden.

Aber nicht nur Sortenmerkmale müssen bei der Sortenwahl Berücksichtigung finden. Auch die Pflanze selbst stellt vielfach ganz bestimmte sortenmäßig verschiedene Ansprüche an den Zeitpunkt ihrer Kultur (z. B. Chinakohl, Erbsen, Salat, Spinat u.a.). In diesem Zusammenhang gesehen, sind es besonders die Wechselbeziehungen zwischen Tageslänge und Pflanzenwachstum, kurz als Fotoperiodismus bezeichnet, welche besonderes Interesse verdienen.

Nach den Erkenntnissen der letzten Jahrzehnte können wir Pflanzen in ihrer Beziehung zur Tageslänge in Langtag- und Kurztagpflanzen einteilen:

LANGTAGPFLANZEN
sind Pflanzen, die nur dann reproduktiv werden, d.h. blühen und fruchten können, wenn die Dauer des Lichteinfalls an ihrem Standort eine bestimmte Lage erreicht oder überschreitet. Wir bezeichnen diesen Wert auch als „kritische Tageslänge".

Tagneutrale Pflanzen sind hinsichtlich ihres Blühens und Fruchtens von der Tageslänge unabhängig. Von tagneutralen Pflanzen kann eigentlich nicht gesprochen werden, sondern besser von „fotoperiodischen Extremvarianten". Tagneutral ist nur ein relativer Begriff, der von der geografischen Breite des Anbauorts sowie von der absoluten Höhe der „kritischen Tageslänge" abhängt.

KURZTAGPFLANZEN
hingegen zeigen ein zu den Langtagpflanzen entgegengesetztes Verhalten, d.h., sie gelangen nur dann zum Blühen oder Fruchten, wenn die „kritische Tageslänge" nicht überschritten wird.

Um diese Beziehung, die für die Sortenwahl von ausschlaggebender Bedeutung ist, richtig zu erkennen, wollen wir das Verhalten einer Langtagpflanze, des Spinats, verfolgen.

Bauen wir diesen Spinat z. B. Anfang März an, so fällt sein Aufgang, also jene Wachstumsphase, zu der die Pflanzen erstmalig mit dem Licht in Berührung kommen, in eine Zeit, in der die Tageslänge nicht genügt, um das Blühen zu ermöglichen. Diese Spinataussaat wird daher so lange im Zustand des reinen Wachstums verbleiben müssen, d.h. so lange sich nur Blattmasse und keine Blütenstände bilden können (vegetative Phase), bis mit Zunehmen der Tageslänge schließlich jenes Stadium erreicht wird, das wir als „kritische Tageslänge" bezeichnen. Von diesem Zeitpunkt an wirkt, bis zum Kürzerwerden der Tage gegen den Herbst zu, jeder Tag als Langtag, d.h., der Spinat wird schießen, blühen und fruchten (generative Phase).

Erfolgt die Aussaat 14 Tage später, so wird zur Zeit des Aufgangs auch noch eine Blühhemmung bestehen. Die Zeitdauer bis zum Erreichen der „kritischen Tageslänge" wird aber wesentlich kürzer sein und sich derart auswirken, dass diese Saatstufe eben infolge der kürzeren Wachstumszeit wesentlich weniger Blattmasse bildet. Und bauen wir schließlich den Spinat in den Sommermonaten, also in der Zeit der langen Tage, an, dann bestehen überhaupt keine Hemmungen, und jede Pflanze wird in unglaublich kurzer Zeit schießen, blühen und fruchten. Und daran ist nicht die sommerliche Hitze schuld, sondern einzig und allein die Tatsache, dass die Langtagpflanze Spinat schon zur Zeit des Aufgangs die „kritische Tageslänge" weit überschritten hat.

Ähnlich ist es auch bei Aussaaten im Spätsommer. Wird der Tag wieder kürzer und fällt die Aussaat in eine Tageslänge, die geringer als die „kritische Tageslänge" ist, dann kann dieser Spinat nicht mehr schießen, sondern verbleibt im Zustand des Wachstums, einem Zustand, den allein wir, vom gärtnerischen Standpunkt aus gesehen, wünschen. Langtagpflanzen stellen also ganz bestimmte Anforderungen an die Aussaatzeit!

Ebenso wie Spinat verhält sich auch Frühjahrskopfsalat. Die bekannten Sorten „King" und „Blondine-Typen" sind Langtagpflanzen und bilden nur so lange Köpfe aus, als der Tag nicht zu lang ist. Erfolgt ihre Aussaat zu spät, dann wird die „kritische Tageslänge" so schnell erreicht, dass eine Kopfbildung nicht mehr möglich ist, weil diese Typen vorzeitig schießen. Es müssen daher für den Anbau im Sommer mit seinen langen Tagen andere Sorten gewählt werden.

Auch die Erbsen sind Langtagpflanzen und zeigen das gleiche Verhalten wie Spinat oder Frühjahrssalat. Je später daher ihr Anbau erfolgt, um so geringer wird ihr Ertrag, weil das Wachstum immer kürzer wird und die Pflanzen sehr bald blühen und fruchten. Eine gänzlich andere Reaktion auf die Tageslänge zeigen Kurztagpflanzen. Sie können nur im Herbst, Winter oder zeitigen Frühjahr blühen und fruchten, da bei ihnen im Gegensatz zu den Langtagpflanzen während der langen Sommertage eine Blühhemmung eintritt. Für den Gemüsebau sind sie allerdings von geringerer Bedeutung, da die wichtigsten Gemüsearten fast nur Langtagpflanzen (Erbsen, Wintersalat, Frühjahrssalat, Spinat, Zwiebel und Chinakohl) sind.

Dessen ungeachtet ist aber die Kenntnis dieser Wechselbeziehungen wichtig, da hiervon nicht nur die Sortenwahl, sondern auch der richtige Zeitpunkt der Kultur (Anbau, Pflanzung) abhängen. Es ist zweckmäßig, ein Kulturtagebuch (Feldbuch) zu führen, in dem alle kulturtechnischen Daten wie Aussaat, Sorte, Saatgutherkunft, Pflanzweite, Düngung, Pflanzenschutz, Pflegearbeiten, Erntebeginn, Ertrag usw. festgehalten werden, um bei weiteren Kulturplanungen auf eigene Erfahrungen zurückgreifen zu können.

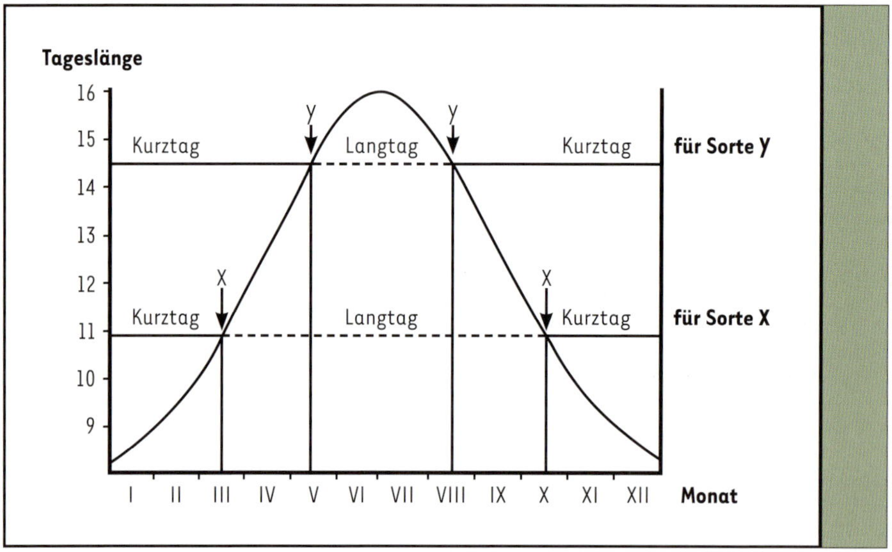

(Kopetz 1966)

Tageslängengang im Verlauf eines Jahres mit kritischen Tageslängen.
X und Y = kritische Tageslängen für die Sorten X und Y.

Saatgut

In keinem anderen Zweig der Pflanzenproduktion ist der Saatgutbezug mehr Vertrauenssache als im Gemüsebau. Qualität beginnt beim Samen. Die Güte des Saatguts hat einen entscheidenden Einfluss auf die Qualität der Jungpflanzen, den Ertrag sowie die Robustheit gegenüber klimatischen und biologischen Herausforderungen. Dabei gewinnt die Förderung der Entwicklung und des Anbaus von klimaresistenten Gemüsesorten immer mehr an Bedeutung. Insbesondere die Anpassung an lokale Gegebenheiten, wie Trockenheit, Hitze, Krankheiten und Schädlinge, ist essenziell für die Zukunft des nachhaltigen Gemüseanbaus.
Ein zentrales Ziel ist die **Erhaltung der genetischen Vielfalt** durch Initiativen wie **Saatgutbanken**. Diese bewahren traditionelle Sorten, die oft an spezifische Regionen und klimatische Bedingungen angepasst sind, und ermöglichen so eine stabile Basis für zukünftige Saatgutproduktionen.

Saatgutqualität und Reinheit

Die Qualität des Saatguts wird durch innere und äußere Faktoren bestimmt. Zu den **inneren Eigenschaften** gehören die genetische Ausstattung, die je nach Art und Sorte unterschiedlich ist und sich in der späteren Pflanzenentwicklung zeigt, beispielsweise bei Kopfsalat: Blattfarbe, Kopfgröße, Krankheitsresistenz, Ertragssicherheit und Marktgängigkeit. Die **äußeren Eigenschaften** wie technische Reinheit, Keimfähigkeit und Keimgeschwindigkeit sind ebenfalls entscheidend für den erfolgreichen Anbau.
Zudem haben sich die **Vorschriften zur Saatgutreinheit** verschärft, um eine gleichbleibend hohe Qualität sicherzustellen. Die Saatgutreinheit bezieht sich nicht nur auf die technische Reinheit, sondern auch auf die genetische Reinheit, die durch moderne Züchtungstechniken gewährleistet wird.

Amtliche Sortenlisten für den Gemüsebau

Gemüsesorten müssen in der EU zugelassen sein, um in Verkehr gebracht zu werden. In Österreich führt das Bundesamt für Ernährungssicherheit (BAES) die amtliche Sortenliste, in der alle derzeit zugelassenen Sorten aufgeführt sind. Diese Liste ist öffentlich zugänglich und wird regelmäßig aktualisiert.

Zur aktuellen Sortenliste:
https://bsl.baes.gv.at/

In der Sortenliste finden sich Informationen zu botanischer Art, Handelsname der Sorte, Züchter bzw. Inhaber, Art der Zulassung (z. B. für den Erwerbsanbau, Bio etc.), ggf. besonderer Resistenz- oder Qualitätsmerkmale.
Die Wahl geeigneter Sorten sollte sich an der regionalen Eignung, an Marktanforderungen sowie an Nachhaltigkeitszielen orientieren.

Saatgut- bzw. Pflanzguttabelle einiger Gemüsearten

Kultur	Tausendkorngewicht (TKG = TKM)	Kornzahl je 100 g	Saatgutbedarf für 100 m² Direktsaat	Saatgutbedarf für 1.000 Pflanzen
Artischocke	50 g	2.000	7 g	70 g
Buschbohne	400 g	250	800 g	600 g
Chicorée	2 g	60.000	10 g	1,5 g
Chinakohl	4 g	25.000	10 g	4 g
Dicke Bohne (Puff-)	1.800 g	60	2.500 g	2.000 g
Eierfrucht (Aubergine)	4 g	25.000	3 g	6 g
Erbse	230 g	500	2.000 g	300 g
Feuerbohne (Käfer-)	1.200 g	70	3.000 g	1.800 g
Gurke	30 g	3.500	15 g	45 g
Knoblauch	Ca. 3 kg (1.000 Zehen)	2.500 (Zehen)		3 kg (Zehen)
Knollenfenchel	5 g	20.000	40 g	7 g
Knollensellerie (Bleich-)	0,5 g	260.000	1,2 g	0,8 g
Kohlgemüse	4 g	30.000	5 g	6 g
Kren (Meerrettich)	30 kg (1.000 Fechser)		10 kg (Fechser)	30 kg (Fechser)
Kürbis				
a) beschalt	130 g	700	60 g	200 g
b) weichschalig	180 g	500	40 g	250 g
Melone (Zucker-)	30 g	3.500	10 g	35 g
Möhre (Karotte)	1 g	85.000	30 g	1,5 g
Paprika	6 g	16.000	10 g	9 g
Pastinake	4 g	25.000	25 g	6 g
Petersilie	1,6 g	60.000	30 g	2,4 g
Porree (Lauch)	2,7 g	37.000	10 g	4 g
Radicchio	1,3 g	80.000	3 g	2 g
Radieschen	9 g	10.000	300 g	14 g
Rapunzel (Feldsalat)	0,8 g	110.000	200 g	1,5 g
Rettich	10 g	8.000	80 g	15 g
Rote Rübe (Bete)	16 g	6.000	40 g	24 g
Salat				
a) Kopfsalat	1 g	70.000	8 g	1,5 g
b) Endiviensalat	1,5 g	68.000	3,5 g	2,2 g
c) Zichorie	1,3 g	80.000	3 g	2 g
Schnittlauch	2 g	50.000	100 g	4 g
Schwarzwurzel	14 g	10.000	120 g	20 g
Spinat	10 g	10.000	300 g	15 g
Stangenbohne	500 g	160	800 g	600 g
Tomate	3 g	30.000	1 g	5 g
Wasserrübe	2 g	50.000	20 g	3 g
Zuckermais	300 g	400	200 g	450 g
Zwiebel (Sä-)	3 g	30.000	60 g	4,5 g

Förderung von Kleinbauern und Biosaatgut

Ein weiteres wichtiges Anliegen ist die **Unterstützung von Kleinbauern** bei der Produktion und Auswahl von Saatgut. Dabei spielt Biosaatgut eine zentrale Rolle, da es speziell für den ökologischen Landbau entwickelt wird. Biosaatgut zeichnet sich durch seine Anpassung an lokale Umweltbedingungen und eine höhere Widerstandsfähigkeit gegenüber klimatischen Stressfaktoren aus. Es ist von großer Bedeutung, dass die Sorten den spezifischen Anforderungen von Regionen gerecht werden, um mit den zunehmenden Herausforderungen des Klimawandels besser umgehen zu können.

Bemessung der Saatgutmenge

Das **Tausendkorngewicht (TKG)** ist eine zentrale Kenngröße, die zur Bemessung der Aussaatmenge herangezogen wird. Es gibt an, wie viel 1.000 Samenkörner einer durchschnittlichen Größe wiegen. Ein hohes Tausendkorngewicht ist ein Indikator für vollkörniges und gut ausgebildetes Saatgut, was wiederum einen positiven Einfluss auf die Entwicklung der Pflanze und die Erntequalität hat. Bei der Berechnung der Aussaatmenge dient das TKG als Grundlage: Durch Multiplikation des TKG mit einem Faktor kann die notwendige Saatgutmenge für 1.000 kräftige Pflanzen ermittelt werden.

Durch die Förderung von **Forschung und Entwicklung im Bereich nachhaltiger Saatgutproduktion** sowie die Anpassung der **Saatgutvorschriften** an moderne Herausforderungen wie den Klimawandel und den Erhalt der Artenvielfalt kann der Gemüsebau nachhaltig gestärkt werden.

Saatgutformen

- **Normalsaatgut**
  Saatgut mit bestimmten Eigenschaften, die dem Saatgutverkehrsgesetz entsprechen (Reinheit, Keimfähigkeit usw.)
- **Kalibriertes Saatgut**
  Saatgut nach Kaliber (Durchmesser) sortiert
- **Präzisionssaatgut/Graduiertes Saatgut**
  Hochwertiges Saatgut nach Größe und Gewicht sortiert
  Speziell für Einzelkornsaat oder Direktablage in Erdpresstöpfen
- **Inkrustiertes (Coating) Saatgut**
  Saatgut mit besonderer Behandlung zum Schutz von Pilzkrankheiten und/oder Schädlingen
- **Pilliertes Saatgut**
  Saatgut in kugeliger Form (Pille) zur Erleichterung der Einzelkornsaat (Erdtopfpille bzw. Freilandpille)
- **Saatplatten**
  Saatgut in papierähnlichen Bögen abstandsgenau abgelegt für die Anzucht
- **Primingsaatgut**
  Saatgut vorbehandelt zum gleichmäßigen und schnellen Auflaufen

- **Monogermsaatgut**
  Vereinzeltes Knäuelsaatgut (z. B. bei Roter Rübe)
- **Gebeiztes Saatgut**
  Saatgut gegen Pilzkrankheiten chemisch behandelt
  Im ökologischen Anbau darf nur ungebeiztes Saatgut verwendet werden.

Saatplatten aus Papier ersparen bei der Jungpflanzenaufzucht das Pikieren.

© Rupert Pessl/ARCHE NOAH

Der Verein Arche Noah widmet sich mit seinem umfangreichen Saatgut-Archiv der Sortenerhaltung von Kulturpflanzen. 2014 hat die Österreichische UNESCO Kommission die traditionelle Saatgutgewinnung zum immateriellen Kulturerbe erklärt.

Aussaat, Pflanzenanzucht und Pflanzung

Die unmittelbare Aussaat ins Freiland ist aus kulturtechnischen oder klimatischen Gründen nicht bei allen Gemüsearten möglich. Es ist daher eine entsprechende Vorkultur (Pflanzenanzucht) im Gewächshaus oder Folientunnel unerlässlich. Soweit es die Kulturtechnik, die Anbauplanung und die Beikraut- und Schädlingsbekämpfung ermöglichen, soll die Direktsaat der Jungpflanzenanzucht immer vorgezogen werden (Kostenminderung, Ernteverfrühung).

Es sind demnach folgende Anbauarbeiten zu unterscheiden:

- Aussaat
- Pflanzenanzucht
- Pflanzung

Die Aussaat

Die Aussaat soll immer nur in Reihen als Reihen-(Drill-)Saat erfolgen. Bei manchen Gemüsearten (z. B. Bohnen) wird eine besondere Art der Reihensaat, die sogenannte Dibbelsaat (Horst- oder Häufchensaat), angewendet, bei der in größeren Abständen (20 bis 40 cm) jeweils mehrere Saatkörner ausgelegt oder ausgesät werden.

Durch die Reihensaat wird nicht nur Saatgut erspart, sondern auch ein zu dichter und unregelmäßiger Stand der Pflanze vermieden, der häufig die Ursache einer schwachen Entwicklung oder verschiedener Krankheiten (z. B. Schwarzbeinigkeit) ist. Desgleichen werden auch die Pflegearbeiten bedeutend erleichtert, da die Verwendung von Hacken und Hackmaschinen ermöglicht wird.

Die Direktsaat von Chinakohl ist in vielen Anbaugebieten üblich.

Die Aussaat ins Freiland

Die unmittelbare Aussaat ins Freiland kommt vornehmlich für folgende Gemüsearten in Betracht: Erbsen, Bohnen, Karotten (Möhren), Petersilie, Rote Rüben, Schwarzwurzel, Radieschen, Rettich, Rapunzel, Zwiebeln, Spinat, Gurken, Kürbisse, Chinakohl u. a. Sägemüse.

Die Saat wird entweder mit der Sämaschine (meist Einzelkornsägeräte, z. B. Agricola, Ebra, Fähse, Gaspardo, Hassia, Monosem, Nibex, Nodet, Sembdner, Sfoggia, Stanhay usw.) oder auf kleinen Flächen (Beeten) mit Pikiersämaschinen vorgenommen.

SAATGUTBEDARF BEI DIREKTSAAT

a)

$$\textbf{Saatgutbedarf kg/ha} = \frac{\text{Pflanzenanzahl/m}^2 \times \text{TKG in g}}{\text{Keimfähigkeit in \% minus 10}}$$

Z. B. Zwiebel:

Pflanzenanzahl/m² = 120, Reihenabstand 25 cm

TKG in g	3,75
Keimfähigkeit in %	80

$$\frac{120 \times 3{,}75}{80 - 10} = \frac{450}{70} = 6{,}4 \text{ kg/ha}$$

b)

$$\textbf{Kornzahl/lfm} = \frac{\text{Pflanzenanzahl/m}^2}{\text{Reifenzahl/lfm}} \times \frac{100}{\text{Keimfähigkeit minus 10}}$$

$$\frac{120}{4} \times \frac{100}{70} = 42 \text{ Korn/lfm}$$

Auch bei der **Reihensaat** darf nicht zu dicht gesät werden. Bei Verwendung einer Sämaschine ist es daher notwendig, vorher eine Dreh- oder besser eine Fahrprobe durchzuführen, um die Saatmenge richtig einstellen zu können. Die Einzelkornsägeräte arbeiten nach verschiedenen Systemen, wie Lochscheibe, Zellenrad, Schöpfbecher, Pneumatik, Lochwelle u. a., und ermöglichen meist eine exakte Einzelkornablage im gewünschten Abstand in der Reihe. Der wählbare Reihenabstand ist von 15 bis 70 cm (bei mehrreihigem Gerät) einstellbar.

Eine exakte Kornablage erleichtert auch das **Kalibrieren** (Absieben nach Korngröße, z. B. bei Radieschen mit Rund- und Schlitzlochsieben) bzw. Pillieren des Saatguts. Bei der Saatgutpille wird durch Auftragen einer Hüllmasse (angereichert mit Nährstoffen und Pilzbekämpfungsmitteln) eine gleichmäßige, meist runde Samenform erreicht. Heute ist im Samenfachhandel von allen gängigen Sorten

pilliertes Saatgut erhältlich (Splitpill/Niederlande, Sarea-Pille/Österreich, Suet Eschwege/ Deutschland usw.). Dabei ist je nach Verwendungsart die Freilandpille (für die Direktsaat im Freien) und die Topfpille (für die Jungpflanzenanzucht im Presstopf) zu unterscheiden.

Für den Hobbygärtner spielt auch noch das **Samenband** (Seed tape) oder Saatband eine Rolle, bei dem die Samenkörner nach genauen Abständen in ein Papierband oder Folienband eingebettet sind.

Die **Saatplatte** (nach dem Verfahren Saat- und Erntetechnik Eschwege/Deutschland), bei der auf einem bis 60 cm breiten Papierstreifen mehrere Reihen Samen eingelegt sind, kann bei der Jungpflanzenanzucht bzw. Direktsaat (z. B. bei Radieschen) verwendet werden.

Die **Reihenentfernung** ist bei den einzelnen Gemüsearten verschieden, soll aber niemals so eng sein, dass die Hack- und Pflegearbeit erschwert wird. Dabei spielen die quadratische oder rechteckige bzw. verbandsmäßige Aufteilung pro Flächeneinheit im Hinblick auf den Ertrag keine Rolle, wenn nur der erforderliche Standraum der Pflanzen (Pflanzenzahl je m²) eingehalten wird. Bei Kraut entspricht ein Verband von 60 × 60 cm oder 90 × 40 cm jeweils 2,7 Pflanzen/m².

$$\textbf{Pflanzen/m}^2 = \frac{10.000\ \text{cm}^2}{\text{Reihenabstand (cm)} \times \text{Abstand i. d. Reihe (cm)}}$$

In gleicher Weise sind auch die wechselnden Anforderungen an die **Saattiefe** zu beachten, da insbesondere kleinkörnige Sämereien, wie z. B. Karotten, Petersilie, Zwiebeln, Radieschen usw., gegen eine zu tiefe Unterbringung in den Boden außerordentlich empfindlich sind.

Die Jungpflanzenanzucht

Wie bereits erwähnt, ist bei bestimmten Kulturen, wie Paprika, Tomate, Eierfrucht, eine Jungpflanzenvorkultur unumgänglich, besonders auch für den frühen Freilandanbau oder für Terminkulturen. Grundsätzlich kann man sich zur Jungpflanzenanzucht im eigenen Betrieb oder zum Jungpflanzenzukauf von spezialisierten Jungpflanzenbetrieben entschließen. Zur Anzucht sind natürlich Sachkenntnis, verschiedene gärtnerische Einrichtungen, eine gewisse technische Ausstattung und entsprechende Anzuchträume, wie Gewächshäuser oder beheizbare Folientunnel, notwendig. Es sind verschiedene Anzuchtverfahren möglich:

Aussaat in Saatkisterl

mit anschließendem Pikieren (Verstopfen, Verpflanzen, Vereinzeln der Sämlinge) in
- Kisterl oder Grundbeete
- Topfplatten aus Kunststoff (z. B. Multitopf, Vefi-Platte, Nespak, Quickpot usw.)
- industriell hergestellte Töpfe (Jiffypot, Paperpot, Jackpot, Fertilpot u. a.)
- Presstöpfe oder Erdwürfel

Temperaturempfehlungen für die Anzucht von Gemüse

Gemüsearten	Keimtemperaturen °C	Saattermine	Lufttemperatur °C Tag	Lufttemperatur °C Nacht	Lüftung °C	Boden °C	Bemerkungen
Auberginen	23–26	Januar–März	22–24	18–20	26	20	Hohe Bodentemperaturen begünstigen die Entwicklung vor allem vom Pikieren zur Pflanzung.
Blumenkohl	15–20	Januar–Juni	10–12	10–12	20	15	Kleinere Jungpflanzen ergeben im Sommer und Herbst mehr Ertragssicherheit und weniger Vorblüher.
Brokkoli	15–20	Januar–Juni	10–12	10–12	20	15	Kleinere Jungpflanzen ergeben im Sommer und Herbst mehr Ertragssicherheit und weniger Vorblüher.
Chinakohl	20–22	Januar–Juni Juli–August	18–20 15–18	16–18 10–12	25 25	16 10	Frühanbau stark schossgefährdet, ab der Keimung schossempfindlich, 1–4 Wochen zu kalt genügen zur Blütenbildung. Anzuchttemperaturen bei 30 °C verringern Schossrisiko. Vorsicht vor der sonst üblichen Abhärtung bei 12 °C Pflanzverzögerung, kann zum Schossen führen.
Eichblattsalat	12–15	Dezember–August	10–12	8–10	18	10	Bei über 18 °C zur Keimung kann Keimruhe eintreten. Nach der Keimung sind Temperaturabsenkungen auf +2 °C evtl. vertretbar. Bei mehrtägiger Dauer kann jedoch Glasigkeit auftreten.
Einlegegurken	23–26	Ende April	18–22	16–20	25	16	Die Anzuchtzeit ist sehr kurz. Die Pflanzen werden sehr schnell überständig. Deshalb ist der Planung des Pflanztermins größte Bedeutung beizumessen.
Eissalat	12–15	Dezember–August	10–12	8–10	18	10	Bei über 18 °C zur Keimung kann Keimruhe eintreten. Nach der Keimung sind Temperaturabsenkungen auf +2 °C evtl. vertretbar. Bei mehrtägiger Dauer kann jedoch Glasigkeit auftreten.
Endivien	20–22	Januar–März April–August	20–22 16–20	16–18 12–14	25 25	16 12	Starkes Schossrisiko bei Kälte und extremer Hitze. Ab der Keimung ist ein Schossreiz möglich. Anzuchttemperatur unter 16 °C vermeiden. Abhärtung nicht unter 12 °C. Besonders schossfördernd sind Temperaturen von 4–16 °C und Temperaturen über 28 °C.
Knollenfenchel	20–22	Januar–März April–August	18–20 16–18	16–18 10–12	25 20	16 10	Der Schossreiz bei Knollenfenchel wird durch Langtagsbedingungen ausgelöst. Stressbedingungen wie Trockenheit und überständige Pflanzen erhöhen das Schossrisiko. Sortenunterschiede beachten!
Kohlrabi	18–20	Januar–März April–August	14–16 12–14	10–12 8–10	25 20	10 10	Durch falsche Temperaturen Schosser oder verformte Knollen. Kritische Periode ist 4. bis 9. Woche nach der Saat. Kritische Temperaturen sind 2–8 °C. Bei Tag-/Nacht-Temperaturen von 8/8, 8/2 sowie 5/5 starke Schosserbildung, bei 14/2 (Express Forcer) nicht. Sortenunterschiede!

Kopfsalat	16–18	Januar–Juni	10–12	10–12	20	10	Januarsaaten besonders schossgefährdet, dann nur schnelle Sorten nehmen. Möglichst nicht vor dem 20. Januar säen. Kritisch ist die 4.–8. Woche nach der Saat sowie eine Temperatur von 4–7 °C.
Kopfsalat	12–15	Dezember–August	10–12	8–10	18	10	Bei über 18 °C zur Keimung kann Keimruhe eintreten. Nach der Keimung sind Temperaturabsenkungen auf +2 °C eventuell vertretbar. Bei mehrtägiger Dauer kann jedoch Glasigkeit auftreten.
Lollosalat	12–15	Dezember–August	10–12	8–10	18	10	Bei über 18 °C zur Keimung kann Keimruhe eintreten. Nach der Keimung sind Temperaturabsenkungen auf +2 °C eventuell vertretbar. Bei mehrtägiger Dauer kann jedoch Glasigkeit auftreten.
Paprika	23–26	Dezember–Mai	20–24	18–20	26	18	Wachstumsstörungen unbedingt vermeiden.
Petersilie	18–20	Januar–August	15–18	12–15	22	10	Im Frühanbau eventuell Schossprobleme.
Porree (Lauch)	18–20	Dezember–März April–Mai	15–18 12–15	12–14 10–12	25 20	12 10	Frühanbau ist schossgefährdet. Tagesmitteltemperaturen unter 16 °C erhöhen das Schossrisiko. Ab Keimung (2. Blatt) schossempfindlich. Besonders im Frühanbau ein Risiko. Sortenempfehlung beachten!
Radicchio	20–22	Februar–Mai Juni–Juli	20–22 15–18	18–20 12–15	25 25	18 12	Keine Jugendphase, ab der Keimung schossempfindlich, 2–8 °C besonders gefährlich. Frühanbau stark schossgefährdet, warme Anzucht nötig, unempfindliche Sorten und Vliesbedeckung!
Romanasalat	15–20	Dezember–Juli	18–20	14–16	25	14	Schossrisiko, vor allem im extremen Frühanbau ein Problem!
Rosenkohl	15–20	März–April	10–12	10–12	20	10	Frühanbau ist schossgefährdet.
Schnittlauch	15–20	März–Juni	12–15	10–12	20	10	Sehr frühe Saaten schossen bereits im 1. Jahr.
Salatgurken	23–26	Januar–März	20–22	16–18	25	18	Die Temperaturen können mit zunehmenden Alter gesenkt werden.
Sellerie	18–20	Dezember–Februar März–April	18–20 16–18	16–18 14–16	25 25	16 14	Frühanbau extrem schossgefährdet. Die Empfindlichkeit für niedrige Temperaturen nimmt ab der Keimung ständig zu. Temperaturen von 4–14 °C sind schosserfördernd. Am schosssichersten sind Pflanzungen nach Mitte Mai (Industrie- und Lageranbau).
Tomaten	23–26	Januar–März	20–22	15–18	25	16	Die Temperaturen können mit zunehmendem Alter gesenkt werden. Unter 15 °C violette Blätter.
Zuckerhut	20–22	Vor Mitte Juni Juni–Juli	20–22 16–20	16–18 12–14	25 25	16 16	Starkes Schossrisiko. Genaues Schossverhalten noch nicht bekannt. Geringes Schossrisiko.
Zucchini	23–26	Februar–April	20–22	16–18	25	16	Die Temperaturen können mit zunehmendem Alter gesenkt werden.

(nach Schlaghecken)

Keimtemperaturen und Auflaufdauer bei Gemüse

Gemüseart	Mindestens	Keimtemperaturen gute Keimung bei	Risiko	Tage bis zum Aufgang bei …* 5 °C	12 °C	20 °C
Baldriangewächse (Valerianaceae)						
Feldsalat	3	18–20		20	14	8
Doldenblütler (Umbelliferae/Apiaceae)						
Dill	4	18–20		–	14	8
Knollenfenchel	4	20–22		45	14	8
Pastinake	4	18–20	Schosser	45	14	8
Möhre	4	18–20		46	16	9
Petersilie	4	18–20		45	25	12
Sellerie	4	18–20	Schosser	–	32	15
Gänsefußgewächse (Chenopodiaceae)						
Rote Rübe	2	18–20		41	12	7
Spinat	2	18–20		23	9	6
Hülsenfrüchtler (Leguminosae/Fabaceae)						
Bohne	12	20–25		–	30	11
Erbse	5	18–20		28	9	5
Korbblütler (Asteraceae)						
Chicoree	4	18–20		28	9	5
Endivie	4	20–22	Schosser	33	9	5
Kopfsalat/Eissalat	4	15–18	Keimhemmung > 22 °C	47	8	4
Radicchio	4	20–25	Schosser	–	–	8
Schwarzwurzel	4	15–20	Schosser	30	9	5
Kreuzblütler (Cruciferae/Brassicaceae)						
Blumenkohl	4	15–20		30	10	6
Brokkoli	4	15–20		30	10	6
Chinakohl	4	18–22	Schosser	30	10	6
Grünkohl	4	15–20		30	10	5
Kohlrabi	4	18–22	Schosser	30	10	6
Kopfkohl	4	15–20		27	10	6
Pak Choy	4	18–22	Schosser	–	–	6
Radieschen	4	15–20		28	10	6
Rettich, normal	4	15–20		32	12	8
Rettich, Japan-	7	18–22	Schosser	32	12	8
Rosenkohl	7	15–20		28	10	6
Kürbisgewächse (Cucurbitaceae)						
Gurke	12	22–26		–	–	14
Melone	12	22–26		–	–	14
Zucchini	12	22–26		–	–	10
Lauch-/Zwiebelgewächse (Alliaceae)						
Porree	4	18–20	Schosser	67	22	12
Schnittlauch	4	18–20				
Zwiebel	4	18–20		61	21	12
Nachtschattengewächse (Solanaceae)						
Aubergine	12	22–26		30	10	6
Paprika	12	22–26		–	–	10
Tomate	12	22–26		–	27	8
Portulakgewächse (Portulacaceae)						
Portulak, Winter-	3	18–20		45	25	14
Süßgräser (Gramineae/Poaceae)						
Zuckermais	10	18–20		–	21	14

(Nach Schlaghecken)

Direktsaat

(z. T. mit pilliertem Saatgut) in Erdpresstöpfe, Paperpots, Jiffypots, Vefi-Zapfencontainer-Platten, Speedies-Container-Platten, Culti-Plant-Platten u. ä. Systeme.

Die erforderlichen Erdpresstöpfe (Erdwürfel) werden mithilfe von Erdtopfpressen (Fabrikat Dewa, Flier, Unger, Visser u. a.) maschinell hergestellt. Ein 80-Liter-Substratsack ergibt z. B. 800 Stück 4 × 4 cm-Erdwürfel. Übrige Anzuchtsysteme werden in speziellen Befüll- und Besäautomaten-Anlagen bereitet.

Empfehlenswerte Erdwürfelgröße

Kopfsalat und Porree	4–5 cm
Karfiol	6–7 cm
Sellerie, Kohlarten	5–6 cm
Gurken, Paprika, Tomaten	8–9 cm

Für die einzelnen Verfahren können eigene Kompost-Torferden-Gemische oder fertige Kultursubstrate (Brill, Einheitserde, Floragard, Fruhstorfer Erde, Ökohum, Patzer, Stender, TKS, Tref, Potground usw.) verwendet werden.

Wichtig ist das rechtzeitige Pikieren nach dem Aufgang des Samens. Je früher dies geschieht, desto geringer ist der Verpflanzschock. Alle Kulturmaßnahmen bei der Jungpflanzenanzucht wie Düngen, Gießen, Lüften sind so abzustimmen, dass die Jungpflanzen kurz, gedrungen und kräftig bei gut durchwurzelten Wurzelballen bleiben (kein Vergeilen der Pflanzen). In der Regel ist je nach Lichtangebot mit einer Anzuchtdauer von 3 bis 6 Wochen zu rechnen. Bei Substrat-Mangelerscheinungen ist ein flüssiges Nachdüngen oder Streuen von z. B. 80 g Floranid permanent pro m² Beetfläche zweckmäßig.

Die Jungpflanzenanzucht ist häufig in modernen Spezialbetrieben ausgelagert.

Die Pflanzung

Sobald die Jungpflanzen 4 bis 6 Laubblätter gebildet haben bzw. im Anzuchtraum genügend abgehärtet sind, kann die Pflanzung durchgeführt werden. Gute und richtig angezogene Pflanzen müssen zu diesem Zeitpunkt noch die Keimblätter besitzen! Vor Beginn dieser Arbeit werden die Jungpflanzen gründlich durchgegossen, um das Herausnehmen der Pflanzen zu erleichtern. Eine vorherige „Startdüngung" mit einer Düngerlösung von 0,2 % ist zweckmäßig.

Gleichzeitig mit der Düngung soll auch eine Pflanzenschutzbehandlung (z. B. gegen Wurzelfliegen bei Kohlgemüse) vorgenommen werden.

Übliche Standweiten bei Freilandgemüse

Gemüse	Zahl der Reihen bei 1,2-m-Beet bzw. Reihenabstand in cm	Abstand in der Reihe	Pflanzen pro ha
Bleichsellerie	3/40	30	83.000
Brokkoli	3/40	40	62.500
Buschbohne	3/40	5-8	310.000-500.000
Chicorée	3/40	10	250.000
Chinakohl	3/40	30	83.000
Eierfrucht	2/60	50	33.000
Endivie	3/40	30	83.000
Erbse	10/12	5	1.600.000
Gurke	1/120	40 (2 K)	41.600
Karfiol (Blumenkohl)	3/40	50	50.000
Knoblauch	4/30	15	220.000
Kohlrabi	4/30	30	110.000
Kopfsalat (Butter-)	4/30	25	133.000
Krachsalat (Eis-)	4/30	30	110.000
Kren (Meerrettich)	2/60	40	41.000
Kürbis	1/120	40	20.800
Kraut (Kohl)	2/60	50	33.000
Melone	1/120	40	20.800
Möhren (Karotten)	4/30	2	1.600.000
Paprika	3/40	40	62.500
Pastinake	4/30	4	800.000
Petersilie	4/30	2	1.600.000
Porree	4/30	10	330.000
Radieschen	15/8	6	2.080.000
Rapunzel	10/12	2	4.100.000
Rettich	4/30	15	220.000
Rote Rübe	4/30	5	660.000
Schwarzwurzel	4/30	4	750.000
Sellerie (Knollen-)	3/40	40	62.500
Spinat	8/15	2	3.300.000
Sprossenkohl	2/60	60	27.000
Tomate	2/60	60	27.000
Zichoriensalat	3/40	30	83.000
Zuckermais	2/60	20	83.000
Zwiebel	6/20	3	1.600.000

Pflanzenbedarf für 1 ha bei verschiedenen Standweiten

Pflanzenabstand in cm	Pflanzenabstand in cm													
	10	15	20	25	30	40	50	60	70	80	90	100	125	150
10	1.000.000	666.600	500.000	400.000	333.300	250.000	200.000	166.600	142.800	125.900	111.100	100.000	80.000	66.600
15	666.600	444.400	333.300	266.600	222.200	166.600	133.300	111.100	94.200	83.300	74.000	66.600	53.300	44.400
20	500.000	333.300	250.000	200.000	166.600	125.000	100.000	83.300	71.400	62.500	55.500	50.000	40.000	33.300
25	400.000	266.600	200.000	160.000	133.300	100.000	80.000	66.600	57.100	50.000	44.400	40.000	31.900	26.600
30	333.300	222.200	166.600	133.300	111.100	83.300	66.600	55.500	47.600	41.600	37.000	33.300	26.600	22.200
35	285.700	190.500	142.800	114.300	95.200	71.400	57.100	47.600	40.800	35.700	31.700	28.600	22.800	19.000
40	250.000	166.600	125.000	100.000	83.300	62.500	50.000	41.600	35.700	31.200	27.700	25.000	20.000	16.600
45	222.200	148.100	111.100	88.900	74.000	55.600	44.400	37.000	31.700	27.800	24.700	22.200	17.800	14.800
50	200.000	133.300	100.000	80.000	66.600	50.000	40.000	33.300	28.500	25.000	22.200	20.000	16.000	13.300
55	181.800	121.200	90.900	72.700	60.600	45.400	36.300	30.300	25.900	22.700	20.200	18.200	14.500	12.100
60	166.600	111.100	83.300	66.600	55.500	41.600	33.300	27.700	23.800	20.800	18.500	16.600	13.300	11.100
65	153.800	102.600	76.900	61.500	51.300	38.500	30.800	25.600	22.000	19.200	17.100	15.400	12.400	10.300
70	142.800	94.200	71.400	57.100	47.600	35.700	28.500	23.800	20.400	17.800	15.800	14.200	11.400	9.500
75	133.300	88.900	66.700	54.800	44.400	3.300	26.700	22.200	19.000	16.700	14.800	13.300	10.700	8.900
80	125.000	83.300	62.500	50.000	41.600	31.200	25.000	20.800	17.800	15.600	13.800	12.500	10.000	8.300
90	111.100	74.000	55.500	44.400	37.000	27.700	22.200	18.500	15.800	13.800	12.300	11.100	8.800	7.400
100	100.000	66.600	50.000	40.000	33.300	25.000	20.000	16.600	14.200	12.500	11.100	10.000	8.000	6.600
120	83.300	55.600	41.700	33.300	27.800	20.800	16.700	13.900	11.900	10.400	9.200	8.300	6.700	5.600
125	80.000	53.300	40.000	31.900	26.600	20.000	16.000	13.300	11.400	10.000	8.800	8.000	6.400	5.300
150	66.600	44.400	33.300	26.600	22.200	16.600	13.300	11.100	9.500	8.300	7.400	6.600	5.300	4.400

Gepflanzt wird am besten bei trübem Wetter nach einem Regen. Ist dies nicht möglich und muss bei trockenem Wetter ausgesetzt werden, dann ist für eine entsprechende Bewässerung vor und nach der Pflanzarbeit zu sorgen.

Zur Vornahme der Pflanzarbeit mit der Hand bedient man sich eines Setzholzes und einer Pflanzschnur. Bei Tomaten, Paprika und Gurken, die größere Wurzelballen haben, ist eine Setzschaufel zum Ausheben der Pflanzlöcher zweckmäßig. Bei Bepflanzung größerer Flächen werden natürlich Pflanzmaschinen (z. B. Hortec, Perdu, Checchi & Magli, Fobro, Hilzinger, Metz-Kompakta, Weiste-Accord, Javo, Super-Prefer-Monosem) eingesetzt. Die Pflanzleistung von Hand beträgt 300 bis 500 Stück/Akh Jungpflanzen, einer Maschine rd. 2.000 Stück/Akh Jungpflanzen.

Besondere Beachtung ist der richtigen Pflanztiefe zu schenken, da einzelne Gemüsearten wie Salat oder Sellerie gegenüber einer zu tiefen Pflanzung außerordentlich empfindlich sind. Im Allgemeinen genügt es, die Pflanzen bis an den Wurzelhals in den Boden zu setzen, sodass die beiden Keimblätter über der Erde bleiben.

Die Pflanzung erfolgt möglichst im Verband (Dreiecks- oder Vierecksverband), wobei Reihenweite und Abstand in der Reihe von der jeweiligen Gemüseart abhängen (siehe Tabelle auf S. 84). Zweckmäßig ist die Einhaltung der Beetkultur (Traktorspur - Beet mit 3 bis 5 Gemüsereihen - Traktorspur), weil dadurch spätere Hack- und Erntearbeiten erleichtert werden.

Bei manchen Gemüsearten besteht die Gepflogenheit, Doppelpflanzen auszusetzen (Zwiebeln, Paprika, mitunter Gurken), die jedoch keine besonderen Vorteile bringt.

Das Beikrauthackgerät mit automatischer Erkennung der Gemüsepflanzen der Firma Kress ermöglicht auch das Hacken in der Reihe.

Die Pflege

Die im Gemüsebau notwendigen Pflegearbeiten erstrecken sich auf:

- die Pflege des Bodens (Bodenbearbeitung und Regulierung der Begleitkräuter),
- die Pflege der Pflanzen (Kulturmaßnahmen und Pflanzenschutz) sowie
- die Bewässerung.

Die Pflege des Bodens

Zu den wichtigsten Maßnahmen der Bodenpflege gehören das Behacken und die Regulierung der Begleitkräuter. Durch die Hackarbeit wird der Boden offen gehalten und durchgelüftet, wodurch er erwärmt und die Bakterientätigkeit gefördert wird. Nicht umsonst gilt das Sprichwort: „Zweimal gehackt ist einmal gedüngt" bzw. „Einmal gehackt ist dreimal gegossen".

Die Häufigkeit der Hackarbeit hängt vor allem von den Boden- und Witterungsverhältnissen ab. Böden, die zur Verkrustung neigen, durch Niederschläge oder Beregnung leicht verschlämmen oder sehr verbeikrautet sind, müssen mehrmals behackt werden.

Die Hackarbeit erfolgt entweder von Hand oder bei größeren Flächen mit Hackmaschinen, Hackbürsten oder Hackfräsen. Für die Handhacke kommen verschiedene Geräte in Betracht. Sehr gut bewähren sich die sogenannten Ziehhacken (wie z. B. Pendelhacke), die Radhacke und die motorgetriebenen Einradhacken (z. B. Agria, Hako, Holder, Honda u. a.). Für größere Flächen kommen Hackgeräte bzw. Beetfräsen zum Einsatz, z. B. Simon, Forigo, Kress, Rau, Ortiflor.

Eine weitere, nicht minder wichtige Aufgabe der Hackarbeit ist die Regulierung der Begleitkräuter, die nicht nur dem Boden Nährstoffe entziehen, sondern auch den Pflanzen Licht und Platz wegnehmen.

Das Ausjäten von Hand aus ist nur auf kleineren Flächen möglich. Größere Flächen können nicht gejätet werden, sondern sind rechtzeitig durchzuhacken bzw. mit Herbiziden (Beikrautbekämpfungsmitteln), Infrarot- oder Abflammgeräten zu behandeln.

Hackbürsten regulieren die Begleitkräuter.

Abflammgeräte erlauben eine umweltschonende Begleitkräuterregulierung.

Zur Erleichterung der Regulierung können einige Gemüsearten auf Mulchfolie, Mulchvlies oder Mulchpapier kultiviert werden (wie z. B. Gurke, Melone, Paprika, Tomate, Salat). Zwischen den Reihen kann der Boden zusätzlich mit organischen Materialien wie z. B. Stroh oder Heuschnitt bedeckt oder eine Lebendmulchdecke eingesät werden (z. B. Weißklee).

Zu beachten ist, dass nur jene Beikrautbekämpfungsmittel verwendet werden dürfen, die amtlich geprüft und zugelassen sind. Die auf der Packung angegebene Dosierung und die Abstände zu Gewässern sind genauestens einzuhalten.

Die Pflege der Pflanzen

Hierzu gehören vor allem das Vereinzeln oder Ausdünnen zu dichter Pflanzenbestände (z. B. bei Chinakohl oder Salat), das Aufbinden, das Ausgeizen von Achsel- oder Blütentrieben (Tomaten, Rhabarber), das Abreiben der Wurzeln bei Kren und das Anhäufeln. Letzteres hat den Zweck, die Wasserverdunstung des Bodens herabzusetzen, die Bodentemperatur zu erhöhen und den Pflanzen einen festeren Stand zu gewähren (Paprika). Eine gewisse Bedeutung hat auch die Schaffung eines Windschutzes, z. B. durch 4-5 Maisreihen zwischen Gurken- oder Paprikakulturen (Kleinklima).

Beispiele des Arbeitszeitbedarfs bei einigen Gemüsearten (nach Handler, Stadler, Blumauer 2006)

Gemüseart	Standardarbeitszeitbedarf [Akh/ha]
Brokkoli	172
Chinakohl	425
Fisolen (Pflückbohnen)	30
Einlegegurken	2.254
Glashausgurken	3.620
Kohl (Wirsing)	450
Tomaten	5.230
Rispentomaten	9010
Einschneidekraut	450
Kren (Meerrettich)	1.076
Radieschen	2.740
Kopfsalat	482
Rapunzel (Feldsalat)	898
Bleichspargel	1.628
Grünspargel	738

Es liegen keine aktuelleren Daten auf.

Die Regulierung der Krankheiten, Beikräuter und Schädlinge stellt ein außerordentlich wichtiges Aufgabengebiet der Pflanzenpflege dar (siehe dazu auch Kapitel Pflanzenschutz).
Wichtig sind dabei vor allem die Fruchtfolge, Maßnahmen der Pflanzenhygiene und eine entsprechende Kulturführung, Einsatz von biologischen Pflanzenschutz- und Pflanzenstärkungsmitteln, um den notwendigen chemischen Pflanzenschutz auf ein Mindestmaß zu beschränken. Erst bei Überschreiten der wirtschaftlichen Schadenschwelle, wenn der Schadorganismus ein Weiterwachsen der Kultur nicht mehr gewährleistet bzw. die Gemüseernte in Gefahr ist, werden entsprechende Pflanzenschutzmaßnahmen getroffen.

Dabei sind folgende Punkte zu beachten:

- Krankheit oder Schädling richtig erkennen (Diagnose)
- zuerst mechanisch-biologische Methoden überlegen (z. B. Kulturschutznetz, Nützlingseinsatz wie Gallmücken, Raubmilben, Schlupfwespen, Erzwespen, Florfliegen, Raubwanzen)
- richtige Pflanzenschutzmittel – Wahl und Zeitpunkt der Anwendung

- richtige Aufwandmenge (Dosierung nach Konzentrationsangaben oder Flächenangabe, siehe Tabelle)
- Pflanzenschutz-Protokollheft führen
- Wartefrist (Karenzzeit) einhalten
- Vermeidung von Bienenschäden (bienenmindergefährliche und nützlingsschonende Mittel verwenden)

Die Ausbringung (Applikation) der Pestizide kann nach verschiedenen Verfahren erfolgen: Spritzen, Sprühen, Stäuben, Nebeln, Beizen, Pillieren, Inkrustieren usw. Demnach werden Traktorfeldspritzen oder auf kleineren Flächen rückentragbare Spritz- oder Sprühgeräte verwendet.

Das Ansetzen von Spritzbrühen

Konzentration			g (= ml = cm³) auf		
in Prozenten	1 Liter	3 Liter	5 Liter	10 Liter	100 Liter
0,02	0,2	0,6	1,0	2,0	20
0,025	0,25	0,75	1,25	2,5	25
0,035	0,35	1,05	1,75	3,5	35
0,04	0,4	1,2	2,0	4,0	40
0,05	0,5	1,5	2,5	5,0	50
0,06	0,6	1,8	3,0	6,0	60
0,075	0,75	2,25	3,75	7,5	75
0,1	1,0	3,0	5,0	10,0	100
0,15	1,5	4,5	7,5	15,0	150
0,2	2,0	6,0	10,0	20,0	200
0,25	2,5	7,5	12,5	25,0	250
0,3	3,0	9,0	15,0	30,0	300
0,33	3,3	9,9	16,5	33,0	330
0,4	4,0	12,0	20,0	40,0	400
0,5	5,0	15,0	25,0	50,0	500
0,75	7,5	22,5	37,5	75,0	750
1,0	10,0	30,0	50,0	100,0	1.000
1,5	15,0	45,0	75,0	150,0	1.500
2,0	20,0	60,0	100,0	200,0	2.000
3,0	30,0	90,0	150,0	300,0	3.000
5,0	50,0	150,0	250,0	500,0	5.000
10,0	100,0	300,0	500,0	1.000,0	10.000

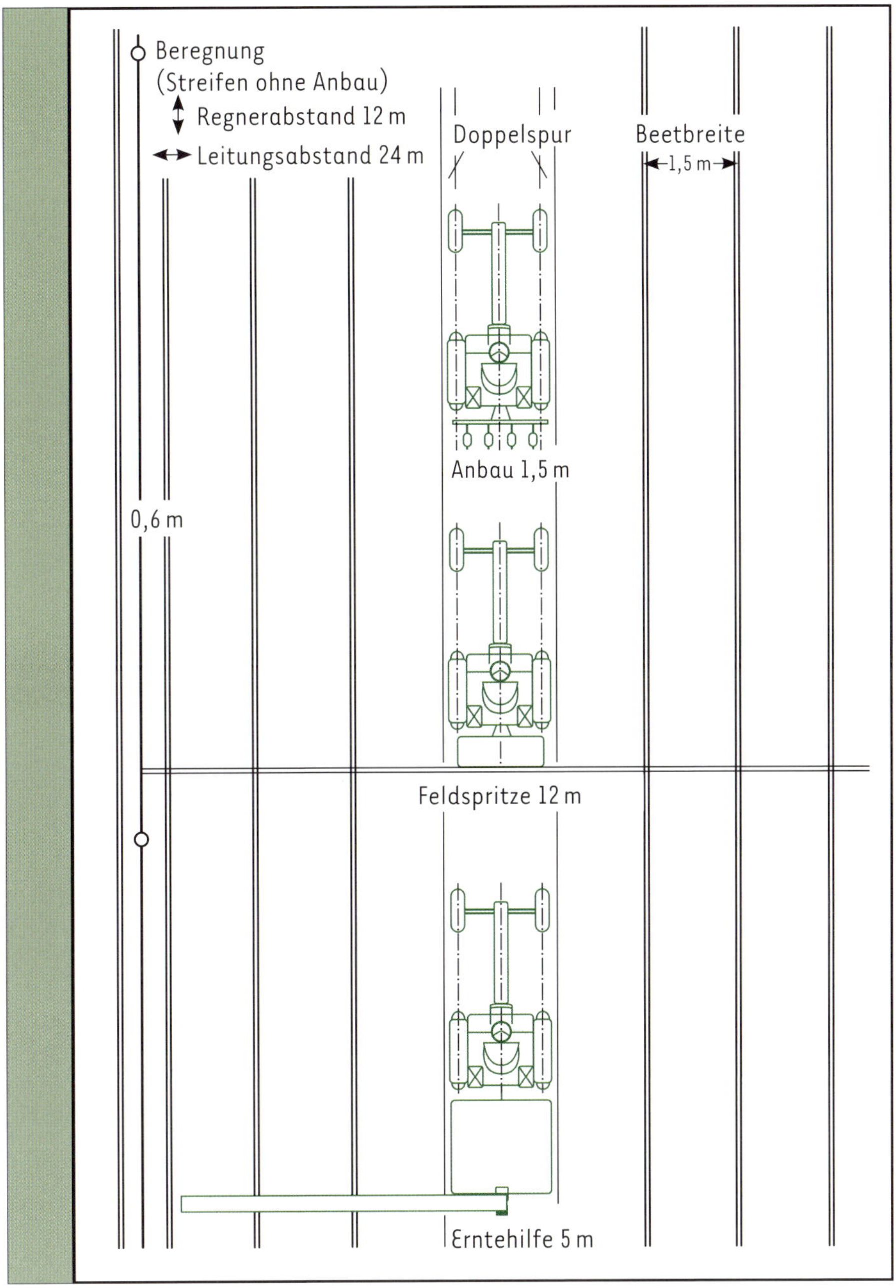

Einhaltung der Beetkultur erleichtert die Hack- und Erntearbeit.

Die Bewässerung

Die Versorgung der Kulturen mit Wasser zählt zu den wichtigsten Pflegemaßnahmen. Allerdings sind die Ansprüche in dieser Hinsicht außerordentlich verschieden, da sie nicht nur von der einzelnen Gemüseart und dem Zeitpunkt ihres Anbaus, sondern auch von der natürlichen Niederschlagshöhe, ihrer jahreszeitlichen Verteilung und den jeweiligen Bodenverhältnissen abhängen. Manche Gemüsearten können ohne künstliche Bewässerung gezogen werden.

In niederschlagsarmen Gebieten sichert die Bewässerung den Kulturerfolg.

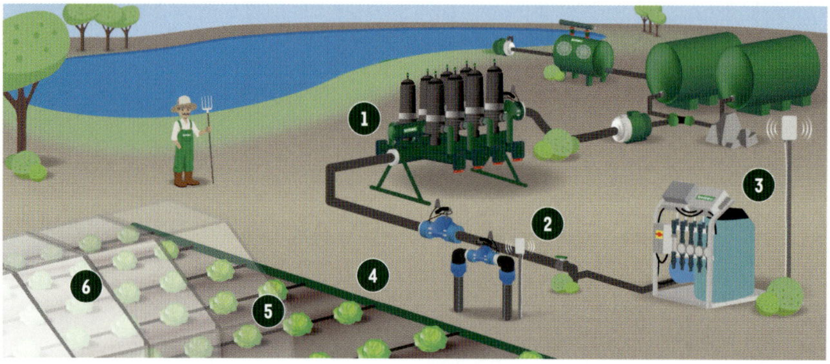

1 Filtrierung
2 Armaturen und Ventile
3 Automatisierung und Düngung
4 Rohre und Schläuche
5 Tropfbewässerung
6 Sprinklerbewässerung

Um Erträge von Feldfrüchten und Gemüse zu steigern, ist eine Bewässerung und Nährstoffversorgung direkt an der Wurzel der Pflanzen die ideale Lösung. So werden die Pflanzen nicht nur optimal versorgt, sondern man spart auch Wasser, senkt die Produktionskosten erzielt gleichzeitig einen größtmöglichen Ertrag.

Wasseraufnahmevermögen des Bodens (nach Perrot-Faustzahlen)

Bodenart	Wasseraufnahme mm/h/m²
Sand	20
Lehmiger Sand	15
Sandiger Lehm	12
Lehm	10
Ton	8

Für Pflanzen nutzbare Speicherfähigkeit (verfügbares Wasser pro 10 cm Tiefe)

- Sand 11 l/m²
- Lehmiger Sand 18 l/m²
- Sandiger Lehm 21 l/m²
- Lehm 25 l/m²
- Ton 22 l/m²
- Moor 44 l/m²

Im Allgemeinen kann der Wasserbedarf der bedürftigsten Gemüsearten (Gurken, Melonen, Salat, Sellerie, Tomaten, Karfiol, Paprika, zum Teil Zwiebeln, Kohlgemüse) während der Hauptvegetationszeit mit 100 mm Niederschlagshöhe je Monat angenommen werden. Da 1 mm Niederschlagshöhe einer Menge von 1 l Wasser je 1 m² entspricht, müssen jedem Quadratmeter angebauter Fläche 100 l Wasser je Monat zugeführt werden. Von dieser Menge sind die natürlichen Niederschläge abzuziehen, die je nach Gebiet (niederschlagsarm oder niederschlagsreich) und Witterungsverhältnissen verschieden sind. Die Art der Wasserzufuhr hängt in erster Linie von der Größe der Anbaufläche ab.

Smart Farming und automatisierte Bewässerungsregelungen

Moderne Entwicklungen im Bereich des **Smart Farming** bringen erhebliche Verbesserungen in der Bewässerungstechnik. Automatisierte Systeme zur Wasserzufuhr basieren zunehmend auf der Nutzung von Sensortechnologien, die Bodenfeuchtigkeit, Wetterprognosen und die individuellen Bedürfnisse der Pflanzen in Echtzeit überwachen. Diese Systeme ermöglichen eine präzise Steuerung der Wasserzufuhr und tragen zur Effizienzsteigerung und Ressourcenschonung bei.

Ein Beispiel dafür sind vernetzte **Tröpfchenbewässerungssysteme** oder **Unterflurbewässerungssysteme**, die mit **Feuchtigkeitssensoren** gekoppelt sind. Solche Systeme passen die Bewässerung an den tatsächlichen Wasserbedarf der Pflanzen an und vermeiden sowohl Über- als auch Unterbewässerung. Sie integrieren sich in digitale Plattformen, die den Landwirten mobile Zugriffsmöglichkeiten bieten, um die Bewässerung automatisch zu steuern und an wechselnde Bedingungen anzupassen. Dazu zählen etwa Apps, die Daten in Echtzeit liefern und Entscheidungen zur optimalen Bewässerungsmenge ermöglichen.

Drohnen und Wetterstationen spielen eine wachsende Rolle bei der Überwachung großer Anbauflächen. Sie liefern exakte Informationen über Bodenfeuchtigkeit und Mikroklimadaten, wodurch die Bewässerung optimiert und nachhaltig gestaltet wird. Dadurch wird Wasser effizienter genutzt und der Ertrag gesteigert, während gleichzeitig der Wasserverbrauch minimiert wird.

Rainstar der Firma Bauer

Bewährt haben sich im Feldgemüsebau folgende Methoden:

- „Fliegende“ Beregnungsanlagen, das sind bewegliche Schnellkupplungsrohre mit Standkreisregner (z. B. System Bauer, Perrot u. a.)
- Kreisregner auf Regnerschlitten oder Schleppstativen mit Schlauchzuführung
- Regnerautomaten (Beregnungsmaschinen, z. B. Rainstar)
- Tröpfchenbewässerung (Barram, Gardena, HB-Aqua, Netafim, Salen, Staudrop, T-Tape u. a.) auf kleineren Flächen bzw. im Folientunnel
- Unterflur-Tropfanlagen mit Smart-Farming-Sensorik

Die Wasserversorgung erfolgt über stationäre Pumpenanlagen oder zapfwellgetriebene Traktorpumpen. Die Integration von **KI-gestützten Systemen** erlaubt es zudem, auf Grundlage von Wettervorhersagen und Bodendaten proaktiv zu bewässern, bevor Pflanzen unter Wasserstress leiden. Dies trägt zu einem nachhaltigeren und ressourcenschonenden Gartenbau bei.

Wann und mit welchen Mengen ist zu bewässern?

Im Allgemeinen soll insbesondere während der heißen Jahreszeit nur abends beregnet werden, da die Verdunstung über Nacht herabgesetzt ist und die Feuchtigkeit tiefer in den Boden eindringt. Große Bewässerungsanlagen sind vielfach nur in der Nacht in Betrieb.

Die Wassermengen sind so zu bemessen, dass eine gründliche Durchfeuchtung erreicht wird. Man gieße oder beregne lieber etwas weniger oft, aber dafür umso durchdringender, und vermeide ein bloßes Staublöschen oder Auffrischen der Blätter. Bei Einsatz von Regenanlagen, vor allem auf größeren Flächen, sollen daher mindestens 15–25 mm (15–25 l/m^2) auf einmal verregnet werden (je nach Kultur und Bodenart). Besondere Rücksicht ist auf den jeweiligen Entwicklungszustand der einzelnen Gemüsearten zu nehmen, da z. B. Tomaten oder Paprika gegen eine zu reichliche Bewässerung knapp vor der Fruchtreife empfindlich sind (Platzen der Früchte, Temperaturschock). Hilfsmittel zur Bestimmung des richtigen Zeitpunkts der Bewässerung können Tensiometer (Keramikzelle) oder die Einstrahlungssumme sein (419 Joule/cm² = 1 l/m² Bewässern). Bei Tropfbewässerung im Folientunnel werden je nach Witterung täglich Gaben von 2 bis 3 l/m² zweckmäßig sein.

Moderne Technologien revolutionieren die Bewässerung im Erwerbs-Gemüsebau. Die Integration von intelligenten Sensoren und automatisierten Systemen ermöglicht eine genauere Kontrolle der Bodenfeuchtigkeit. Systeme wie IoT-basierte Feuchtigkeitssensoren überwachen den Wasserbedarf des Bodens in Echtzeit und steuern automatisch Magnetventile für die Bewässerungsleitung. Über die Leitfähigkeitssensorik wird die Bodenfeuchte präzise gemessen, und ein Regelgerät passt die Bewässerung entsprechend an. Systeme wie Netafim und Flori bieten Lösungen, die sowohl den Wasserverbrauch als auch die Energiekosten erheblich senken.
Zu den smarten Bewässerungstechnologien zählen auch AI-gestützte Controller, die Daten zu Wetterbedingungen, Bodenfeuchte und Wachstumsphase der Pflanzen sammeln. Diese Systeme berechnen automatisch die ideale Wassermenge und können den Landwirten Echtzeitdaten auf das Smartphone senden. Durch solche Automatisierungwird eine bis zu 60 % Wasserersparnis im Vergleich zu traditionellen Methoden erzielt. Insbesondere Tröpfchenbewässerung mit smarten Steuerungssystemen sorgt für eine gleichmäßige und bedarfsorientierte Wasserzufuhr

Hilfsmittel zur Bestimmung des richtigen Zeitpunkts können sein:

a) Tensiometer (Irrometer)

b) Gipsblockmethode bzw. Leitfähigkeitsmessung

c) Einstrahlungssumme

d) Geisenheimer Prognosemodell

Irrometer messen die Bodenfeuchte für die Bewässerungsmaßnahmen.

Zu a) Mit der Keramikzelle des Tensiometers lässt sich die Saugspannung (0–800 hPa) feststellen. Der gemessene Unterdruck ist in enger Korrelation zum pflanzenverfügbaren Wassergehalt des Bodens.

Zu b) Beim Gipsblock beruht das Messprinzip auf die Leitfähigkeitsmessung. Die Messwerte liegen zwischen 0 und 200 CB (= firmenspezifischer Relativwert). Ein niedriger Messwert entspricht dabei einer hohen Bodenfeuchte (z. B. System Watermark/Irrometer). Andere Systeme messen die Dielektrizitätskonstante, und über ein Regelgerät wird ein Magnetventil angesteuert (z. B. System Flori/Netafim). Ebenso auf dem Prinzip der Leitfähigkeitsmessung beruht z. B. das System WFF-A/ Staudinger. Der Messwert für die Bodenfeuchte liegt zwischen 0 und 100 %. Über Sensor, Mess- und Regelgerät wird ein Magnetventil zum Öffnen und Schließen der Bewässerungsleitung angesteuert.

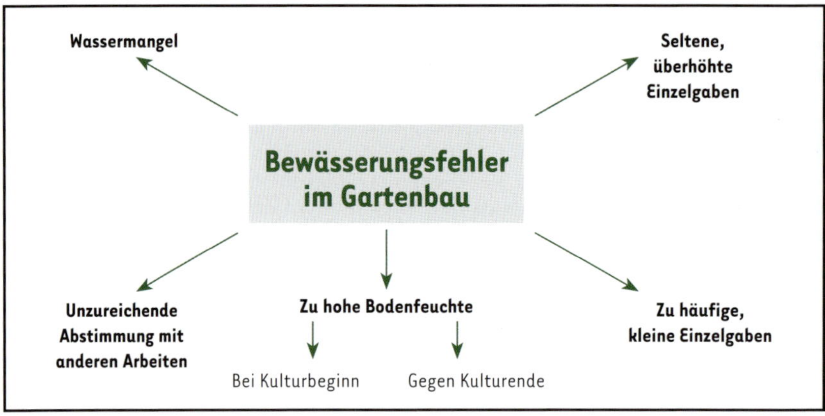

(Nach Paschold, Geisenheim)

Bewässerungsfehler im Gartenbau

Zu c) Die Bewässerungssteuerung nach der Einstrahlung bewährt sich vor allem im geschützten Anbau. Dabei wird die pflanzliche Entwicklung berücksichtigt. Der Strahlungssensor, außerhalb des Tunnels oder Gewächshauses angebracht, misst die tägliche Einstrahlung in Joule/cm².

Dabei gilt: $\frac{\text{Einstrahlungssumme} \times \text{Faktor}}{419}$ ergibt den Wasserbedarf.

Entwicklungsstadium (Gurke, Tomate)	Faktor
Pflanzung bis 0,75 m Höhe	0,50
0,75 – 1,5 m	0,75
1,50 – 2,0 m	1,00
Über 2,0 m	1,25

Beispiel: Einstrahlungssumme vom Vortag : 2.000 J/cm²
Faktor: 0,75
2.000 × 0,75 : 419 = 3,6 l/m² Wasserbedarf

Bei allen Hilfsmitteln zur Bestimmung des Bewässerungszeitpunkts und der Menge sollen neben Wasserzustand der Pflanze (Turgor), Bodenfeuchte, Verdunstung u. a. m. vor allen auch die gärtnerische Erfahrung einfließen.

Zu d) Bei der Geisenheimer Prognose werden die Verdunstungswerte nach Penmann (Wetterdienst) mit einem sogenannten Kc-Faktor multipliziert. Der Kc-Wert ist kultur- und mengenspezifisch und berücksichtigt die jeweilige Wachstumsphase. Der natürliche Niederschlag ist abzuziehen (https://www.hs-geisenheim.de).
Die Integration von smarten Bewässerungssystemen und Sensoren ermöglicht es, die Bewässerung präziser zu planen und den Wasserverbrauch erheblich zu reduzieren.

Pflanzenkoeffizienten (kc-Werte) zum Steuern der Berechnung bei Gemüse und ausgewählten landwirtschaftlichen Arten nach der Geisenheimer Methode (Aktualisierung 2004)

Gemüseart	kc je Entwicklungsstadium der Pflanze			
	Stadium 1	Stadium 2	Stadium 3	Stadium 4
Blumenkohl*	Ab Pflanzung 0,5	Pflanzen-durchmesser 30 cm 0,8	Pflanzen-durchmesser 60 cm 1,2	Höhe>60 cm 1,4
Brokkoli	Ab Pflanzung 0,5	Ab 9. Blatt 0,8	Ab 14. Blatt 1,4	
Buschbohne	Ab Auflaufen 0,3	Ab Blühbeginn 0,6	Ab massiver Hüsenbildung 0,8	
Chinakohl*	Ab Pflanzung 0,5	Ab 6. Blatt 0,8	Bestandes-schluss 1,2	
Eissalat*	Ab Pflanzung 0,5	Ab 7.–9. Blatt 0,8	Ab verstärkter Blattbildung 1,0	Bestandes-schluss 1,2
Endivien*	Ab Pflanzung 0,5	Ab 7. Blatt 0,8	Ab 9. Blatt 1,2	
Erbse,** grün	Ab Auflaufen 0,4	Ab Blühbeginn 1,2	Hülsenbildung 1,1	
Feldsalat	Ab Auflaufen 0,4	Bis Ernte 0,4		
Fenchel, Knollen-	Ab Pflanzung 0,5	Ab 6. Blatt 1,0	Ab 8. Blatt 1,4	
Getreide, Sommer-	Ab Auflaufen 0,3	Bestandes-schluss 0,4–0,6***	Beginnende Gelbreife 0	
Getreide, Winter-	Ab Auflaufen 0,2	Schossen 0,4	Beginnende Gelbreife 0	
Grünkohl*	Ab Pflanzung 0,5	> 6. Laubblatt 0,8	Ab verstärkter Blattbildung 1,2	Bestandes-schluss 1,4
Gurken, Einlege-	Ab Auflaufen 0,5	Ab Blühbeginn 0,8	Erntebeginn 1,1	
Kartoffel, früh*	Nach Legen 0,5	Ab Blatt- u. Stängelaus-bildung 0,8	Längenwachs-tum 1,0	Bestandes-schluss 1,2
Kartoffel, spät	Nach Legen 0,4	Triebe > 10 cm 0,6	Längenwachstum 0,9	Bestandes-schluss 1,1
Körnermais	Ab Auflaufen 0,4	Höhe > 0,5 m 0,4–0,5***	Höhe > 1,0 m 0,5–0,6***	Höhe > 1,5 m 0,6–0,8***
Kohlrabi	Ab Pflanzung 0,5	Ab 6. Blatt 0,7	Knollendurch-messer > 2 cm 1,0	
Kopfkohl	Ab Pflanzung 0,5	Ab 8. Blatt 0,8	Ab 11. Blatt 1,2	Beginnende Kopfbildung 1,3

Pflanzenkoeffizienten (kc-Werte) zum Steuern der Berechnung bei Gemüse und ausgewählten landwirtschaftlichen Arten nach der Geisenheimer Methode (Aktualisierung 2004)

Gemüseart	kc je Entwicklungsstadium der Pflanze			
	Stadium 1	Stadium 2	Stadium 3	Stadium 4
Kopfsalat	Ab Pflanzung 0,5	Durchmesser > 15 cm 0,8	Durchmesser > 25 cm 1,2	
Lollo rossa	Ab Pflanzung 0,5	Durchmesser > 15 cm 0,7	Durchmesser > 20 cm 0,9	
Möhren	Ab Auflaufen 0,3	Ab 5. Blatt 0,6	Bestandes-schluss 0,8	
Porree	Ab Pflanzung 0,5	Schaftdurch-messer > 13 mm 0,8	Schaftdurch-messer > 16 mm 1,2	Schaftdurch-messer > 20 mm 1,4
Puffbohne*	Ab Auflaufen 0,5	Höhe > 10 cm 0,8	Blühbeginn 1,2	Hülsen-ansatz 1,4
Radieschen	Ab Auflaufen 0,5	Ab 5. Laubblatt 0,7		
Rosenkohl*	Ab Pflanzung 0,5	Ab 6. Blatt 0,8	Bestandes-schluss 1,2	Röschenansatz 1,4
Rote Bete*	Ab Auflaufen 0,4	Ab 5. Blatt 0,8	Ab 9. Blatt 1,2	Bestandes-schluss 1,4
Spargel (Neuanlage)	Ab Aufwuchs 0,5	Ab vollständiger Ausbildung der Phyllokladien 0,7–0,8	Anfang September 0	
Spargel ab 2. Standjahr	Ab Stechende 0,6	Ab vollständiger Ausbildung der Phyllokladien 0,8–1,1***	Anfang September 0	
Sellerie, Knollen-	Ab Pflanzung 0,5	Ab 7. Blatt 0,8	Beginnende Knollenentw. 1,1	Bestandes-schluss 1,4
Spinat **	Ab Auflaufen 0,7	Ab 7. Laubblatt 1,0		
Tomate, Freiland *	Ab Pflanzung 0,5	Ab 0,75 m Höhe 0,8	An 1 m Höhe 1,2	
Zwiebel, Sommer	Ab Auflaufen 0,5	Ab 5. Blatt 1,0	Ab 8. Blatt 1,2	Ab Schlotten-knicken 0
Zucchini	Ab Auflaufen 0,5	Ab Blühbeginn 0,8	Ab Bestandes-schluss 1,2	
Zuckerrübe [1]	Ab Auflaufen 0,3	Ab 5. Blatt 0,4	Bestandes-schluss 0,4–0,6***	Rübe>12 cm 0,5–0,8***

* nach HARTMANN, PFÜLB; ZENGERLE (2000)

** nach ALLEN et al. 1997

*** Abhängig von der Bestandesentwicklung: starke Bestände = höherer Faktor

1 Beregnungsschluss Ende August

Wasserverbrauch von Freilandgemüse

200 mm	200–400 mm	400–600 mm	600 mm
Endiviensalat	Buschbohnen	Blattkohl	Karotten
Kopfsalat	Einlegegurken	Chinakohl	Rote Rüben
Kürbis	Erbsen	Petersilie	Rotkraut/Kohl
Melone	Fenchel	Sellerie	Sprossenkohl
Rapunzel	Karfiol/Blumenkohl	Weißkraut/Kohl	
Radieschen/Rettich	Kohlrabi		
Spinat	Porree/Lauch		
	Zwiebel		

Beregnungswürdigkeit von Freilandgemüse

Bedingt befriedigend	Gut	Sehr gut	Ausgezeichnet
Bohne	Karotten	Brokkoli	Frühkraut/Kohl
Chicorée	Kohlrabi	Chinakohl	Karfiol/Blumenkohl
Erbse	Mangold	Kopfsalat (Sommer)	Kopfsalat, früh
Gurke	Petersilie	Knollenfenchel	Spitzkraut/Kohl
Rapunzel	Porree/Lauch	Lagerkraut/Kohl	
Rhabarber	Radieschen	Sellerie	
Rote Rübe	Rettich	Sprossenkohl	
Spargel	Schwarzwurzel	Zucchini	
Zwiebel	Spinat		

Moderne Bewässerungsmethoden erlauben eine bedarfsgerichtete Versorgung der Pflanzen

Folien, Vlies und Schutznetz - Einsatz im Gemüsebau

Die chemische Industrie hat in den letzten Jahren dem Gemüsebau interessante Werkstoffe zur Verfügung gestellt: die Folie, meist aus PE (Polyethylen), PVC (Polyvinylchlorid) oder EVA (Ethylenvinylacetat) und das Vlies aus Polyester (UP) oder Polypropylen (PP). Diese sind seither zu einem wichtigen Betriebsmittel geworden.

Die Folie und das Vlies gewähren den Kulturen Schutz vor Witterungseinflüssen, mindern Wachstumsdepressionen und verhindern Wildschäden. Durch Umsetzung der Lichtstrahlen in Wärme erfolgt unter der Folie eine Erhöhung der Temperatur und der Luftfeuchtigkeit. Von der Folienqualität her werden im Gartenbau sogenannte „Landwirtschaftsgütefolien" oder „Gartenbaufolien" verwendet, die auch z. T. UV-stabilisiert (länger haltbar) sind, und nicht sogenannte „Baufolien".

Gründe für den Folien- und Vlieseinsatz

- Verfrühung der Ernte durch vorzeitiges Erreichen der für den Erntebeginn maßgeblichen Temperatursumme und durch schnelleres Wachstum
- Möglichkeit der Ernteverlängerung in den Herbstwochen
- Vermeidung der Arbeitsspitzen durch Staffelung der Erntetermine und dadurch gleichmäßigere Marktbeschickung (nur auf einem Teil der Anbauflächen Flachbedeckung anwenden)
- Intensivierung der Anbauflächen (jahreszeitlich früher und verkürzte Kulturzeit)
- Senkung des Anbaurisikos, Quantitäts- und Qualitätssteigerung des Ernteguts (Zartheit, Sauberkeit)
- Schutz vor einzelnen Schädlingen (z. B. Erdflöhen, Taubenfraß, Gemüsefliegen, Wildverbiss) speziell durch Kulturschutznetze

Anwendungsarten

1. Mulchfolie, Mulchvlies, Mulchpapier
2. Flachbedeckung
   - Folie
   - Vlies
   - Kulturschutznetz
3. Niedrigtunnel
4. begehbare Hochtunnels, Folienhäuser

1. Mulchfolie, Mulchvlies, Mulchpapier

Mulchfolien sind entweder reinschwarz oder eine Seite schwarz und eine Seite weiß eingefärbte PE-Folien von 1 bis 1,60 m Breite, 0,04 bis 0,06 mm Stärke, die in Rollen von 100 oder 500 lfm, gelocht oder ungelocht, erhältlich sind. Um Hitzeschäden im Sommer zu vermeiden, wird vorzugsweise bei einigen Gemüsearten die weiß-schwarze Folie verwendet (weiße Seite oben). Sie werden zur streifenweisen Bodenbedeckung vor der Saat oder Pflanzung verwendet.

Die Verlegung erfolgt auf kleinen Flächen per Hand, in der Regel mit einer Folienverlegemaschine (z. B. Checchi + Magli, Fähse, Fobro, Hortus, Nibex, Plankl). Die Mulchfolie verhindert Beikrautwuchs, verbessert das Wachstum durch Bodenerwärmung, verringert die Verschmutzung des Ernteguts durch Erde, sorgt für einen ausgeglichenen Wasserhaushalt im Boden, fördert die Nährstoffmobilisierung und die Bodengare. Diese Faktoren bewirken eine wesentliche Ertragssteigerung. Mulchfolien werden bei Einlege- und Salatgurken, Kopfsalat, Paprika, Tomaten, Kürbis, Melonen, Erdbeeren, Gehölzstecklingsvermehrung, Rebenaufschulung usw. verwendet. Die Grunddüngung bzw. Tropfschläuche sind vor dem Verlegen der Folien auszubringen. Während der Kultur kann eine Flüssigdüngung verabreicht bzw. zwischen den Reihen Mineraldünger gestreut werden. In der Regel werden die Mulchfolien nur für eine Wachstumsperiode verwendet und müssen nach Kulturende vom Feld geräumt werden (Deponie).

Als Alternative zu herkömmlichen PE-Mulchfolien gibt es seit einiger Zeit verrottbare Folien (Biomulchfolien), vorwiegend auf Basis von Maisstärke. Sie haben dieselben Eigenschaften und Einsatzgebiete. Die Verrottung erfolgt biologisch rückstandsfrei. Die Biomulchfolien erübrigen nach der Kultur das aufwändige Einsammeln und teure Entsorgen. Bei hohen Temperaturen ist die Verlegung der Biomulchfolie etwas schwieriger, da sich diese stärker dehnt. Durch unterschiedliche Stärke des Materials kann der Zeitpunkt der Verrottung der jeweiligen Kulturdauer angepasst werden.

Bio-Mulchfolie bleibt nach dem Ernten im Boden, wo sie verrottet

Zur Mulchung kommen auch schwarze PP-Mulchvliese zum Einsatz. Sie können bei sorgsamem Umgang mehrmals verwendet werden. Es gibt ungelochte und gelochte Ausführungen für Salate, Gurken, Tomaten, Paprika, Zucchini u. a. Die Materialstärke regelt die Belastbarkeit, z. B. Agryl-Mulchvlies P30 oder P50 (g/m^2).

In einigen Anbaugebieten bewähren sich vorgelochte oder ungelochte Mulchpapiere. Das Fest-Dekor-Mulchpapier besteht aus reinem Zellstoff ohne belastende Zusätze. Es muss sorgsam verlegt werden und hat ähnliche Wirkungen auf Böden und Pflanze wie die bei den Mulchfolien beschriebenen. Auch das Mulchpapier ist zur maschinellen Auslegung geeignet (es gibt auch dafür spezielle Maschinen). Nach der Verwendung kann es zur Verrottung eingearbeitet oder kompostiert werden. Es gibt daher keine Entsorgungsprobleme.

Schwarze Mulchfolie, Einsatz bei Wassermelonen

2. Flachbedeckung

Folie

Dabei handelt es sich um transparente PE-Folien von 2 bis 10 m Breite, 0,05 mm Stärke, in Rollen von 50 und 100 lfm. Sie dienen zur Bedeckung der Kultur sofort nach der Saat oder der Pflanzung bis annähernd zur Ernte. Für kurzfristige Bedeckungen werden ungelochte Folien verwendet (Saatauflauf z. B. bei Radieschen, Spargel, Rhabarber bis maximal drei Wochen), langfristige Bedeckungen erfolgen mit sogenannten Lochfolien (500, 750, 1.000 Löcher/m^2 mit 10 mm Lochdurchmesser), um eine gute Lüftung zu gewährleisten. Ein zeitweiliges Abnehmen der Folie ist nicht zweckmäßig und zu arbeitsaufwendig.

Die Verlegung erfolgt von Hand (8,0 bis 12,0 Akh/ha mit zwei Personen), bei geringer Folienbreite mit Folienverlegemaschinen. Die Dauer der Folienauflage richtet sich nach dem Kulturfortschritt und der Witterung. Es können dafür keine festen Regeln aufgestellt werden. Die Abnahme erfolgt nach drei bis acht Wochen, möglichst bei trüber Witterung, um Blattverbrennungen (z. B. bei Salat oder Kohlrabi) zu vermeiden.

Manchmal ist es möglich, die Lochfolien bis zum Erntebeginn zu belassen (Radieschen, Kohlrabi, Salat, Rhabarber). Bei sachgemäßer Abnahme und Lagerung ist eine Wiederverwendung der Folie möglich. Die Erfahrung hat sogar gezeigt, dass schon einmal gebrauchte Folien erhebliche Vorteile gegenüber neuen haben. Da sich unter der alten Folie kaum Kondenswasser bildet, führen stärkere Sonneneinstrahlung und Bodenerwärmung zu schnellerem Wachstum bzw. auch zu geringerer Salatfäulegefahr.

Flachbedeckung mit Lochfolie oder Vlies bringt Ernteverfrühung.

Vliese

In einigen Anbaugebieten haben sich auch synthetische Vliese, z. B. Agryl P 17, Growtect-Lutrasil, Agronet, Covertan-Spinnvlies oder auch Raschelgewebe (Agrocover) zum Flachbedecken bewährt.

Die Vliese zur Flachbedeckung sind aus Polyester (PU) oder Polypropylen (PP). Sie werden seitlich nicht wie Flachfolien eingegraben, sondern nur durch Erdhäufchen, Ziegel oder mit Sand befüllten Säcken beschwert. Sie sind weniger windanfällig, jedoch nur bedingt mehrmals verwendbar. Die Vliese bleiben meist bis zum Erntebeginn auf der Kultur und sind auch als Frostschutz einsetzbar. Es ist auch eine Doppelauflage, Lochfolie und Vlies gleichzeitig, möglich, wobei die Lochfolie nach zwei bis drei Wochen abgenommen werden muss.

Kulturschutznetze bieten Insektenabwehr, Wild- und Windschutz.

Kulturschutznetz

Zur Flachbedeckung zählen auch sogenannte Kulturschutznetze. Diese feinmaschigen PE-Kunststoffnetze werden sofort nach der Saat (z. B. Kohlgemüse) auf das Feld gelegt und seitlich eingegraben oder durch Anker fixiert. Je nach Ausführung können sie Blattläuse, Gemüsefliegen, Schadschmetterlinge und andere Insekten wie Kohlgallenrüssler, Erdflöhe, Minierfliegen von der Kultur abhalten. Sie bleiben je nach Schädlingsgefahr fast bis zur Ernte auf der Kultur liegen und erübrigen gegen Insekten jeden chemischen Pflanzenschutz. Handelsprodukte sind z. B. Bionet, FA.Bio, Filbio, Mononet, Nettex, Nicotan, Nicotex und Rantai.

3. Niedrigtunnel

Als Vorstufe zu den begehbaren Folientunneln bzw. Folienhäusern sind in einigen Anbaugebieten die sogenannten Niedrigtunnel (bis 1,20 m Höhe) zu betrachten. Über eine leichte Unterkonstruktion (Drahtbügel, Formstahl usw.) wird die Folie (eventuell auch Lochfolie) in Beetbreiten von 1,50 bis 2,40 m gespannt und durch seitliches Eingraben oder mittels Schnur oder durch einen zweiten Bügel niedergehalten. Dieses System schafft gegenüber der Flachfolie über der Kultur einen größeren Luftraum als Wärmespeicher und ermöglicht ein zeitweises, jedoch arbeitsaufwendiges Ablüften der Kultur. In den einzelnen Anbaugebieten haben sich verschiedene Systeme entwickelt, z. B. Federstahlstabtunnel (festam) u.a.

Die Niedrigtunnel werden zur Ernteverfrühung bzw. augenscheinlichen Qualitätsverbesserung des Ernteguts bei den Kulturen Kopfsalat, Radieschen, Karfiol, Kohlrabi, Paprika, Eierfrucht, Zucchini, Melone, Gurke u. a. verwendet.

4. Begehbarer Hochtunnel

Betriebs- und arbeitswirtschaftliche Vorteile bieten die sogenannten begehbaren Hochtunnel im Hinblick auf Pflege- und Erntearbeiten bzw. ganzjähriges Kultivieren. Sie stellen eine wesentlich höhere Intensivitätsstufe gegenüber dem Freiland dar und bilden ein Bindeglied zum Gewächshaus. Hochtunnel haben sich in einzelnen Anbaugebieten aus Eigenkonstruktionen entwickelt bzw. werden serienmäßig vom Gartenbedarfshandel angeboten, und es kann daher zum Teil von Foliengewächshäusern gesprochen werden.

Übliche Maße eines Hochtunnels

In der Regel sind sie auch mit Beregnungsanlage, automatischer Belüftung und gegebenenfalls auch mit Beheizung ausgestattet. Zur Bedachung werden 6 bis 14 m breite Folienbahnen in den Stärken von 0,10 bis 0,20 mm verwendet, die durch

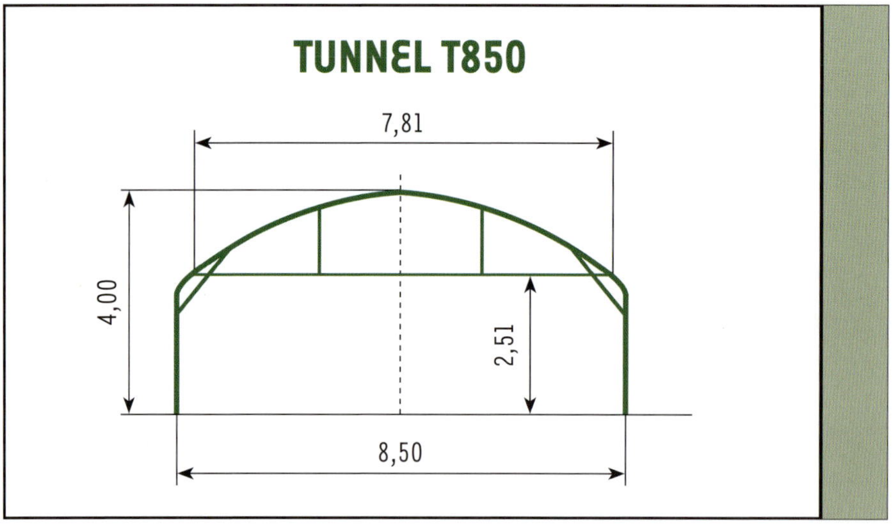

Die Zeichnung zeigt die Standardabmessungen eines mit Geräten befahrbaren Folientunnels in m.

Beigabe von UV-Stabilisatoren ein bis vier Jahre halten können. Teilweise werden auch Folienschläuche oder Kunststoffplatten (Thermoclear, Plexiglas-XT-Stegdoppelplatte, glasfaserverstärktes Polyester usw.) verwendet, die über eine längere Zeit halten. Die Tunnelbreiten beginnen bei 3 bis 4 m und reichen über 6 bis 8 m und bei einzelnen Typen sogar bis zu 14 m bei beliebiger Länge. Sie können auch in Reihenbauweise errichtet werden (Venlo-Blockformen).

Tunnelfabrikate sind z. B. Abrifol, Agriplan, Augenstein, Biasion, Fiala, Filclair, Götsch + Fälschle, Krötz, Richel, Rovero, Sita u. a.

Begehbare Hochtunnel bzw. Folienhäuser werden entweder zur Jungpflanzenanzucht oder für die normale Gemüseproduktion verwendet. Dabei ist es zweckmäßig, exakte Kulturfolgen einzuhalten, um eine optimale Ganzjahresbenützung der Kulturräume zu erlangen.

Winterportulak ist eine mögliche kalte Folientunnelkultur.

Beispiele einiger Bedeckungsmaterialien

Typ	Breite	Länge	Stärke	Anmerkung
Tunnelfolie	6 m	50 m	0,10 mm 0,20 mm	Für 3- bis 4-m-Tunnel
Tunnelfolie	10 m	50 m	0,20 mm	5- bis 6-m-Tunnel
Tunnelfolie	12/14 m	50 m	0,20 mm	7- bis 9-m-Tunnel, meist 3 bis 4 Jahre UV-stabil
500-Lochfolie	6/8/10 m	100 m	0,05 mm	Flachbedeckung
Spinnvlies	3,4/6,7/10,1 m	250 m	17 g/m²	Z. B. Covertan
Spinnvlies	2,1/4,0/6,5 8,5/10,5/12,7 m	250 m	17 g/m²	Z. B. Agryl P 17 Lutrasil
Mulchfolie	1 m	100/500 m	0,04 mm	Für Gurken
Mulchfolie	1 m	100/500 m	0,06 mm	Für Erdbeeren
Mulchvlies	1,5 m	250 m	25 g/m²	Z. B. Agryl P 25 für Salat
Mulchvlies	1,2/1,5/1,8 m	250 m	50 g/m²	Z. B. Agryl P 50 für Gurken
Mulchpapier	1,4 m	300 m	90 bis 140 g/m²	Z. T. 25 × 25 cm oder 30 × 30 cm gelocht für Salat
Mulchpapier	1,0/1,2 m	300 m	90 g/m²	Ungelocht für Gurken
Kulturschutznetz	2,6/4,1/5,6 6,3/7,1/10,1 m	100 m	56 g/m²	Z. B. Bionet oder Rantai gegen Insekten
Bändchengewebe	1,0 – 5,15 m	100 m	90 bzw. 110 g/m²	Auch gelocht verfügbar

Eine Übergangslösung vom Freiland zum Folientunnel sind sogenannte Regenkappen. Die begehbaren Konstruktionen kommen aus dem Beerenobstbau und bestehen aus verzinkten Stahlrohren mit tunnelähnlicher Folienbespannung. Die Stehwände vorn, hinten und seitlich bleiben dabei offen. Regenkappen verhindern die Tau- und Regennässe auf den Kulturen und geben so Schutz vor Blattkrankheiten. Der Wärmeeffekt eines Folientunnels ist nicht ganz gegeben. Eine Regenkappeneinheit ist 3 bis 6 m breit, mehrere können nebeneinandergestellt werden und je nach Gelände von beliebiger Länge (in 3-Meter-Abschnitten) sein. Mögliche Kulturen: Gurken, Paradeiser, Stangenbohnen, Melonen, Samenvermehrungen.

Kulturfolgenbeispiele für Folientunnel oder Foliengewächshäuser

1.	Kohlrabi (E I–M IV) Paprika (M IV–A X) Kopfsalat (A X–M XII)	**4.**	Kopfsalat (E I–A IV) Tomaten (A IV–M IX) Kopfsalat (E IX–E XII)
2.	Kohlrabi (MI–A IV) Tomaten (A IV–M IX) Kohlrabi (M IX–E XII)	**5.**	Kopfsalat (MI I–E III) Paprika (A IV–M IX) Endivien (M IX–E XI)
3.	Krachsalat (M III–M V) Paprika (M V–E IX) Rapunzel (E IX–A III)	**6.**	Kohlrabi (M II–A V) Gurken (A V–E VIII) Rapunzel (A IX–E XII)

Je nach Standort und Witterungsverlauf müssen einige oben angeführte Kulturen „geheizt“ geführt werden.

Die Tomate ist eine ertragreiche Sommerkultur im Folientunnel.

Anbautermine für einige Folienkulturen

Kultur	Folien-/Vlieseinsatz	Aussaat	Pflanzung	Ernte ab
Buschbohnen	Tunnel	4/IV	2/V	4/VI
	Flachbedeckung	1/V	–	1/VII
Karfiol	Tunnel	3/I	3/III	3/V
	Flachbedeckung	1/II	4/III	1/VI
Karotte	Flachbedeckung	1/III	–	4/VI
Kohlrabi	Tunnel	2/I	2/III	4/V
	Flachbedeckung	3/I	3/III	1/VI
Kraut (Früh-)	Flachbedeckung	1/II	3/II	4/V
Kopfsalat	Folienhaus	1/I*)	3/II	3/IV
	Tunnel	2/I	2/II	4/IV
	Flachbedeckung	3/I	3/III	1/V
Krachsalat	Flachbedeckung	3/I	3/III	3/V
Paprika	Folienhaus	1/III	2/V	1/VII
Radieschen	Flachbedeckung	3/II	–	3/IV
Rapunzel	Flachbedeckung	1/IX	–	1/III
Rhabarber	Flachbedeckung	–	–	3/III
Sellerie	Flachbedeckung	1/II	2/IV	3/VII
Salatgurke	Tunnel	4/IV	1/V	1/VII
Zucchini	Tunnel	4/IV	1/V	4/VI
Zuckermais	Flachbedeckung	1/IV	–	4/VII

*) 1/I bedeutet 1. Januarwoche

Folie und Vlies im Vergleich

Materialeigenschaft	500-Lochfolie 0,05 mm stark	Spinnvlies z. B. Typ 17 g
Grundstoff	Polyethylen	Polypropylen
Gewicht	46 g/m²	17 g/m²
Bahnbreite maximal	12,6 m	13,4 m
Rollenlänge maximal	650 m	250 m
Lichtdurchlässigkeit	75 %	70 %
Luftaustausch/h bei Windstille	29-fach	84-fach
Wasserdurchlässigkeit	Unregelmäßig	Gleichmäßig
Windstabilität	Gut	Sehr gut
Schlagschäden	Möglich	Gering
Reißfestigkeit	Hoch	Gering
Wiederverwendbarkeit	3- bis 4-mal	1- bis 2-mal
Verfrühungseffekt	Etwas besser	Geringer
Frostschutz	Vergleichbar (–3 °C)	Vergleichbar (–3 °C)
Abnahmetermin	Kritisch	Unkritisch
Qualitätseinfluss	Vergleichbar	Bei Kopfsalat etwas besser
Materialkosten	Niedriger	Höher

Ernte, Aufbereitung und Vermarktung

Die Ernte (Trennen des Ernteprodukts vom Boden oder von der Pflanze) wird dann vorgenommen, wenn das Gemüse die marktgerechte Größe ausgebildet oder ausgereift bzw. die optimale Genussreife erreicht hat. Bei Herbst- bzw. Lagergemüse ist in den letzten Vegetationswochen der Mengenzuwachs noch beträchtlich (Kraut, Kren, Wurzelgemüse). Es schadet meist nicht, wenn ein schwacher Frost (Risiko ist abzuschätzen) das Freilandgemüse trifft. Oft ist er sogar erwünscht, um den Abschluss der Vegetation herbeizuführen bzw. den Geschmack des Gemüses zu optimieren. Dies trifft z. B. beim Sprossenkohl, Kohl, Blätterkohl, Kraut, Kren und Knollensellerie zu. Nach Möglichkeit sollen die Erntearbeiten bei trockenem Wetter erfolgen. Nässe ist der Feind jeder weiteren Aufbereitung bzw. Einlagerung. Ernteabfälle sollen gleich auf dem Feld verbleiben, um unnötige Transporte zu vermeiden.

Bei der Vielzahl der Gemüsearten und unterschiedlichen Betriebsformen ist einerseits meist die Handernte, andererseits die teil- oder vollmechanisierte Ernte notwendig. Entsprechende Hinweise geben die Kulturanleitungen. Für die unmittelbare Vermarktung bzw. Lagerung der Ernteprodukte muss eine Aufbereitung vorangehen. Diese umfasst die Reinigung, Sortierung nach Güte und Größe, Kühlung, transport- und konsumentengerechte Verpackung u. a. m. Hier sind die Bestimmungen der Lebensmittelhygiene-Verordnung zu beachten.

Die händische Ernte ist im Gemüsebau bei vielen Gemüsearten Standard.

Teilmechanisierte Salaterntemaschine der Firma Hortus

Lebensmittelhygiene-Verordnung

Die Verordnung enthält die allgemeinen Hygienevorschriften für Lebensmittel (dazu zählt auch Gemüse) und regelt die Überprüfung der Einhaltung dieser Vorschriften. Unter Lebensmittelhygiene werden alle Vorkehrungen und Maßnahmen verstanden, die notwendig sind, um ein unbedenkliches und genusstaugliches Lebensmittel zu gewährleisten. Diese Vorkehrungen und Maßnahmen umfassen alle auf die Urproduktion (wie z. B. die Ernte) folgenden Stufen während des Umgangs mit Lebensmitteln. Das kann die Zubereitung, Verarbeitung, Herstellung, Verpackung, Lagerung, Beförderung, Verteilung, Behandlung, Anbieten zum Verkauf oder Lieferung an den Verbraucher betreffen. Neben der Beachtung der allgemeinen Hygienevorschriften sind die Betriebe verpflichtet, ein Eigenkontrollsystem einzuführen und die Mitarbeiter zu schulen. Im Rahmen eines solchen Systems sind die für die Entstehung gesundheitlicher Gefahren kritischen Punkte festzustellen. Grundlage dafür sind Prinzipien des HACCP-Systems (**H**azard **A**nalysis and **C**ritical **C**ontroll **P**oints). Es ist ein System zum Beherrschen von Risiken, aus dem gesundheitliche Gefahren für den Verbraucher entstehen können.

Grundsätze bei der Gefahrenanalyse nach den HACCP-Prinzip sind:

1. Analyse der möglichen Gesundheitsgefahren bei den Arbeitsabläufen (physikalische, biologische und mikrobiologische Risken, chemische Risken, Risken durch Mitarbeiter).
2. Identifizierung der Punkte, an denen die Gefahren auftreten können.
3. Entscheidung, welche Punkte kritisch sind. Ein Punkt kann nur kritisch sein, wenn bei einer auftretenden Gefahr durch entsprechende Handlungen die Gefahr abgewendet werden kann.
4. Festlegung und Durchführung von Sicherheitsmaßnahmen.
5. Überprüfung des eingeführten Konzepts.

Die Gefahrenanalyse kann durch eine ausführliche Betriebsbegehung eingeleitet werden. Sie wird ständig überprüft, dokumentiert (Checklisten) und die Verantwortlichkeiten der Mitarbeiter festgelegt.

Mögliche Gesundheitsgefährdung bei Arbeitsabläufen

Physikalische Risken	Biologische Risken	Chemische Risken	Risken durch Mitarbeiter
Staub, Schmutz, Fremdkörper, Witterungseinflüsse, Behandlungsverfahren	Mikroorganismen, Mykotoxine, tierische Schädlinge und Ausscheidungen	Pestizide	Mangelnde Ausbildung, Motivation, Aufsicht, Dauerausscheider

Seit einigen Jahren erfolgt die Umsetzung verschiedener Hygieneauflagen im Gemüsebau über Qualitätssicherungssysteme wie GlobalGAP oder QS.

Praktische Hinweise für den Gemüsebau:
- Anbauflächen müssen hinsichtlich Schadstoffrückständen (DDT, Dieldrin usw.) unbedenklich sein
- Wirtschaftsdünger dürfen nicht zur Kopfdüngung verwendet werden
- Umwelteinträge, Versalzungen und Pestizide beachten
- Mechanischen Schäden (Pflanzenverletzungen, z. B. durch Maschinen, Hagel usw.) folgen häufig mikrobielle Besiedelungen
- Erntegutbeschädigungen gering halten
- Beim Gemüsewaschen muss die Übertragung von Keimen vermieden werden (nur Trinkwasser ohne Zusätze zulässig)
- Sortieren und Kalibrieren ohne mechanische Schäden
- Geeignete Verpackungsmaterialien verwenden
- Schonender Transport und Vermarktung

Vermarktungsnormen für Gemüse

Bei der Sortierung des Gemüses sind die Vermarktungsnormen und Handelsklassen zu berücksichtigen. **Die vorherige Verordnung (EG) Nr. 2200/1996 und die Durchführungsverordnung (EG) 1580/2007 sind mittlerweile durch neuere EU-Vorgaben ersetzt worden.** Heute regeln insbesondere die **Delegierte Verordnung (EU) 2019/428** und die **Durchführungsverordnung (EU) 2019/427** die gemeinsamen Marktorganisationen für Obst und Gemüse in Österreich. Diese neuen Regelungen legen die folgenden Aspekte fest:

Allgemeine Vermarktungsnormen

1. **Mindestgüteeigenschaften**
   Die Erzeugnisse müssen, vorbehaltlich der zulässigen Toleranzen, wie folgt beschaffen sein:
   - **unversehrt und gesund,**
   - **sauber und praktisch frei von sichtbaren Fremdstoffen,**
   - **frei von Schädlingen und sichtbaren Schäden durch Schädlinge,**
   - **frei von anomaler äußerer Feuchtigkeit,**
   - **frei von fremden Gerüchen und/oder Geschmäcken.**

2. Der Zustand der Erzeugnisse muss so sein, dass sie Transport und Hantierung standhalten und in zufriedenstellendem Zustand am Bestimmungsort ankommen.

3. **Mindestreifekriterien**
   Die Erzeugnisse müssen einen ausreichenden Reifegrad aufweisen. Die neuen Vorschriften betonen stärker, dass **der Reifezustand so sein muss, dass die Produkte bis zum Bestimmungsort weiterreifen können**, um eine optimale Qualität zu gewährleisten.

4. **Toleranzen**
   Es gelten weiterhin Toleranzen, jedoch wurden die Anforderungen verschärft. In jeder Partie dürfen höchstens **5 %** der Erzeugnisse den Mindestgüteeigenschaften nicht entsprechen, im Gegensatz zu früher 10 %. Diese Toleranz gilt jedoch nicht für Erzeugnisse mit Fäulnisbefall oder anderen Mängeln, die sie zum Verzehr ungeeignet machen.

5. **Angabe des Erzeugnisursprungs**
   Es wird weiterhin der vollständige Name des Ursprungslands gefordert, jedoch müssen jetzt auch **ökologische Zertifizierungen und nachhaltige Anbaupraktiken** klar gekennzeichnet werden, wenn zutreffend.

Spezielle Vermarktungsnormen

Spezielle Vermarktrungsnormen gibt es für Salate (inkl. kraus- bzw. breitblättriger Endivien), Gemüsepaprika und Tomaten/Paradeiser.

Die speziellen Vermarktungsnormen wurden ebenfalls aktualisiert, um höhere Standards zu fördern. Für Tomaten/Paradeiser gelten die folgenden zusätzlichen Bestimmungen:

- **Neue Klassifizierungen:** Neben den bisherigen Handelsklassen (Extra, I, II) wird jetzt auch eine **Klasse III** für Produkte eingeführt, die leichtere kosmetische Fehler aufweisen, aber dennoch verzehrbar sind. Dies soll zur Vermeidung von Lebensmittelverschwendung beitragen.
- **Verpackung:** Die Verpackungsanforderungen wurden verschärft, um den **Einsatz von nachhaltigen Materialien** zu fördern. Kunststoffverpackungen sollen schrittweise reduziert und durch **biologisch abbaubare oder recycelbare Materialien** ersetzt werden.

Angaben zur Größe und Verpackung

Für die Sortierung nach Größe bleibt die **Größenbestimmung nach Querdurchmesser oder Gewicht** verpflichtend. Allerdings wurden die Toleranzgrenzen strenger gefasst. Zum Beispiel beträgt der **Größentoleranzbereich für Klasse I jetzt nur noch maximal 8 %**, um eine einheitlichere Produktpräsentation zu gewährleisten.

Beispielhaft für eine dieser Normen ist nachstehend die für Tomaten/Paradeiser angeführt:

Vermarktungsnorm für Tomaten/Paradeiser

I. BEGRIFFSBESTIMMUNG
Diese Norm gilt für Tomaten/Paradeiser der aus *Lycopersicum esculentum* Mill. hervorgegangenen Anbausorten, zur Lieferung in frischem Zustand an den Verbraucher. Tomaten/Paradeiser für die industrielle Verarbeitung fallen nicht darunter.

Es werden vier Handelstypen unterschieden:
- „runde“ Tomaten/Paradeiser
- „gerippte“ Tomaten/Paradeiser
- „längliche“ Tomaten/Paradeiser
- „Kirschtomaten/Kirschparadeiser“ (einschließlich „Cocktailtomaten/ Cocktailparadeiser“)

II. BESTIMMUNGEN BETREFFEND DIE GÜTEEIGENSCHAFTEN

Die Norm bestimmt die Güteeigenschaften, die Tomaten/Paradeiser nach Aufbereitung und Verpackung aufweisen müssen.

A. Mindesteigenschaften

In allen Klassen müssen die Tomaten/Paradeiser vorbehaltlich besonderer Bestimmungen für jede Klasse und der zulässigen Toleranzen sein:
- ganz
- gesund; ausgeschlossen sind Erzeugnisse mit Fäulnisbefall oder anderen Mängeln, die sie zum Verzehr ungeeignet machen
- sauber, praktisch frei von sichtbaren Fremdstoffen
- von frischem Aussehen
- praktisch frei von Schädlingen
- frei von Schäden durch Schädlinge, die das Fleisch beeinträchtigen
- frei von anomaler äußerer Feuchtigkeit
- frei von fremdem Geruch und/oder Geschmack
- Bei Rispentomaten/Rispenparadeisern müssen die Stiele frisch, gesund, sauber und frei von Blättern und sichtbaren Fremdstoffen sein.

Entwicklung und Zustand der Tomaten/Paradeiser müssen so sein, dass sie
- Transport und Hantierung aushalten und
- in zufriedenstellendem Zustand am Bestimmungsort ankommen.

B. Klasseneinteilung

Tomaten/Paradeiser werden in die drei nachstehend definierten Klassen eingeteilt:

i) Klasse Extra

Tomaten/Paradeiser dieser Klasse müssen von höchster Qualität sein. Sie müssen festes Fleisch haben und hinsichtlich Form, Aussehen und Entwicklung die typischen Merkmale der Sorte aufweisen. Ihre vom Reifegrad abhängige Färbung muss so sein, dass sie den Anforderungen des letzten Unterabsatzes des vorstehenden Absatzes A genügt. Sie dürfen keine „Grünkragen“ und andere Mängel aufweisen, mit Ausnahme sehr leichter oberflächlicher Fehler, sofern diese das allgemeine Aussehen der Erzeugnisse und ihre Qualität, Haltbarkeit und Aufmachung im Packstück nicht beeinträchtigen.

ii) Klasse I

Tomaten/Paradeiser dieser Klasse müssen von guter Qualität sein. Sie müssen genügend fest sein und die typischen Merkmale der Sorte aufweisen. Sie dürfen keine Risse und keine sichtbaren „Grünkragen“ aufweisen. Die folgenden leichten Fehler sind jedoch zulässig, sofern diese das allgemeine Aussehen der Erzeugnisse und ihre Qualität, Haltbarkeit und Aufmachung im Packstück nicht beeinträchtigen:
- ein leichter Formfehler
- leichte Farbfehler
- leichte Hautfehler
- sehr leichte Druckstellen

Außerdem dürfen „gerippte“ Tomaten/Paradeiser aufweisen:
- vernarbte Risse von höchstens 1 cm Länge
- geringe Verwachsungen
- eine kleine Nabelbildung, jedoch ohne Verkorkung
- Griffelnarbenverkorkung bis zu 1 cm^2
- eine sehr schmale lang gestreckte Griffelnarbe (nahtähnlich), jedoch nicht länger als zwei Drittel des größten Fruchtdurchmessers

iii) Klasse II

Zu dieser Klasse gehören Tomaten/Paradeiser, die nicht in die höheren Klassen eingestuft werden können, die aber den vorstehend definierten Mindesteigenschaften entsprechen. Sie müssen ausreichend fest sein (können aber etwas weniger fest sein als Tomaten/Paradeiser der Klasse I) und dürfen keine nicht vernarbten Risse zeigen. Die folgenden Fehler sind zulässig, sofern die Tomaten/Paradeiser ihre wesentlichen Merkmale hinsichtlich Qualität, Haltbarkeit und Aufmachung behalten:
- Form-, Entwicklungs- und Farbfehler
- Hautfehler oder Druckstellen, sofern sie die Frucht nicht ernsthaft in Mitleidenschaft ziehen
- vernarbte Risse von höchstens 3 cm Länge bei „runden“, „gerippten“ oder „länglichen“ Tomaten/Paradeisern

Außerdem dürfen „gerippte“ Tomaten/Paradeiser aufweisen:
- gegenüber der Klasse I stärkere Verwachsungen, jedoch keine Missbildungen
- Nabelbildung
- Griffelnarbenverkorkung bis zu 2 cm^2
- eine schmale lang gestreckte Griffelnarbe (nahtähnlich)

III. BESTIMMUNGEN BETREFFEND DIE GRÖSSENSORTIERUNG

Die Größe wird nach dem größten Querdurchmesser, dem Gewicht oder der Anzahl bestimmt. Die nachstehenden Bestimmungen gelten nicht für Rispentomaten/Rispenparadeisern und sind für Klasse II fakultativ. Um Gleichmäßigkeit hinsichtlich der Größe zu gewährleisten,

a) ist der Unterschied im Durchmesser der Früchte eines Packstücks auf folgende Werte begrenzt:
- 10 mm, wenn der Durchmesser der kleinsten Frucht (laut Angabe auf dem Packstück) weniger als 50 mm beträgt
- 15 mm, wenn der Durchmesser der kleinsten Frucht (laut Angabe auf dem Packstück) 50 mm oder mehr, aber weniger als 70 mm beträgt
- 20 mm, wenn der Durchmesser der kleinsten Frucht (laut Angabe auf dem Packstück) 70 mm oder mehr, aber weniger als 100 mm beträgt.
- Bei Früchten mit einem Durchmesser von 100 mm oder mehr gibt es keine Begrenzung des Unterschieds.

Codes und Spannen für die Größencodierung:

Größencode	Durchmesser in mm	Größencode	Durchmesser in mm
0	≤ 20	6	> 47 ≤ 57
1	> 20 ≤ 25	7	> 57 ≤ 67
2	> 25 ≤ 30	8	> 67 ≤ 82
3	> 30 ≤ 35	9	> 82 ≤ 102
4	> 35 ≤ 40	10	> 102
5	> 40 ≤ 47		

b) Bei Tomaten, die nach Gewicht oder Anzahl sortiert werden, sollte der Größenunterschied mit Buchstabe a im Einklang stehen.

IV. BESTIMMUNGEN BETREFFEND DIE TOLERANZEN

Güte- und Größentoleranzen sind in jeder Partie für Erzeugnisse zulässig, die nicht den Anforderungen der angegebenen Klasse genügen.

A. Gütetoleranzen

i) Klasse Extra

Eine Gesamttoleranz von 5 % nach Anzahl oder Gewicht Tomaten/Paradeiser, die die Anforderungen der Klasse nicht erfüllen, aber denen der Klasse I genügen, ist zulässig. Diese Toleranz darf insgesamt nicht mehr als 0,5 % Erzeugnisse umfassen, die die Anforderungen der Klasse II nicht erfüllen.

ii) Klasse I

Eine Gesamttoleranz von 10 % nach Anzahl oder Gewicht Tomaten/Paradeiser, die die Anforderungen der Klasse nicht erfüllen, aber denen der Klasse II genügen, ist zulässig. Diese Toleranz darf insgesamt nicht mehr als 1% Erzeugnisse umfassen, die weder die Anforderungen der Klasse II noch die Mindesteigenschaften erfüllen. Ausgeschlossen sind Erzeugnisse mit Fäulnisbefall oder anderen Mängeln, die sie zum Verzehr ungeeignet machen. Im Falle von Rispentomaten/Rispenparadeisern 5 % nach Anzahl oder Gewicht Tomaten/Paradeiser, die sich vom Stiel gelöst haben.

iii) Klasse II

Eine Gesamttoleranz von 10 % nach Anzahl oder Gewicht Tomaten/Paradeiser, die weder die Anforderungen der Klasse noch die Mindesteigenschaften erfüllen, ist zulässig. Ausgeschlossen sind Erzeugnisse mit Fäulnisbefall oder anderen Mängeln, die sie zum Verzehr ungeeignet machen. Im Falle von Rispentomaten/Rispenparadeisern 10 % nach Anzahl oder Gewicht Tomaten/Paradeiser, die sich vom Stiel gelöst haben.

B. Größentoleranzen

Klasse 1: 8 %. Alle anderen Klassen: 10 % nach Anzahl oder Gewicht Tomaten/Paradeiser, die der unmittelbar niedrigeren oder höheren Größe als der auf dem Packstück angegebenen entsprechen.

V. BESTIMMUNGEN BETREFFEND DIE AUFMACHUNG

A. Gleichmäßigkeit

Der Inhalt jedes Packstücks muss einheitlich sein und darf nur Tomaten/Paradeiser gleichen Ursprungs, gleicher Sorte oder gleichen Handelstyps, gleicher Güte und gleicher Größe (falls nach Größen sortiert ist) umfassen. Tomaten/Paradeiser der Klassen Extra und I müssen praktisch von einheitlicher Reife und Färbung sein. „Längliche" Tomaten/Paradeiser müssen außerdem annähernd die gleiche Länge haben. Die Packstücke (1) dürfen jedoch Mischungen von Tomaten/Paradeisern verschiedener Farben, Sorten und/oder Handelstypen enthalten, sofern sie gleicher Güte und je Farbe, Sorte und/oder Handelstyp gleichen Ursprungs sind. Der sichtbare Teil des Inhalts des Packstücks muss für den Gesamtinhalt repräsentativ sein.

B. Verpackung

Die Tomaten/Paradeiser müssen so verpackt sein, dass sie angemessen geschützt sind. Im Inneren des Packstücks verwendetes Material muss sauber und so beschaffen sein, dass es bei den Erzeugnissen keine äußeren oder inneren Veränderungen hervorrufen kann. Die Verwendung von Material, insbesondere von

Papier oder Aufklebern mit Geschäftsangaben, ist zulässig, sofern zur Beschriftung oder Etikettierung ungiftige Farbe bzw. ungiftiger Klebstoff verwendet wird. Die Packstücke müssen frei von jeglichen Fremdstoffen sein.

VI. BESTIMMUNGEN BETREFFEND DIE KENNZEICHNUNG

Jedes Packstück (2) muss zusammenhängend auf einer Seite folgende Angaben in lesbaren, unverwischbaren und von außen sichtbaren Buchstaben tragen:

A. Identifizierung

Packer und/oder Absender:

- Name und Anschrift (z. B. Straße/Stadt/Region/Postleitzahl und - falls nicht mit dem Ursprungsland identisch - Land)

oder

- eine von der nationalen Behörde offiziell anerkannte codierte Bezeichnung

B. Art des Erzeugnisses

„Tomaten/Paradeiser“ oder „Rispentomaten/Rispenparadeiser“ sowie der Handelstyp, wenn der Inhalt von außen nicht sichtbar ist. Diese Angaben sind in jedem Fall für „Kirschtomaten“/„Kirschparadeiser“ (oder „Cocktailtomaten“/„Cocktailparadeiser“) vorgeschrieben, unabhängig davon, ob diese als Rispentomaten/Rispenparadeiser aufgemacht sind oder nicht. - „Tomatenmischung/Paradeisermischung“ oder eine gleichwertige Bezeichnung, wenn die Packstücke eine Mischung von Tomaten/Paradeisern verschiedener Farben, Sorten und/oder Handelstypen enthalten. Wenn die Erzeugnisse von außen nicht sichtbar sind, müssen die Farben, Sorten oder Handelstypen im Packstück angegeben werden. - Name der Sorte (wahlfrei).

C. Ursprung des Erzeugnisses

Ursprungsland und - wahlfrei - Anbaugebiet oder nationale, regionale oder örtliche Bezeichnung. Bei Verkaufspackungen, die eine Mischung verschiedener Farben, Sorten und/oder Handelstypen von Tomaten/Paradeisern unterschiedlichen Ursprungs enthalten, muss das betreffende Ursprungsland in unmittelbarer Nähe der Angabe der jeweiligen Farbe, Sorte und/oder des jeweiligen Handelstyps angegeben werden.

D. Handelsmerkmale

- Klasse
- Größe (falls nach Größen sortiert ist), ausgedrückt durch den Mindest- und Höchstdurchmesser

E. Amtlicher Kontrollstempel (wahlfrei)

Greefa-Andijk-633: Der Operator stellt die spezifischen Parameter (Größe, Farbe und etwaige Defekte) ein. Dahinter sieht man die sortierten Tomaten in Kartons.

Lagerung und Kühlung von Gemüse

Ein kontinuierlicher Absatz bedingt bei manchen Gemüsearten nach der Ernte eine Kurz- oder Langzeitlagerung. Es gilt den Frischezustand möglichst bis zum Verbrauch beim Konsumenten oder bis zur Verarbeitung zu erhalten. Gemüse ist leicht verderblich, durch den hohen Wassergehalt, durch die große Stoffwechselaktivität und den idealen Nährboden für Mikroorganismen. Ursachen der Qualitätsverluste in der Nacherntezeit sind vor allem die Atmung, Transpiration, Reifungsvorgänge, Alterserscheinungen (Vergilben bei Salat), Austreiben (Zwiebel) oder Auskeimen, Tätigkeit der Mikroorganismen (Fäulnis) und mechanische Beschädigungen bei Ein- und Auslagerung. Diese Faktoren können vor allem durch eine schnelle und optimale Temperaturabsenkung reguliert werden. Diese Kühlmaß-nahmen können beim Produzenten direkt am Hof oder beim nahe liegenden Vermarktungspartner (Genossenschaft, Großhandel, Abpacker u. a.) getroffen werden. In der Praxis haben sich auch Vorkühlmethoden (schnelle Abkühlung auf gewünschte Lagertemperatur) bewährt.

Vakuumkühlung

Eine Methode ist die **Vakuumkühlung**. Sie beruht auf dem Prinzip, dass Wasser bei sehr niedrigem Druck bereits bei 0 °C siedet. Die dazu benötigte Wärme wird dem bereits verpacktem Produkt entzogen. Vakuumgekühlt wird vor allem Blattgemüse wie Salat, Spinat, Kräuter u. a.

Eine andere Methode ist die **Wasserkühlung**. Das Produkt, z. B. Radieschen ohne Laub, wird in Wasser von 0 °C getaucht. Es gibt keinen Feuchteverlust, das Produkt und die Verpackung werden aber nass und sind pilzgefährdet.

Eine dritte Vorkühlmethode ist die **Durchströmkühlung**. Dabei wird in einem Raum durch Anlegen einer Luftdruckdifferenz kalte Luft gezwungen, durch die Verpackung zu strömen. Die Verpackung muss mit Öffnungen versehen sein (mindestens 5 % der Seitenoberfläche).

In der Praxis am meisten verbreitet ist die konventionelle **Luftkühlung**. Damit können alle Gartenbauerzeugnisse relativ billig bei einfacher Bedienung gekühlt werden.

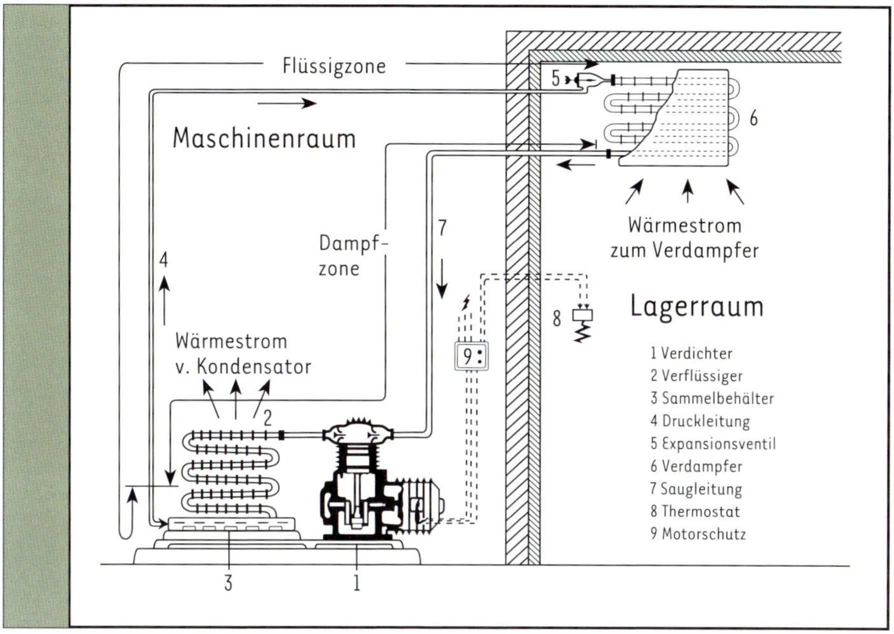

(nach Weleczka)

Grundschema einer Kälteanlage

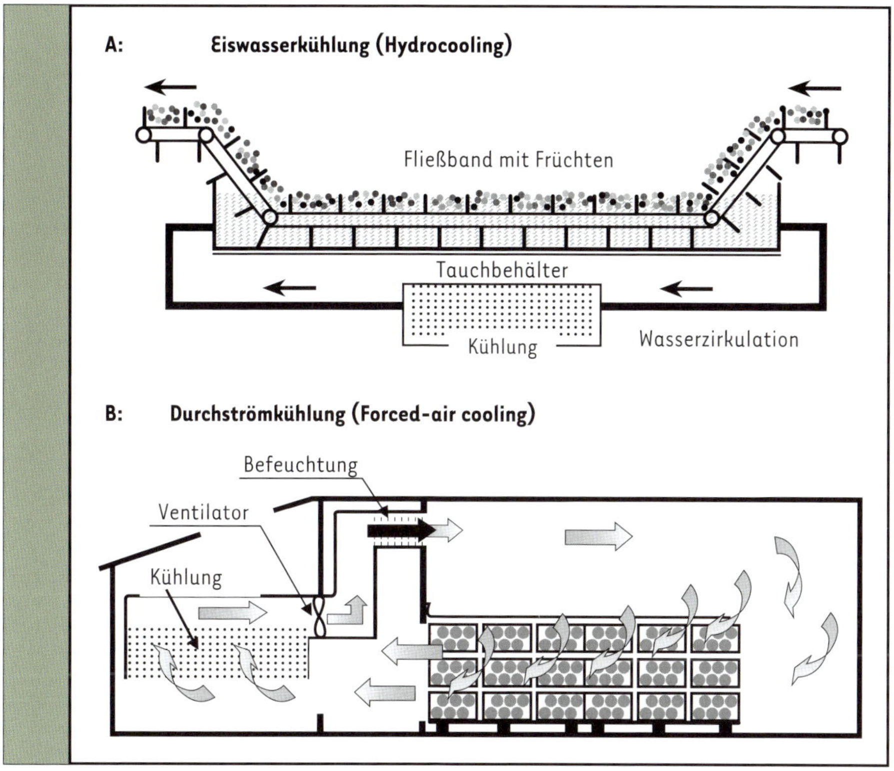

Eiswasser- und Durchströmkühlung

Nachteilig sind aber die langsame Abkühlung (bis 24 Stunden dauernd), die hohen Qualitäts- und Wasserverluste während der Abkühlung. Um diese Nachteile zu minimieren, sind an Kühlraum und Kühlanlagen besondere technische Anforderungen zu stellen. Ausgehend von der gewünschten Lagerkapazität nach Gewicht und Raumbedarf (Großkisten bzw. Palettenanzahl) werden Größe der Kühlzellen und Kälteanlage ausgelegt. Bei Forderung nach hoher Luftfeuchtigkeit (95-98 %) sind ausreichend große Verdampferflächen notwendig.

Geringe Temperaturdifferenzen zwischen Raum- und Verdampfungstemperatur (4-5 °C) sind nur mit elektronischen Einspritzventilen erreichbar.

Bei Kühlung von Produkten für den Frischmarkt im Sommer, wenn die Abkühlung in wenigen Stunden erfolgen soll, ist eine wesentliche höhere Kälteleistung zu berücksichtigen.

Lagerungsbedingungen einiger Gemüsearten (nach div. Autoren)

Gemüseart	Lagertemperatur °C	% rel. Luftfeuchte	Lagerdauer
Bohnen	5–7	95	7–10 Tage
Chinakohl	0	> 97	8 Wochen u. mehr
Endiviensalat	0	> 97	Bis 3 Wochen
Erbsen in Hülsen	–1 bis 0	95	1–2 Wochen
Karfiol/Blumenkohl	0	95	2–4 Wochen
Knollensellerie	0	> 97	4–5 Monate
Kohl	0	> 97	2–3 Monate
Kopfsalat	0	> 97	1–3 Wochen
Krachsalat	0	> 97	3 Wochen
Kürbis	10	> 70	4 Wochen
Melanzani/Aubergine	10	95–97	2 Wochen
Melone	7–10	95	2 Wochen
Möhren/Karotten	1	> 97	5–6 Monate
Paprika	8–10	95	3 Wochen
Petersilie (Wurzel-)	1	> 97	4–6 Monate
Petersilie (Blatt-)	–2 bis –1	> 97	8 Wochen
Porree	0	> 97	2 Monate
Radieschen mit Laub	0	> 97	1 Woche
Rettich ohne Laub	0	> 97	3–5 Monate
Rhabarber	0–1	> 97	Bis 3 Wochen
Rote Rüben	0	> 97	6 Monate
Salatgurken	10–12	95	1–2 Wochen
Spargel	1–2	95	2 Wochen
Spinat	0	> 97	1 Woche
Sprossenkohl/Rosenkohl	–2	> 97	2–3 Monate
Tomaten grünreif	12–15	90	3 Wochen
Tomaten halbreif	10–12	90	3 Wochen
Tomaten 3/4reif	8–10	85	1 Woche
Zwiebeln	–1	80	8 Monate
Zuckermais	0	95	1 Woche

Gängige Gemüseverpackungen

Art/Material (L × B × H)	Maße in cm	Beispielsweise Verwendung
Gemüsesteige massiv Holz/Kunststoff	60 × 40 × 33	20 kg Kraut, Rote Rüben, Karotten, Zwiebeln, Topinambur, Kartoffeln
Salatsteige Holz	60 × 40 × 28	12–20 St. Salat, 10 kg Kohl, 8–16 St. Karfiol, 12 kg Porree, 10–16 St. Endivie, 10 kg Zuckerhut-Salat
Chinakohl-Steige Holz	60 × 40 × 25	15–20 kg Chinakohl, 15 kg Feldgurken, 15 kg Einlegegurken
Mehrweg-Steige*) Kunststoff (Pool-Kiste)	60 × 40 × 22	12 St. Krachsalat, 50 St.Paprika, 15 kg Salatgurken, 12 kg Sprossenkohl, 12 kg Fisolen, 6 St. Wassermelonen
Mittelsteige Holz, Kunststoff-Mehrwegsteige	60 × 40 × 18	10–15 St. Rettich, 6–8 St. Karfiol, 40 St. Paprika, 12 St. Krachsalat, 10 kg Möhren, 6 kg Rhabarber
Plateau groß Holz, Kunststoff-Mehrwegsteige, Wellpappe	60 × 40 × 12	12 kg Tomaten, 14–20 St. Hausgurken, 8 kg Stangenbohnen, 8 kg Melanzani, 8 kg Zucchini
Plateau klein Holz, Wellpappe, Kunststoff	40 × 30 × 14	6 kg Tomaten, 6 kg Einlegegurken, 6 kg Kohlsprossen, 5 kg Zucchini, 1 kg Feldsalat, 6 kg Feldgurken, 4 kg Melanzani, 6 St. Zuckermelonen
Spankorb Holz	52 × 23 × 17	Spargel, Tomaten, Stangenbohnen, Einlegegurken
Raschelsack Kunststoff	versch. Größe	Feldgurken, Karotten, Kartoffeln, Porree, Sellerie, Wasserrüben, Winterrettich

*) Mehrweggebinde verschiedener Fabrikate wie Ifco, Puzelik, Steco, Stöckli, WEZ u. a.

Vermarktung

Folgende Verkaufs- bzw. Absatzwege sind
für Frisch- bzw. Konservengemüse möglich:

- **Ab-Hof-Verkauf:**
breite Gemüsepalette notwendig, arbeits- und zeitaufwendig, jedoch rentable Erlöse, Hofladen zweckmäßig

- **Bauern- oder Wochenmarkt:**
regelmäßiges breites Angebot notwendig, zeitaufwendig, gute Preise im Durchschnitt, Freude mit Kundenkontakt Voraussetzung, auch Bauernladen möglich

- **Großgrünmarkt:**
Standplatz notwendig (Miete), Angebot und Nachfrage regeln den Preis, Konkurrenz größer, frühes Morgengeschäft

- **Lieferung an Handelsketten oder Gemüsegroßhandel:**
große einheitliche Partien notwendig bei bester Qualität, Lieferung transport- und konsumentengerecht verpackt loco Rampe Zentrallager, geringer Vermarktungsaufwand, Menge macht den Preis und Erlös

- **Absatz über Erzeugerorganisation (EO) oder Gemüseverwertungsgenossenschaft:**
Produktionsabsprache notwendig, Sortierung und Verpackung erfolgt oft zentral, die Erzeugergemeinschaft stärkt das Auftreten auf dem Markt

- **Absatz an die Konservenindustrie:**
Menge- und Preiskontrakt von Vorteil, genauer Anbau- und Ernteterminplan, Konservenfabrik oder zentrale Sammelstelle in Hofnähe notwendig; vorgegebene Kulturrichtlinien sind genau einzuhalten

- **Vermarktung über Zustelldienst („Gemüsekiste"):**
breit gefächertes Gemüseangebot übers Jahr notwendig, eigener Kundenstock ist aufzubauen, zeitaufwendiger Transport und Verrechnung von Kleinmengen, Gemüseabonnement erleichtert Jahresplanung und Absatz

Etikett für REWE (gleicher Aufbau bei Spar und Pfeiffer), für Hofer ohne EAN
Hier kann der Lieferant sein eigenes Format, Farben und Logo verwenden

- **Absatz über Selbstpflücke:**
  Betrieb in Verbrauchernähe notwendig, mehrere Gemüsearten sollen gleichzeitig zur Ernte anstehen, gute Organisation am Hof Voraussetzung, nicht kostenaufwendig

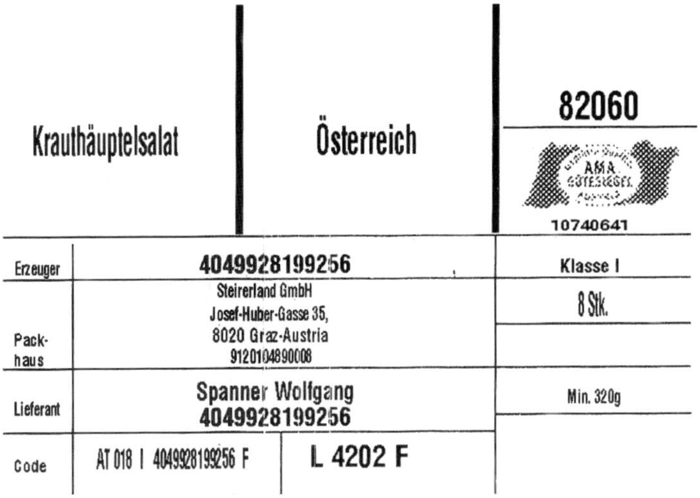

Etikett für LIDL, hier sind die Vorgaben ganz genau einzuhalten.
Format des Etiketts, Farbe weiß, Einteilung und Größe der Beschriftungs-Felder.

Exkurs: Nachhaltige Verpackung im Gemüsebau

Verpackung ist ein entscheidender Faktor entlang der Wertschöpfungskette – sowohl für den Produktschutz als auch für die Kundenwahrnehmung. Im Zuge des steigenden Umweltbewusstseins von Konsument:innen und der gesetzlichen Vorgaben zur Abfallvermeidung (EU-Verpackungsverordnung) gewinnt das Thema **nachhaltige Verpackung** im Gemüsebau zunehmend an Bedeutung.

Moderne Alternativen zu Einwegplastik:

- **Zelluloseverpackungen** aus Holzfasern oder Graspapier
- **Mehrwegsysteme** (z. B. für Abo-Kisten, Hofläden, Märkte)
- **Kompostierbare Netze und Folien**
- **Unverpackt-Vertrieb** (besonders im Biohandel oder bei Direktvermarktung)

Zahlreiche Handelsketten verlangen bereits heute spezifische Verpackungsstandards, die Wiederverwertung und Recyclingfähigkeit fördern. Auch bei Förderprogrammen (z. B. AMA Gütesiegel, Bio Austria) kann nachhaltige Verpackung ein Bewertungskriterium sein.

Tipp: Bei der Umstellung auf nachhaltige Verpackung sollte auch die **Produktqualität (Atmungsaktivität, Haltbarkeit)** und **Logistikkette** mitgedacht werden.

SPEZIALTEIL

KULTUR-ANLEITUNGEN

Hinweis: Biosorten (Sorten, die in biologischer Wirtschaftsweise vermehrt wurden) sind im Text fett gedruckt. Im biologischen Anbau sind Sorten, die mithilfe der Protoplastenfusion (CMS) vermehrt wurden, nicht erlaubt.

Gemüse aus der Familie der Kreuzblütler

(Cruciferae/Brassicaceae), *1- bis 2-jährig*), Fremdbestäuber*

Kohlgemüse

Arten: Weiß- und Rotkraut, Karfiol, Kohlrabi, Sprossenkohl, Chinakohl, Kohl, Brokkoli.
Saatgut: Die Samen sind rundlich, eiförmig bis fast kugelig, von rotbrauner Farbe.
Tausendkorngewicht: 3 bis 4 g, 4 bis 5 Jahre keimfähig.
Bodenansprüche: Die meisten Kohlgemüse bevorzugen nährstoffreiche, mittelschwere Böden mit gesicherter Wasserversorgung. Spätkraut auch Schwemmland und kultivierte Moorböden. Keine Ansprüche an Klima, aber an Feuchtigkeit.
Vorfrüchte: Winterzwischenfrüchte oder zeitig räumende Kulturen: Frühsalat, Frühkartoffeln, Wintergetreide (bei Chinakohl), keine Kreuzblütler (wegen Kohlherniegefahr), nicht nach sich selbst stellen.
Krankheiten und Schädlinge: Schwarzbeinigkeit, Erdflöhe, Kohlfliegen, Drehherzmücke, Mehlige Kohlblattlaus, Kohlhernie, *Alternaria*-Blattfleckenkrankheit, Kohleule u. a.
Bei Verwendung von Kulturschutznetzen reduziert sich der Einsatz von Insektiziden wesentlich. Im biologischen/ökologischen Anbau sollten diese unbedingt zum Einsatz kommen.
Gesundheitlicher Wert:
Kohlgemüse enthalten sekundäre Pflanzenstoffe:
Glucosinolate: Durch ihre Spaltung entstehen ätherische Öle. Diese sorgen für Geruch, Geschmack und das typisch Scharfe an Kren, Kresse, Radieschen und Senf. Glucosinolate hemmen Bakterien im Wachstum und wehren Infektionskrankheiten ab.
Phenolsäuren: Besonders im Rotkraut enthalten, entzündungshemmend.
Flavonoide: Rote Farbstoffe in Rotkraut, Radieschen, Kohl, Brokkoli u. a. Schützen vor Herz-Kreislauf-Erkrankungen, regulieren die Blutgerinnung, beeinflussen das Immunsystem.

a) Das Kraut

(Brassica oleracea var. *capitata* Alef.*)*
Weißkraut, Rotkraut/Blaukraut, Kopfkohl, Weißkohl, Kabis, Kappus, Cabbage (engl.)

Kultur	Aussaat	Pflanzung	Ernte
Frühkraut	Ab M I bis M II	M III – M IV	VI – VII
Einschneidekraut	IV	V bis A VI	IX – X – A XI
Lagerkraut	IV bis A V	VI	Ab M X

*) Betrifft nur die Samengewinnung, nicht die Kulturdauer.

Hybridkrautsorten bringen einheitliche Qualität und gleichzeitige Schnittreife.

Kultur: Anbau- und Erntezeit je nach Kulturtermin und Sortenwahl.
Aussaat: Jungpflanzenanzucht im Folientunnel, Gewächshaus oder Freilandsaatbeet (1 g/m²) bzw. Erdwürfel, Anzuchttemperatur 12 bis 16 °C, Direktsaat ins Freiland ab Mitte IV (Saatgut mit einem gegen Erdflöhe anerkannten Präparat beizen).
Tausendkorngewicht: 4 g, 6 g geben 1.000 Jungpflanzen.
Pflanzung: 5 bis 6 Wochen nach der Aussaat, Pflanzweite ist sortenabhängig und bestimmt Kopfgröße und Kopfgewicht. **Frühsorten:** 50 × 40 cm (4 bis 5 Pflanzen/m²), Lager- und Einschneidsorten 60 × 60 cm oder 70 × 60 cm (3 bis 4 Pflanzen/m²).
Pflege: Oftmaliges Behacken, Reinhalten von Beikräutern, Anhäufeln fördert in Trockenlagen Bildung von Adventivwurzeln, chem. Beikrautbekämpfung möglich, Kalkstickstoff einsetzen (2 Wochen vor dem Pflanzen oder 2 bis 3 Wochen nach dem Pflanzen mit 300 kg/ha), künstliche Bewässerung zur Zeit der Kopfbildung von Vorteil; Frühkraut sofort nach der Pflanzung mit Vlies einige Wochen abdecken. Kulturschutznetz gegen tierische Schädlinge einsetzen.
Düngerbedarf:
Hinweis: Der Düngerbedarf ist immer bei mittlerer Ertragslage angegeben.
Frühkraut:
200 kg/ha N
50 kg/ha P_2O_5
190 kg/ha K_2O
Einschneide- und Lagerkraut:
265 bis 340 kg/ha N
70 bis 80 kg/ha P_2O_5
285 bis 310 kg/ha K_2O
N- und Kaligaben unterteilen
Ernte: nach Erreichen der Vollreife bzw. entsprechender Kopffestigkeit: Lagersorten möglichst spät (Abkühlung und Ertragszuwachs), manche Sorten platzen leicht
Erreichbares Kopfgewicht:
0,8 bis 1,5 kg bei Frühsorten
2 bis 6 kg bei Lager- und Sauerkrautsorten
Ertrag:
30 bis 40 t/ha bei Frühsorten
60 t bis 100 t/ha bei Lager- und Einschneidekraut
Lagerung: in Krautscheune oder Kühllager in Großkisten

Lieferung: lose (Industrie), in Steigen oder Plastiknetzsäcken (Handel, 350 g Mindestkopfgewicht, Verkauf nach Gewicht oder Stück (Frühkraut)
Sorten: Wahl je nach Kulturtermin und Verkaufsrichtung [Frischmarkt, Großküche (größere Köpfe), Sauerkrautindustrie oder Lagerabsicht], Hybridsorten bringen einheitlichere Qualität und Einmalernten
Sortenbeispiele:
Frühkraut: Adema, **Farao**, Castello, **Premiere** (Marner Allfrüh), Sunta
Frischkraut: Atlas No.70, **Amazon**, Perfekta, Toughma, **Budena**
Einschneidekraut: **Cabton**, Erdeno, Histona, **Filderkraut**, Jaguar, Krautman, **Lennox**, Megaton, Oklahoma, Strukton, Wädenswiler
Lagerkraut: Bartolo, **Budena**, **Dowinda**, Kingston, Langedijker Dauer, **Lennox**, Lion, Mandy, **Rivera**, **Strukton**, Upton, Zerlina
Rotkraut: Autoro, **Buscaro**, **Granat**, **Integro**, Rodon, **Rodynda**, Ruby Perfektion, **Subaro**
Spitzkraut: Duchy, Caramba, **Caraflex**, Tourima

b) Der Karfiol, Blumenkohl

(Brassica oleracea var. *botrytis* L.*)*
Blumenkohl, Kauli, Käsekohl, Cauliflower (engl.)

Kultur	Aussaat	Pflanzung	Ernte
Frühjahr	Ab A II	E III–A IV	A VI
Sommer	M IV–M V	M V–M VI	A VII
Herbst	A VI–E VI	M VII–E VII	E IX–M X

Kultur: Anbau- und Erntezeit je nach Kulturtermin und Sortenwahl, mindestens fünf Zeitstufensaaten für kontinuierliche Produktion

Bei Karfiol werden selbstdeckende Sorten verwendet.

Aussaat: Jungpflanzenanzucht. Anzuchttemperatur 15 °C, nicht zu kleine Topf- oder Erdwürfelgröße wählen (mindestens 6 cm). Tausendkorngewicht: 4 g, 6 g geben 1.000 Jungpflanzen, Wachstumsstockung vermeiden, da sonst Vorblüher.
Pflanzung: 4 bis 6 Wochen nach der Aussaat: unbedingt Startdünger mit 15 g Volldünger/l Wasser, davon 3 bis 4 l/m² geben; gegen Molybdänmangel mit 1 g Natriummolybdat in 5 l Wasser vorbeugen. Pflanzweite bei Frühsorten: 50 × 50 cm (4 Pflanzen/m²), später 60 × 60 cm oder weiter (starklaubige Herbstsorten), ca. 35.000 bis 45.000 Pflanzen/ha.
Pflege: Mehrmalige mechanische Hacke, von Unkraut freihalten. Zweimal Kopfdüngung verabreichen, nach Möglichkeit Zusatzberegnung (mindestens 20 bis 30 l/m²), bei schlecht selbstdeckenden Sorten Rose eventuell durch Einknicken der Blätter schützen (Gelbwerden), auf Schädlingsbefall achten. Kulturschutznetz einsetzen.
Düngerbedarf:
200 kg/ha N, 35 kg/ha P_2O_5, 130 kg/ha K_2O
Ernte: Nach Erreichen des größtmöglichen Rosenwachstums (volle Ausbildung) mehrmaliges Durchschneiden notwendig (mindestens dreimal), Hüllblätter zurückschneiden auf 3 cm über der Rose (gestutzt) oder verschiedentlich ohne Blätter anzuliefern, Verkauf nach Stück oder Gewicht, mittlere Rosengewichte von 70 bis 150 dag*) bzw. 15 t bis 30 t/ha. Sortierung laut Qualitätsnormen nach Rosendurchmesser.
Lagerung: Ohne Kühlung nur einige Tage haltbar.
Sortenbeispiele: Nach Merkmalen des Umblattes und der Rosen werden fünf Gruppen (Mechelner, Erfurter, Alpha, Lecerf, Späte Riesen) unterschieden, auch Hybridsorten im Handel.
Der Romanesco ist eine Variante des Karfiols, die nahe Rom gezüchtet wurde. Die Anordnung der grünen Blüten weisen eine fraktalen Struktur wie Fibonacci-Spiralen auf. Die Sorte hat einen höheren Gehalt an Vitamin C als Karfiol.
Frühanbau: Cannon, Elinia, Sevilla, Stargate, Primero
Sommerernte: Chambord, Edith, Fremont, Goodman, Synergy, Aquino, Sunset
Herbsternte: Aviso, Gregor, Flamenco, Locris, Plessi, Skywalker, Nautilus, Durban
Romanesco-Typen: Veronica, Celio, Puntoverde
Grüner Karfiol: Panther
Violetter Karfiol: Graffiti, Depurple

c) Der Kohlrabi

(Brassica oleracea var. *gongylodes* L.*)*
Oberkohlrabi, fälschlich Kohlrübe, Kohlrabi (engl.)

Kultur	Aussaat	Pflanzung	Ernte
Frühjahr	A II	E III	E V
Sommer	IV	V	VII
Herbst	VI	E VII	IX–X

Kultur: Wegen der kurzen Kulturzeit wertvolle Vor-, Zwischen- oder Nachkultur; Hauptanbau im Frühjahr unter Folie, für den Frischmarkt bzw. Spätsommer- und Herbsternte für die Konservenindustrie.
Aussaat: Jungpflanzenvorkultur (12 bis 15 °C Anzuchttemperatur), Direktsaat wenig üblich (15 g/a), Tausendkorngewicht: 4 g, 5 bis 6 g geben 1.000 Jungpflanzen.

*) 1 dag = 1 Dekagramm = 10 g

Kohlrabi, ein beliebtes, zartes Frühgemüse

Pflanzung: 5–7 Wochen nach der Aussaat, bei Frühanbau nach Gefahr des größten Frostes (Schossgefahr). Pflanzweite bei Frühsorten: 25 × 25 cm (16 Pflanzen/m^2), bei Herbstkultur 50 × 30 cm (6 bis 8 Pflanzen/m^2), Flachfolie oder Tunnel einsetzen.
Pflege: Von Beikräutern freihalten, eventuell zwei Stickstoffgaben.
Düngerbedarf:
160 kg/ha N
40 kg/ha P_2O_5
140 kg/ha K_2O
Ernte: Der Erntetermin soll bei bestem Wohlgeschmack der Knolle, vor dem Holzigwerden oder Platzen gewählt werden; die unteren Blätter werden von der Knolle abgeschnitten, die oberen Herzblätter belassen. 2- bis 3-mal durchernten.
Knollengewicht: 12 bis 20 dag bzw. 18 t bis 30 t/ha.
Lagerung und Lieferung: Mindestdurchmesser der Knolle: 4 cm. Verkauf nach Stück (Frühjahr) oder Gewicht in der Regel mit Laub, im Kühlraum mehrere Wochen lagerfähig, sonst nur beschränkt.
Sortenbeispiele:
Weiß: Cindy, **Korist**, **Korridor**, **Kossak** (groß), **Lech**, Opus, Lanro, Olivia
Blau: **Azur Star**, Blaro, **Blaril**, Kolibri, Modrava

d) Der Sprossenkohl, Rosenkohl

(Brassica oleracea L. var. *gemmifera* DC.*)*
Rosenkohl, Kohlsprossen, Sprossen, Brockerlkohl,
Brüsseler Kohl, Rosenwirsing, Brussel sprouts (engl.)

Aussaat	Pflanzung	Ernte
E II	M IV	Ab IX
A IV	M V	Ab X
M IV	E V–A VI	Ab XI

Kultur: Wegen der langen Vegetationszeit in der Regel als Hauptkultur, nur bei ausgesprochener Spätherbst- oder Winterernte sind eventuell Frühsalat, Kartoffeln oder Kohlrabi als Vorkultur möglich.
Geringer Vorfruchtwert, jedoch nicht nach sich selbst stellen (maximal alle vier Jahre). Anbau staffeln.
Aussaat: Jungpflanzenvorkultur in Erdwürfel oder dergleichen, **Tausendkorngewicht:** 3 bis 4 g, 4 bis 6 g für 1.000 Pflanzen notwendig. Direktsaat wenig gebräuchlich (4 bis 5 g/a).
Pflanzung: Sprossenkohl braucht viel Platz. Jungpflanzen vor der Auspflanzung Startdüngung verabreichen und mit anerkannten Präparaten gegen Kohlfliege behandeln.
Pflanzweite:
62,5 × 40 cm (2 Reihen pro Beet), (39.000 Pflanzen/ha) bei einmaliger Pflücke.
62,5 bis 75 × 60 cm (24.000 bis 27.000 Pflanzen/ha) bei mehrmaliger Pflücke.
Pflege: Von Beikräutern freihalten, chemische Unkrautbekämpfung möglich; Köpfen (Stutzen) der Pflanze für eine gleichmäßigere Rosenausbildung manchmal in der Praxis üblich, zweckmäßig nur bei einmaliger Pflücke (Zeitpunkt: wenn die unteren Rosen einen Durchmesser von 1 cm haben).
Düngerbedarf: Hohe Stallmistgaben bewirken zu üppiges Wachstum und lockere Rosen.
250 kg/ha N, 50 kg/ha P_2O_5, 160 kg/ha K_2O, 10 kg/ha MgO
Hybridsorten benötigen mehr Stickstoff als samenechte Sorten. N-Gaben unterteilen. Kalkstickstoff einsetzen (4 bis 6 kg/a drei Wochen nach der Pflanzung).
Ernte: Nach Erreichen der entsprechenden Sprossengröße (etwa Nussgröße), für den Frischmarkt größer, für die Tiefkühlindustrie kleiner (2 bis 3 cm), entweder mehrmaliges Durchpflücken (von unten beginnend) an stehender Pflanze oder Abhacken der ganzen Pflanze und somit Einmalernte (geringerer Ertrag), auch mechanisierbar mit Sprossenkohlpflückmaschinen (z. B. Dokex). Ertrag: 8,5 bis 12,0 t/ha Sprossenertrag.

Sprossenkohl kann heute kochfertig aus dem Tiefkühlfach kommen.

Lieferung: Lose in Plateaus, Plastiknetzsäcken, Folienbeutel gelocht und dgl., 15 mm Mindestdurchmesser (ungeputzt), Größensortierung zweckmäßig, z. B. 20 bis 35 mm, 20 bis 40 mm, 25 bis 40 mm. Einlagerung ganzer Strünke möglich. Lagerfähigkeit wegen rascher Schlappheit und Gelbwerden der Sprossen beschränkt, besser bei Minusgraden in gelochten Folienbeuteln; winterfeste Sorten möglichst lange am Feld belassen und erst bei Bedarf ernten.
Sortenbeispiele: Je nach Erntetermin, Winterfestigkeit beachten
Frühherbsternte: Brilliant, Franklin
Herbsternte: **Nautic**, Maximus, **Doric**
Winterernte: Estate, Clodius, Revenge

e) Der Kohl

a) Brassica oleracea L. var. *sabellica* (var. *laciniata*): Grün- oder Braunkohl, Krauskohl, Federkohl, Kale (engl.)
b) Brassica oleracea L. var. *viridis:* Blattkohl, Staudenkohl, Futterkohl, Collards (engl.)
c) Brassica oleracea L. var. *sabauda:* Wirsing, Welschkohl, Kohl, Savoy (engl.)

Kultur: Nachkultur, da ein ausgesprochenes Wintergemüse (Hauptabsatz Dezember bis Februar), es wird die Produktion von Blattkohl und Kopfkohl (Wirsing) unterschieden.
Aussaat: Im Mai auf Freilandsaatbeet oder direkt ins Feld (weniger üblich), besser Jungpflanzenanzucht; Pflanzung Juni oder Juli; Saatgutbedarf wie bei anderen Kohlgemüsen. **Pflanzweiten:** 50 × 40 bis 65 × 50 cm.
Düngerbedarf:
250 kg/ha N
50 kg/ha P_2O_5
180 kg/ha K_2O

Blätterkohl, eine Spezialität für den Winter

Ernte: Nach entsprechender Blattrosetten- bzw. Kopfbildung. Verkauf nach Gewicht. Lagerfähige Kopfware. Ertrag: 30 bis 45 t/ha.

Sortenbeispiele:

Sommerernte: Alcosa (früh), Convoy, **Famosa**, **Melissa**, Resulta (spitz)
Herbsternte: Alaska (Winter), Barbosa (Winter), **Cantasa**, **Produsa**, Sabrosa, Samantha (spitz), Vertus, Wirosa
Blätterkohl: Lerchenzungen, **Ripbor**, **Roter Grünkohl**, **Westerländer Winter**, Winterbor

f) Der Brokkoli

(Brassica oleracea var. *italica* Plenck [var. *cymosa* Duch]*)*
Spargelkohl, Sprossenbrokkoli, Broccoli (engl.)

Aussaat	Pflanzung	Ernte
M III	E IV	M VI
M V	M VI	M VIII
M VI	M VII	E IX–X

Kultur: Gemüserarität, Ganzjahresanbau möglich, Kultur für Herbsternte am erfolgreichsten, für Frischmarkt und Tiefkühlindustrie.

Nicht nur für Liebhabergartenbau: Brokkoli

Aussaat: Für Frühanbau Jungpflanzenvorkultur im Gewächshaus, Folientunnel und dgl. notwendig. 1 g Saatgut ergibt 200 Jungpflanzen, Stufensaat zweckmäßig.
Pflanzung: auf Pflanzweiten von 50 × 50 bis 60 × 60 cm, dichter Standraum verringert Sprossgewicht bzw. Gesamtertrag.
Pflege: Kopfdüngung, Schädlingsbekämpfung chemisch oder mittels Kulturschutznetz (Raupenfraß, Kohlfliege), von Beikräutern freihalten, notfalls künstlich bewässern (Sommerwochen).
Düngerbedarf: ähnlich Karfiol, eher noch höhere Boden- und Wasseransprüche.
200 kg/ha N
40 kg/ha P_2O_5
110 kg K_2O
Stickstoffgaben unterteilen.
Ernte: nach Erreichen einer größtmöglichen festen geschlossenen Dolde; ein etwa 15 cm langer Stängel mit Laub wird mitgeschnitten, in den Sommermonaten geht die Dolde schnell ins Blühstadium (Gelbwerden) über, 3 bis 4 Wochen nach Schnitt des Hauptsprosses können die Seitensprossen (wesentlich kleiner) geschnitten werden (wenig wirtschaftlich), **mittleres Sprossgewicht:** 8 bis 15 dag bzw. 15 bis 20 t/ha.
Lieferung: in Steigen oder Kartons mit Trockeneis gelegt, nach Sprossdurchmesser sortiert: Verkauf nach Gewicht; Brokkoli welkt schnell und vergilbt leicht. Möglichst sofort direkt absetzen. Folieren bringt Vorteile.
Sortenbeispiele: **Batavia**, **Belstar**, **Fiesta**, Ironman, Montery, Quinta, Steel, Violet Queen (violett).

g) Der Chinakohl

(Brassica pekinensis Rupr., *B. chinensis* L.*)*
Japankohl, Schantung-Kohl, Chinesischer Kohl,
Petsai, Chinese Cabbage (engl.)

Aussaat	Pflanzung	Ernte
A III (Gewächshaus)	M IV	A VI
A VI	(A VII)	E VIII, IX
E VII – A VIII	(E VIII)	E IX, X, XI

Kultur: wertvolle Nachkultur (da Anbau erst im Juli/August), als Langtagpflanze kritischer Anbau im Frühjahr oder Sommer (Schossgefahr), nicht nach Kreuzblütlern stellen (Kohlherniegefahr), besser nach Getreide oder Frühkartoffeln. Kohlhernieresistente Sorten bevorzugen.
Aussaat: in der Regel aus Direktsaat an Ort und Stelle ab Mitte Juli bis 10. August; frühe Aussaaten können durch Tageslängenabhängigkeit und niedrige Temperaturstimmung Schosser bringen (ausgenommen Jungpflanzenanzucht über 22 °C). **Tausendkorngewicht:** 2 bis 3 g, bei Direktsaat auf Endabstand 80.000 Korn/ha Saatgutbedarf (z. B.: ca. 62 × 20 cm). **Pflanzweiten:** 40 bis 60 cm × 30 bis 40 cm (5 bis 6 Pflanzen/m²), weitere Standweiten bringen schwere Köpfe.
Pflege: zeitgerecht vereinzeln auf entsprechenden Abstand in der Reihe, gezielte Schädlingsbekämpfung (Erdflöhe, Blattfleckenkrankheiten usw.), Kulturschutznetz einsetzen, Beikrautregulierung, Kopfdüngung, Zusatzbewässerung zweckmäßig, besonders E VIII und IX.
Düngerbedarf: entwickelt in kurzer Vegetationszeit viel Blattmasse, wegen Kohlherniegefahr pH-Wert möglichst auf 6,5 bis 7,3 anheben
200 kg/ha N

60 kg/ha P_2O_5
180 kg/ha K_2O
20 kg/ha MgO
Kalkstickstoff einsetzen, auf Kalkversorgung achten.

Ernte: nach Abschluss des Kopfwachstums, vor Eintritt größerer Fröste, jedoch nicht sehr frostempfindlich, vorsichtig am Kopfgrund abschneiden, da Chinakohl leicht brüchig; Einzelkopfgewichte von 0,8 bis 2 kg bzw. 50 t bis 80 t/ha.

Lieferung und Lagerung: im Herbst ab Feld gewöhnlich keine großen Mengen absetzbar, in der Regel ein Lagergemüse, Lagerung in frostfreien Räumen (z. B. Kohlscheunen) mit guter Luftzirkulation in Lagersteigen bzw. in Kühlräumen über 3 bis 4 Monate möglich. Verkauf nach Gewicht in Steigen oder Kartons (15 kg).

Sortenbeispiele:
Mehrere Sortengruppen:

a) Samenfeste Granat-Typen: hohe, schlanke Kopfform, langsam wachsend, Anbaubedeutung rückläufig: Granat, Cantoner Witkrop
b) Hybrid-Granat-Typen mit länglicher Kopfform: Green Rocket, Monument
c) Hybrid-Nagaoka-Typen mit hochrunder Kopfform und unterschiedlicher Lagereignung: **Bilko**, Enduro, Janin, Orient Express, Yuki
Für Frühanbau: **Kaboko**, Manoko, Nikko
d) Pak-Choi-Typen. Nutzung der sehr kräftigen Blattrippen, kurze Kulturdauer: White Celery, Mustard
e) Mini Pak Choi: Bonsai, Mei Quing Choi F1, Green Fortune, Hanakan
f) Roter Chinakohl: Scarvita

Eine Spielart des Chinakohls ist der sogenannte „Pak-Choi", von dem nur die Blattrippen für die Zubereitung verwendet werden.

Chinakohl ist ein beliebtes Wintergemüse.

© theapflueger/Shutterstock.com

Die Herbst- oder Wasserrübe ist ein vergessenes „Großmuttergemüse".

© Anne Richard/Shutterstock.com

Mairüben, ein Nischenprodukt für Direktvermarkter

Die Speiserübe

Arten: Je nach Rübengröße, Farbe und Form werden unterschieden:
- *Mairübe (Brassica rapa* L. var. *rapifera* convar. *ungalis)*
- *Herbstrübe (Brassica rapa* L. emend. Metzg. var. *rapa* subvar. *rapifera)*
- *Kleine Speiserübe - Teltower Rübchen (Brassica rapa* L. emend. Metzg. var. *rapa* subvar. *pygusaea)*
- *Kohlrübe (Brassica napus* L. ssp. *rapifera* Metzg.*)*

Kultur (allgemein): Marktbedeutung gering, Frühjahrskultur oder Zweitfrucht (nach Getreide). Kleine Speiserübe und Mairübe für den Frischmarkt, Herbst- und Kohlrüben auch für die Konservenindustrie. Speiserüben sind eigentlich zu Gemüse mutierte Futterpflanzen.
Bodenansprüche: Durch die kurze Kulturzeit nicht sehr anspruchsvoll (3-Monats-Kultur), trockenheitsverträglich, kühlere Anbaulagen bevorzugt. Staunässe wird nicht vertragen. In der Fruchtfolge Kreuzblütler meiden.
Krankheiten und Schädlinge: Echter und Falscher Mehltau, Kohlhernie, verschiedene Virosen, Nassfäule, Adernschwärze, Schwarzbeinigkeit, Kohlschwärze, Kohlerdfloh, Kohldrehherzmücke, Kohlgallenrüssler, Kleine Kohlfliege, Kohleule, Kohlschabe, Kohlwanze, Tauben.

Die Mairübe

Sonstige Bezeichnungen: Weiße Rübe, Navet (frz.), Turnip (engl.)
Für Saatgutgewinnung zweijährig, Fremdbefruchter.

Aussaat: Direktsaat ins Feld mit Einzelkornsägeräten ab Anfang März (je nach Witterung) für die Frühsommerernte, Reihenabstand 25–30 cm, auf 10-cm-Abstände in der Reihe ablegen, Satzanbau, **Saatgutbedarf:** 2,5–4,0 kg/ha. **Tausendkorngewicht:** 2–3 g, 1 g = 350–400 Korn. Sommersaaten schossgefährdet, für Herbsternte Aussaaten ab Ende Juli.
Pflege: Bodenlockerung und Beikrautregulierung, Kulturschutznetz bewährt gegen Vogelfraß und tierische Schädlinge bzw. für Kulturverfrühung.
Düngerbedarf: 100 kg N/ha, 50 kg P_2O_5/ha, 140 kg K_2O/ha, 30 kg MgO/ha.
Ernte: meist 8–10 Wochen nach der Saat mit 6–8 cm Rübendurchmesser durch händisches Ziehen, Vermarktung gebündelt mit Laub oder lose ohne Laub. Stück- oder Gewichtverkauf.
Sortenbeispiele: **Dimilano**, Primera, **Snowball**, White Ball, meist weiße oder weiße Rüben mit violetter Schulter.

Die Herbstrübe

Sonstige Bezeichnungen: Stoppelrübe, Wasserrübe, Sauerrübe, Halmrübe
Für Saatgutgewinnung zweijährig, Fremdbefruchter.

Aussaat: Direktsaat ins Feld mit Einzelkornsägerät als Zweitfrucht Juli bis Mitte August für die Herbsternte. Reihenabstand 50–60 cm, auf 15–20 cm Abstand ablegen, je nach gewünschter großfallender Ware, notfalls vereinzeln. **Saatgutbedarf:** 1,5–2,5 kg/ha , **Saattiefe:** 2–2,5 cm, **Tausendkorngewicht:** 2–3 g
Pflege: Bodenlockerung und Beikrautregulierung, v. a. Schädlingsbefall beobachten.
Düngerbedarf: 150 kg N/ha, 50 kg P_2O_5/ha, 180 kg K_2O/ha.

Ernte: Ab Mitte Oktober bis in den Spätherbst bei entsprechender Rübengröße, leicht frostverträglich, in Kleinanbau händisches Ziehen der Pflanzen und Abschneiden der Blätter. Mechanisierte Ernte ohne Laub mit Rodegeräten. Gut lagerfähig in Kühlräumen oder Lagerkeller. **Rübenertrag:** 30–50 t/ha. Vermarktung über Frischmarkt oder Einsäuerungsbetrieben. Lagerfähiges Wintergemüse.
Sortenbeispiele: **Weiß- oder gelbfleischige Sorten** mit länglicher oder runder Form. Stanis, Aranis, Goldball (gelborange), Market Express, Weseler, Oasis, Petrowski (gelb). Eine kleine Speiserüben-Spezialität sind die **Teltower Rübchen** (nach der Stadt Teltow, südlich von Berlin). Die Saattermine sind gleich, die Reihenabstände sind enger zu wählen: 20–25 cm, 8–12 cm Abstand in der Reihe. Ernte bereits bei 5 cm Rübendurchmesser, plattrunde, bauchig verdickte Rübchen. Maximal 6–8 Wochen Kulturdauer.
Sortenbeispiele: **Blanc Globe a Colletviolett**, Falko, **Golden Ball**, **Primera**, **Royal Crown**, Teltower Rübchen, Teltower Kleine

Die Kohlrübe

Sonstige Bezeichnungen: Steckrübe, Bodenkohlrabi, Erdkohlrabi, Speisekohlrübe, Rutabaga, Swedish turnip (engl.), Schmalzrüben, Wrucken, Erddorschen, Dorschen.
Für die Samengewinnung zweijährig, überwiegend Fremdbefruchter (Selbstbestäubung möglich).

Aussaat oder Pflanzung: Klassische Nachfrucht nach Wintergerste, Winterweizen, seltener nach Frühkartoffeln. Wirtspflanze von Rübennematoden und Kohlhernie. Typisches Wintergemüse. Direktsaat ab Mitte Juni bis Anfang Juli prinzipiell möglich (auf 50 cm × 30 cm ablegen, 40 g/ha Saatgutbedarf). Problematisch sind jedoch die Beikrautregulierung, längere Flächenbelegung, verstärkter Aufwand gegen Erdflöhe und Kohlfliege u. a.

Aus Kohlrüben lassen sich vorzügliche Suppen kreieren.

Zweckmäßiger daher Jungpflanzenanzucht in Erdpresswürfel (4-5 Wochen Anzuchtdauer) und Pflanzung auf 50 × 40 cm in der 2. Julihälfte.
Pflege: Nach Direktsaat rechtzeitig verziehen, Bodenlockerung und Beikrautregulierung, Herbizideinsatz bedingt möglich (Blattnekrosen), Pilzkrankheiten und tierische Schädlinge zeitgerecht bekämpfen.
Düngung: Kalk- und säureliebende Pflanzen, 150-200 kg N/ha, 50-70 kg/ha P_2O_5, 180-220 kg/ha K_2O, 70 kg/ha CaO. Nitratwerte in der Rübe bleiben meist unter 100 mg/kg.
Ernte: Ende Oktober bis Mitte November bei 10-15 cm Rübendurchmesser, leicht frostverträglich, Handernte im Kleinanbau (Ziehen, Abschneiden der Blätter, in Boxen ablegen). Maschinelle Ernte nach Krauthäckseln mit Kartoffelvollernter, Rübenroder, Klemmbandroder u. a. Geräte. Lagerung in Mieten oder Kühlräumen (0-1 °C, 90-95 % Feuchte, bis 6 Monate). **Rübenertrag:** 25-35 t/ha.
Sortenbeispiele: Marian, **Helenor**, **Wilhelmsburger** (grünköpfig, gelbfleischig)

Asiasalate

Asiasalate, auch Oriental Greens oder Japanese Greens genannt, sind Gemüsearten aus dem ostasiatischen Raum, meist zur Familie der Kreuzblütler gehörend. Form- und farbreiche Blätter oder Blattstiele mit mildem bis scharfem Geschmack werden zu verzehrfertigem Salat aufbereitet und bereichern die fernöstliche Küche.
Der Anbau kann in Direktsaat, Pflanz- oder Topfkultur im Freiland oder geschützten Anbau praktiziert werden. Die Kulturen eignen sich für Einmal- oder Mehrfachernte und zur Aufbereitung als Schnittware lose, Bund- und Stückware (Rosetten) je nach Markterfordernis. Verpackungen können Kunststoffschalen, Foodtainer mit Schrumpffolien, Folienbeutel oder Kunststoffsteigen sein. Die Tabelle soll auswahlweise eine Orientierung geben (nach Hirschfeld und Mahler/LWG Veitshöchheim).

Mizuna bringt pfeffrige Schärfe in die fernöstliche Küche.

Pflanzengruppe	Sorten	Botanischer Name	Verwendbar
Mizuna	Mizuna Early, Mibuna Early, Green Spray F1	*Brassica rapa* var. *nipposinica*	Lose Blätter
Komatsuna Senfspinat	Green Boy, All Top F1, Savanna	*Brassica rapa* var. *perviridis*	Lose Blätter, Rosette
Amchoi Blattsenf	Red Giant, Miike Giant, Green-in-Snow, Mustard Serifon, Swollen Stem Mustard, Horned Mustard	*Brassica juncea*	Lose Blätter, Rosette
Mini-Pak Choi	Misome F1, Tatsoi, Ryokusai Nr. 2 Mei Qing Choi F1, Canton Pak Choi Canton Pak Choi Dwarf Type	*Brassica rapa* var. *rosularis* *Brassica rapa* var. *chinensis*	Lose Blätter, Rosette
Kairan Chin. Brokkoli	Kailaan, Green Lance F1	*Brassica rapa* var. *alboglabra*	Blütenspross mit Blatt
Choi Sum Chinesischer Blütenkohl	Autumn Poem F1, Tsoi-Sim Bouquet F1	*Brassica rapa parachinensis* *Brassica rapa* var. *oleifera*	Blütenspross mit Blatt
Blattrettich	Mushiro F1, Long-Skirt F1	*Raphanus sativus*	Lose Blätter, Rosette

Auswahl einiger Asia-Gemüse/Gewürze

Deutscher oder fernöstlicher Name	Botanischer Name	Kulturdauer	Verwendung
Salat-Chrysantheme/Shungiko	*Chrysanthemum coronarium*	1-jährig	Junge Blätter und Blüten
Chin. Schnittknoblauch	*Allium ramosum/odorum* *Allium tuberosum*	Mehrjährig Mehrjährig	Blätter, keine Zwiebelbildung
Lauchzwiebel, Winterhecke	*Allium fistulosum*	Mehrjährig	Schlotten, keine Zwiebelbildung
Chin. Gemüse-Malve	*Malva verticillata* var. *crispa*	1-jährig	Blätter
Japan. Petersilie/Mitsuba	*Cryptotaenia japonica*	Mehrjährig	Blätter
Chin. Gemüsemelde	*Atriplex hortensis laciniata*	1-jährig	Blätter und junge Triebe
Koriander/Chin. Petersilie	*Coriandrum sativum*	1-jährig	Blätter
Japan. Salatnessel/Shiso	*Perilla frutescens*	1-jährig	Grüne oder dunkelrote Blätter und Blatttriebe
Spargelsalat/Stemuretasu	*Lactuca sativa* var. *augustana*	1-jährig	Strunk
Schwammgurke	*Luffa cylindrica*	1-jährig	Junge Früchte
Wachskürbis	*Benincasa hispida*	1-jährig	Junge Früchte
Bittergurke/Reishi	*Momordica charantia*	1-jährig	Junge Früchte
Flaschenkürbis/Hyotan	*Lagenaria siceraria*	1-jährig	Junge Früchte
Klette/Gabo	*Arctium lappa*	Mehrjährig	Wurzeln
Taro/Satoimo	*Colocasia esculenta*	Mehrjährig	Knollen
Chin. Yam/Yamaimo	*Dioscorea batatas*	Mehrjährig	Knollen
Spargelbohne/Sasage	*Vigna sesquipedalis*	1-jährig	Hülsen
Zitronengras	*Cymbogon citratus*	1-jährig	Blätter
Japanischer Kren/Wasabi	*Wasabia japonica*	Mehrjährig	Rhizom

Der Rettich

(Raphanus sativus L. var. *niger* [Mill] J. Kern*)*
Rettig, Radi, Radish (engl.)
zweijährig, Fremdbefruchter

Sortentyp	Aussaat	Ernte
Mairettich	III–IV	V–VII
Sommer- u. Herbstrettich	VI–VI	VII–IX
Herbst- u. Winterrettich	VII–VIII	X–XI

Kultur: durch die kurze Kulturzeit gute Vor-, Zwischen- oder Nachfrucht, meist satzweiser Anbau, Marktbedeutung lokal sehr unterschiedlich („Bierradi"), Winterrettich auch als Lagergemüse.
Bodenansprüche: humose, nährstoffreiche Böden mit guter Wasserversorgung, schwere Böden erschweren die Ernte und beeinträchtigen die Rübenform sowie den Geschmack, Trockenheit und Hitze fördern Pelzigkeit sowie Schärfe; tiefe Bodenlockerung vor Aussaat zweckmäßig.
Krankheiten und Schädlinge: Rettichfliege, Erdfloh, Rettichschwärze, Falscher Mehltau, Mosaik-Virus.
Aussaat: Direktsaat mit Einzelkornsägerät, ab Mitte März bis Mitte August, mit Reihenweite 20 bis 30 cm und notfalls vereinzeln in der Reihe auf 15 bis 20 cm (Särettich), kalibriertes Saatgut verwenden, Saatgutbedarf je nach Korngröße bis 10 kg/ha, Samen sind eiförmig von hellbrauner Färbung, **Tausendkorngewicht:** 8 bis 10 g, manchmal wird auch das Kulturverfahren des Verpflanzens (Stupfen) der Sämlinge angewandt, d. h. zunächst Dichtsaat im Saatkisterl (3 bis 4 g) und Verpflanzen der 8 bis 10 cm langen Sämlinge (Pflanzrettich). Kulturschutznetz gegen Rettichfliege anwenden.
Pflege: Beikrautregulierung, chemische Bekämpfung bedingt möglich, Kopfdüngung, notfalls Zusatzberegnung, Vlies nach der Saat einsetzen.
Düngerbedarf: Hauptbedarf bei beginnender Rübenbildung.
120 kg/ha N
40 kg/ha P_2O_5
200 kg/ha K_2O

Bierrettich benötigt zur guten Rübenausbildung leichtere Böden.

Physiologisch saure Dünger mindern Rettichschwärze, keine frische Stallmistdüngung.
Ernte: bei vollentwickelter Rübe je nach Sorte nach 50 bis 70 Tagen, mehrmaliges Durchernten, Sommerrettich: Verkauf oder ohne Laub nach Stück (gewaschen), Sorten mit kleinen Rüben als Bündelrettich, Winterrettich wird ohne Laub nach Gewicht (**Ertrag:** 20 t bis 30 t/ha) gehandelt (langfristige Lagerung im Keller, in Mieten und dgl. möglich).
Sortenbeispiele:
Sommerrettich: April Cross, Minowase Summer, Cross Nr. 3, **Ostergruß rosa 2**, Rex
Winterrettich: **Runder schwarzer Winter (rund), Wiener runder Kohlschwarzer (rund)**

Das Radieschen

© Natalia Ploskaya/Shutterstock.com

Radieschen sind ein beliebtes Snack-Gemüse.

(Raphanus sativus L. var. *sativus [*var. *radicula])*
Monatsrettich, Radies, Radish (engl.)
einjährig, Fremdbefruchter

Bodenansprüche: gleich dem Rettich.
Krankheiten und Schädlinge: Erdfloh, Rettichfliege, Falscher Mehltau.
Kultur: gleich dem Rettich, durch die sehr kurze Vegetationszeit eine ideale Vor-, Zwischen- oder Nachfrucht, Hauptanbau im Frühjahr (Frühlingsgemüse) und Sommer satzweise, sehr arbeitsintensiv bei der Ernte (bündeln und waschen).
Aussaat: im Freiland ab Februar bis März, Direktsaat mit Einzelkornsägerät, Folien-/Vlieseinsatz, kalibriertes Saatgut verwenden, Samen sind annähernd eiförmig und von hellbrauner Färbung, **Tausendkorngewicht:** 6,5 bis 10 g, Standraum: 10 bis 15 cm Reihenweite, 4 bis 8 cm Abstand in der Reihe, Standraum beeinflusst die Knollengröße, 200 bis 300 Radieschen/m², **Saatgutbedarf:** 20 bis 25 kg/ha, gelegentlich wird auch gestupft (Handablage auf 6 × 6 oder 7 × 8 cm nach Stupfbrettmarkierung), auch Samenbänder und Samenplatten werden verwendet.
Pflege: Beikrautregulierung, besser vor Auflauf abflammen, Rettichfliege mit Kulturschutznetz abhalten, gleichmäßig feucht halten.
Düngerbedarf: wegen der kurzen Kulturzeit gering, Mineraldüngung meist nicht notwendig, bei Intensivkultur:
80 kg/ha N
20 kg/ha P_2O_5
100 kg/ha K_2O
chlorempfindlich
Ernte: nach Erreichen der gewünschten marktgängigen Knollengröße (lokal und jahreszeitlich verschieden), jedoch noch vor dem Pelzigwerden der Knollen, mehrmaliges Durchernten, jedoch wird Einmalernte angestrebt; **Mindestknollendurchmesser:** 1,5 cm, Verkauf gewaschen mit Laub als Bündelware (4 bis 8 St./Bündel) oder ohne Laub, verkaufsfähiger Ertrag je nach Standraum 150 bis 250 St./m², zum alsbaldigen Verkauf bestimmt, da nur beschränkt lagerfähig.
Sortenbeispiele: Anbauzeitraum, Farbe und Neigung zum Pelzigwerden berücksichtigen. **Celesta**, Donar, Rapid Red 2, **Raxe**, Riesen von Aspern, **Rudi**, **Sora**
Sonderformen: **Eiszapfen**, **Frensh Breakfast 2 (Typ Flamboyant)**, **Patricia (Typ Flamboyant)**

Der Kren

(Armoracia rusticana Gottfried Gärtn.*) [A. lapathifolia, A. sativa]*
Meerrettich, Meerrettig, Grä, Grien, Horse radish (engl.)
ausdauernd, in Kultur einjährig bis einjährig überwinternd

Bodenansprüche: tiefgründige, humose, feuchtigkeitshaltende, lehmige Sandböden, leichte Böden mindern Ertrag und Aroma, schwere lehmige Böden erschweren Kulturtechnik (Pflege und Ernte), gedeiht in luftfeuchten Niederungen optimal, verträgt auch Halbschatten, winterfest.

Nur gesunde Fechser mit entsprechender Länge sichern eine marktgerechte Stangenqualität beim Krenanbau.

Vorfrucht: stark gedüngte Gemüsearten oder Feldfrüchte (z. B. mit Stallmist gedüngte Hackfrüchte), gut nach Wiesenumbrüchen, nach sich selbst nicht stellen, in der Praxis wird gelegentlich zweimaliger Anbau auf derselben Fläche und anschließend 4-jähriges Absetzen gehandhabt.
Krankheiten und Schädlinge: Erdfloh, Rübsenblattwespe, Weißer Rost, Krenschwärze, Viruskrankheiten.
Kultur: Spezialkultur der kleinbäuerlichen Betriebe, auf wenige Anbaugebiete beschränkt, arbeitsintensive Kulturpflege, Vertragsanbau für die Verarbeitungsindustrie, Frischmarkt ganzjährig aufnahmefähig, in der Regel einjährige Kultur.
Aussaat bzw. Pflanzung: Zum Anbau (Vermehrung) gelangen nur Seitenwurzeln vom unteren Ende der Stange, sogenannte Fechser (Wurzelschnittlinge), die mindestens 1 cm stark und 30 bis 40 cm lang sein sollten, die Fechserlänge bestimmt die künftige Stangenlänge. Auslegen der Fechser ab Anfang April bis Anfang Mai. **Reihenabstand:** 70 bis 100 cm, 15 bis 20 cm Abstand zwischen den Fechsern in der Reihe ergibt folgenden **Fechserbedarf:** 25.000–32.000 St./ha, ca. 1.000 kg/ha. Ablage der Fechser in 5 cm (Kopfende) bis 15 cm (Wurzelende) Tiefe, auch maschinelle Pflanzung möglich (Rau-Kombigerät, Accord). Ein Aufschieben von Plastikhülsen mindert den Seitenwurzel-Austrieb.
Pflege: Beikrautbekämpfung (chemisch möglich) und das sehr handarbeitsaufwendige „Heben" der Stangen im Juni/Juli (Freimachen, Anheben und Abreiben, d. h. Abschneiden bzw. Ausgeizen der Seitentriebe an der Krone und den Wurzeln auf der Hauptstange), dann Ablage der Stange schräg auf den Boden und sorgfältiges Abdecken mit Erde. Das Heben sollte bei trüber, feuchter Witterung vorgenommen werden. Diese Maßnahme sichert glatte und gleichmäßige Stangen bzw. leichtere Ernte; notfalls zweimal heben; Kopfdüngung, Zusatzberegnung zweckmäßig.
Ernte: nach dem Absterben des Laubes im Herbst (Oktober, November) oder Frühjahr (März, April) mittels Krenpflug oder Schwingsiebroder, möglichst tief zur Schonung der Seitenwurzeln (künftige Fechser), Blätter abdrehen, Aufarbeitung der Stangen am Hof, Gewinnung der Fechser (Markieren des Kopfes durch gerades Abschneiden bzw. schräges Abschneiden am unteren Ende); pro Pflanze werden 2 bis 3 Fechser gewonnen, gebündelte Fechser werden im Keller feucht eingeschlagen; gebietsweise ist eine Frühjahrsernte üblich (Ertragszuwachs, Marktregulierung). einköpfig, geputzt, Verarbeitungsindustrie nimmt auch schwächere Stangen.
Düngerbedarf:
200 kg/ha N
60 kg/ha P_2O_5
180 kg/ha K_2O
Stangenertrag: 8–12 t/ha und 800–900 Setzlinge (Fechser). Lagerung in Kühlräumen langfristig möglich.
Verkauf nach Gewicht, Stangenklassifizierung:
Klasse A: Mindestdurchmesser von 3 cm in der Mitte gemessen, Länge ab 20 cm
Klasse B: Durchmesser von 2–3 cm in der Mitte gemessen, Länge ab 20 cm
Klasse C: Seitenwurzel der Krenstangen (unter 2 cm)
Sortenbeispiele: keine Sorten, nur verschiedene Herkünfte bzw. Selektionen im Anbau bzw. Handel, z. B. Badischer, Baiersdorfer, Bayrischer, Bulgarischer, Dänischer, Erlanger, Hamburger, Novi Sad, Nürnberger, Polnischer, Spreewälder, Steirischer

Gemüse aus der Familie der Kürbisgewächse

(Cucurbitaceae), *einjährig, Fremdbestäuber*

Bodenansprüche: warme, durchlässige, humusreiche Böden mit lockerer Struktur und gutem Wasserhaltevermögen, möglichst Südlagen, kalte bzw. nasse Böden sind wenig geeignet, für Mulchen dankbar.
Vorfrucht: Gute Vorfrüchte sind Rüben, Tabak, Erbsen, Bohnen, Getreide. Paprika, Kartoffeln, Klee bzw. Grünland weniger geeignet. Nach sich selbst nicht stellen, erst nach 3 bis 4 Jahren.
Krankheiten und Schädlinge: Wurzelfliegen (Bohnenfliege, Kammschienenmücke), Gurkenspringschwanz, Maiswurzelbohrer, bakterielle Blattfleckenkrankheit, pilzliche Blattfleckenkrankheit, Gurkenkrätze, Echter und Falscher Gurkenmehltau, Gemeine Spinnmilbe, Viruskrankheit.
Gesundheitlicher Wert: Die Familie der Kürbisgewächse liefert vor allem wasserreiche Früchte, wie überhaupt Gemüsebauern die besten „Verpackungskünstler“ für Wasser sind. Kürbis und Zucchini enthalten bis zu 90 %, Gurken bis zu 97 % Wasser. Wasser macht frisch, vertreibt die Müdigkeit. Auffallend für die Produktgruppe ist der niedrige Kaloriengehalt. In Speisekürbissen sind besonders die Carotinoide zu finden. Carotinoide stecken als Farbstoffe in gelbem, gelbrotem und rotem Fruchtfleisch. Am bekanntesten ist das Betacarotin, aus dem der Körper mithilfe von Fetten teilweise das Vitamin A bildet. Carotinoide wirken als Antioxidanzien, stimulieren das Immunsystem, schützen die Haut vor gefährlichen UV-Strahlen und hemmen die Entartung der Zellen.

Die Salatgurke

(Cucumis sativus L.*)*
Schlangengurke, Feldgurke, Nostrano-Gurke, Landgurke, Schälgurke, Cucumber-Slicer (engl.)

Standweiten	Ohne Folie	Mulchfolie	Folientunnel
Reihenabstand	120 bis 150 cm	150 bis 200 cm	120 cm
Abstand in der Reihe	10 bis 15 cm	25 bis 40 cm	60 cm
	(1 Korn)	(2 Korn)	1 Pflanze

Kultur: durch die Frostempfindlichkeit in der Regel als Hauptkultur (Mai bis September), seltener als Nachkultur (Juni bis Oktober), meist als Mulchkultur mit Vlieseinsatz.
Aussaat: Jungpflanzenvorkultur, sichert Jugendentwicklung und verfrüht Erntebeginn, Direktsaat nach Gefahr der Spätfröste ab 10 °C Bodentemperatur; der Samen ist gelblich/weiß, flach, länglich bis eiförmig, **Tausendkorngewicht:** 30 g, das Saatgut bleibt 6 bis 8 Jahre keimfähig, **Saatgutbedarf:** 1,5 bis 2 kg/ha, in der Regel wird bei der Salatgurke die schwarze Mulchfolie verwendet (1,0 m Breite, 0,04 mm Stärke, Ernteverfrühung und Ertragserhöhung, 4.000 bis 6.000 lfm/ha Mulchfolienbedarf), die gesamte Düngung ist bereits einige Zeit vor dem Mulchfolienverlegen auszubrin-

Die Salatgurke eignet sich gut für die Spalierhochkultur im Freiland oder Folientunnel (maximal 1,5 Pfl./m²).

Der Falsche Mehltau ist eine gefürchtete Gurkenkrankheit.

gen, Kopfdüngung später nur in flüssiger Form (Beregnungs- oder Blattdüngung) möglich, eventuell Windschutz durch Maiszwischenpflanzung geben. **Folientunnel einsetzen:** Spalierhochkultur mit Schnur- oder Drahtgitter bewährt sich.

Pflege: Grüneinsaat oder mechanische Beikrautregulierung der Gassen zwischen den Mulchfolienreihen. Triebe nicht verlegen, eventuell Folienschutz (Minitunnel), ausreichende Wasserversorgung, dafür Tropfschlauch unter der Folie zweckmäßig.

Düngerbedarf: möglichst Stallmist geben.

Freiland:
180 kg/ha N
40 kg/ha P_2O_5
140 kg/ha K_2O
Geschützer Anbau (Kurzkultur):
255 kg/ha N
80 kg/ha P_2O_5
280 kg/ha K_2O

Ernte: 8 bis 9 Wochen nach der Aussaat, somit ab Anfang Juli bis September, bei Pflanzung ab Mitte bis Ende Juni, Abpflücken der Früchte bei entsprechender Sortengröße (ab 18/20 cm) 1- bis 2-mal pro Woche.

Lieferung: Nach Handelsklassen sortiert in Kisten oder Kartonplateaus, Einzelfruchtgewicht: 30 bis 40 dag (bei Schälgurken für die Konservenindustrie 500 bis 1.000 g) bzw. 40 bis 80 t/ha bzw. 13 bis 20 kg/m² im Folientunnel marktfähiger Fruchtertrag. Früchte einige Tage lagerfähig und transportfest. Verkauf nach Gewicht, nach Stück.

Sortenbeispiele: Bei Sortenwahl Marktverhältnisse (gewünschte Fruchttypen), Frühzeitigkeit und Krankheitsresistenzen beachten.
Meist Hybridsorten.
Minigurken: **Khassib**, **Magnum**, **Picolino**, **Pesika**
Kurze Fruchtgruppe: **Akito**, Corinto, Gazver, Lothar, **Marketmore 76**
Längere Fruchtgruppe: Bestseller, **Gergana**, Heike, **Tanja**
Senf- oder Schälgurken: Fatum, Goliath

Die Einlegegurke

(Cucumis sativus L.*)*
Salzgurken, Einleger, Essiggurken, Pikkolo-Gurken, Industrie-Gurken, Murken, Cornichons, Traubengurken, Cucumber-pickling (engl.)

Standweiten	ohne Folie	mit Mulchfolie	Spalierkultur	Hochtunnel
Reihenabstand	1,5 m	2 m	1,2 m	1,3 m
Abstand in der Reihe (Horst mit 2 Pflanzen)	30 cm	30 cm	30 cm	50 cm (1 Pflanze)
Pflanzen/m^2	4,4	3,3	5,5	1,5

Kultur: Meist Vertragskultur im kleinbäuerlichen Feldgemüsebau, da sehr arbeitsaufwendige Pflücke, Hauptkultur Mai bis September, Spätkulturen wenig erfolgreich, Mulchfolienkultur, Konservengemüse.
Aussaat: Direktsaat oder besser Pflanzung nach Gefahr der Spätfröste ab 10. Mai. Bodentemperatur mindestens 10 °C. Nach der Saat oder Pflanzung Vlies einsetzen.
Saatgutbedarf: 1 bis 1,5 kg/ha, Saatgut gegen Wurzelfliegen beizen. **Tausendkorngewicht:** 20 bis 25 g.
Pflege: Beikrautregulierung der Gassen zwischen den Mulchfolienreihen, chem. Beikrautbekämpfung möglich, Bodenkruste vermeiden, Pflanzenschutzmaßnahmen, auf guten Bienenflug achten (Bestäubung), Stroh- oder Grasmulch vorteilhaft.
Düngerbedarf: Auf ständige Stickstoffversorgung achten.
Blatt- und Flüssigdüngung.
180 kg/ha N
50 kg/ha P_2O_5
210 kg/ha K_2O
Ernte: Sechs bis acht Wochen nach der Aussaat (nach Erreichen von Temperatursummen von 850 bis 950 °C) 3- bis 4-mal wöchentlich Früchte ab 5 cm Größe pflücken, **mögliche Pflückleistung:** 30 bis 50 kg/AKh je nach Fruchtgröße.

Einlegegurken sind eine arbeitsintensive Spezialkultur.

Größensortierung

Klasse I	
Länge	Höchstdurchmesser
3–6 cm	Bis 20 mm
6–9 cm	Bis 30 mm
9–12 cm	Bis 40 mm
12–15 cm	Bis 45 mm
15–18 cm	Bis 50 mm
Klasse II	
Entweder Querdurchmesser bis 39 mm oder 39 bis 50 mm oder ohne Größensortierung bis 50 mm.	Aus technischen Gründen wird der Querdurchmesser auf jeweils 40 mm festgelegt.

Lieferung der unsortierten Ware lose in Steigen oder Container zur Sammelstelle, dort maschinelle Sortierung nach Fruchtdicke. Teilmechanisierte Ernte (Gurkenflieger) möglich.
Es sollen keine übergroßen Gurken hängen bleiben, da diese den Gesamtertrag drücken; Früchte nur an möglichen Ablieferungstagen pflücken, da nur beschränkt haltbar bzw. lagerfähig.
Fruchtertrag: 20 t bis 50 t/ha je nach Erntedauer. 8 bis 12 kg/m^2 im Folientunnel auf Spalier.
Sortenbeispiele: 2 Fruchttypen: fast glatte (Levo-)Typen und warzige (amerikanische) Typen. Sorte wird oft von der Konservenindustrie bestimmt. Züchtung sehr in Bewegung in Bezug auf Resistenzen (Mehltau, Krätze, Bitterfreiheit u. a.) und Parthenokarpie (Fruchtansatz ohne Bestäubung). Aztec, Agnes, Harmonie, Zircon, Karaoke (warzig).

Der Kürbis

(Cucurbita pepo L.*) einjährig, Fremdbefruchter*
Gartenkürbis, Pumpkin (engl.)

Kultur: Kürbis wird als Hauptkultur angebaut, es gibt drei Produktionsrichtungen, die sich unwesentlich in der Kulturführung unterscheiden:
a) Speisekürbis für Frischmarkt bzw. Lagerverkauf und Konservenindustrie als Gemüse (C. maxima Duch.*, C. moschata* Duch.*, C. pepo* L. *, C. agyrosperma* hort. ex L.H. Bail u. a.*),*
b) Zucchini für Frischmarkt (C. pepo var. *giromontiina* Alef.*),*
c) Ölkürbis für Speiseölgewinnung und Knabberkerne (C. pepo L. subsp. *pepo* var. *styriaca* Greb.*).*
Bodenansprüche: warme, humose, mittelschwere Böden mit guter Wasserversorgung, nasse oder schwere Ton- und Lehmböden sind weniger geeignet. Mulchfolienkultur empfehlenswert.
Düngung: reichlich organische bzw. Stallmistdüngung.
80 bis 185 kg/ha/N
50 kg/ha P_2O_5
180 bis 220 kg/ha K_2O

a) Speisekürbis

Squash (engl.)

Aussaat: meist Direktsaat ins Freiland (eventuell auf Mulchfolie) nach Gefahr der „Eismänner“, Pflanzenvorkultur zweckmäßiger (Aussaat Mitte April, Verpflanzung Mitte Mai). Nach der Saat oder Pflanzung Vlies einsetzen. Samen ist eirund, gelblich weiß, hartschalig, **Tausendkorngewicht:** 80–340 g, 5–8 Jahre keimfähig, sehr frostempfindlich.
Pflanzung: je nach Wuchsform der Sorte – Buschtyp oder langtriebig – 160 bis 220 cm Reihenabstand, 30 bis 60 cm Abstand in der Reihe maximal 1 bis 1,5 Pflanzen/m^2.
Pflege: Beikrautregulierung zwischen den Mulchfolien, Zusatzbewässerung, Kürbis verträgt Trockenperioden, verdunstet aber durch die große Blattmasse viel Wasser, Pflanzenrückschnitt bringt keine Vorteile.
Ernte: ab Juli, August, September bzw. nach Erreichen der sortentypischen Fruchtgröße, Früchte, die zur Lagerung bestimmt, ausreifen lassen (mit dem Stiel ernten), Stiel auf der Frucht belassen, jedoch vor dem Frosteintritt ernten. Fruchtgewicht von 0,5 kg aufwärts. Verkauf nach Gewicht und Stück.

Hokkaido ist ein lange haltbarer Winter-Speisekürbis.

Auf den richtigen Erntezeitpunkt beim Zucchini-Speisekürbis ist besonders zu achten.

Der Ölkürbis ist die Grundlage für die steirische Spezialität Kürbiskernöl.

Lagerung: in trockenen Räumen, bei mindestens 12 °C, bis in die Wintermonate möglich.
Sorten: vielfältiges Angebot nach unterschiedlichen Fruchttypen.
Sommersorten (Summersquash) und Winter-(Lager-)Sorten (Wintersquash). Meist ***C. pepo, C. maxima, C. moschata***.

1) Butternut:	Avalon, **Butternut Waltham**, **Early Butternut**, Matilda, **Tiana**
2) Dumpling:	Chamäleon, Dumpling, Festival, **Sweet Dumpling**
3) Gartenkürbis:	Atlantic Giant, Galeuse d'Eysine, Gele Centenaar/Zentner, **Rouge vif d'Etampes**
4) Halloween:	Aspen, Baby Bear, Howden, **Jack O' Lantern**, Lumina, Racer, Rocket, Tom Fox
5) Hokkaido:	**Fictor**, Jubily, **Orange Summer**, **Red Kuri**, **Solor**, **Uchiki Kuri**, **Hokkaido Orange**
6) Moschus:	**Langer von Neapel**, Long Island Cheese, **Longue di Nice**, **Muskade de Provence**, Violina
7) Patisson:	**Custard White**, Sunburst (gelb), Strie Mix (bunt)
8) Spaghetti:	Stripetti, Vegetable Spaghetti
9) Sonstige:	Green Hokkaido, Lakota, Mesa Queen, Table Ace, Futsu Black, Zapallito, Blue Kuri, Delica, Kamo-Kamo, Mandarin

b) Zucchini, Zucchetti

Courgettes, Gurkenkürbis, Kürbchen

Aussaat: für frühe Ernte Vorkultur in Töpfen usw. notwendig, sonst Direktsaat ins Freiland auf Mulchfolie oder Vlies ab Anfang Mai, je 1 bis 2 Pflanzen pro Pflanzstelle, 200 bis 300 g für 1.000 Pflanzen, sehr frostempfindlich, 2. Anbau Mitte Juni für kontinuierliche Ernte.
Pflanzung: da es sich um einen Buschkürbis handelt (kurztriebig), enger Standraum möglich, 1,2 bis 1,5 m Reihenabstand bzw. 0,8 bis 1,2 m Abstand in der Reihe, in der Entwicklung (Mai bis Juni) Vliesbedeckung zweckmäßig.
Pflege: Beikrautregulierung zwischen den Reihen, eventuell Ausgeizen der Nebentriebe, Bienen- und Hummelflug fördern, Zusatzbewässerung mit Tropfschläuchen.
Ernte: ab Juni, ständig bis September, sobald die Früchte eine Größe von 10 bis 15 cm erreicht haben, 3- bis 4-mal pro Woche, Früchte abschneiden, Stielansatz auf Frucht belassen, Pflanze remontiert bei kontinuierlicher Ernte gut. Früchte sind sehr druckempfindlich (Fingernägel!). **Fruchtgewicht:** von 10 bis 15 dag, 20 bis 30 St./m^2 bzw. 30 bis 40 t/ha Fruchtertrag, meist nur junge Früchte verkäuflich, große, ausgewachsene Früchte (bis 50 cm lang, 2 kg Gewicht) werden als normale Speisekürbisse verwendet, Verkauf nach Gewicht.
Lieferung: nach Größe (7 bis 14 cm, 15 bis 21 cm, 22 bis 30 cm) oder Gewicht (50 bis 100 g, 101 bis 225 g, 226 bis 450 g) sortiert, in Plateaus in 3-kg- bis 6-kg-Einheiten, kurzfristige Lagerung möglich.
Sortenbeispiele: dunkelgrüne Typen werden bevorzugt: **Dunja**, Floridor (gelb, rund), Gold Rush (gelb), **Leila**, **Partenon**, **Rheingold** (gelb), **Zappho** (rund).

c) Ölkürbis

Aussaat: ab Mitte Mai nach Gefahr der Spätfröste, bei mindestens 12 °C Bodentemperatur, im feldmäßigen Anbau keine Jungpflanzenanzucht üblich, der Samen ist eirund, grünlich, weich beschalt, **Tausendkorngewicht:** 130–180 g, 4 bis 6 kg/ha Saatgutbedarf, Reihensaat mit Einzelkornsägerät.

Standraum: 1,8 bis 2,4 m Reihenabstand, 35 bis 25 cm Abstand in der Reihe, es sollen maximal 1,5 Pflanzen/m^2 stehen, da der weichschalige Ölkürbis sehr langtriebig ist. Bei Buschtypen: 1,4 × 0,4 m (= 1,8 Pflanzen/m^2) oder 0,7 × 0,9 m (= 1,6 Pflanzen/m^2)
Pflege: Unkrauthacke, solange Bestand noch nicht geschlossen, chem. Unkrautbekämpfung möglich, **Alternative:** Grüneinsaat mit 3 kg/ha Weißklee und 9 kg/ha Englisches Raygras, Kopfdüngung nur bei trockenen Pflanzen, Kürbistriebe nicht verlegen (Adventivwurzelbildung).
Düngung:
80 kg/ha N
50 kg P_2O_5
180 kg/ha K_2O
Ernte: sobald die Triebe zusammengebrochen sind bzw. die Kerne sich vom Fruchtfleisch leicht lösen, Nachreife bei trockener Lagerung möglich, händisches oder maschinelles Entkernen der Früchte (Kürbisvollernter); Trocknung der Kerne bei 40 bis 50 °C.
Ertrag: 1 bis 2 Früchte pro Pflanze, 6 bis 8 dag Korngewicht je Frucht, 600 bis 800 kg Kornertrag je ha, Fruchtertrag: 30 bis 60 t/ha.
Sortenbeispiele: Atomic; Beppo, Classic, **Gleisdorfer Ölkürbis**, Maximal, Opal, **Retzer Gold**, Rudolf, Rustikal

Die Zuckermelone und die Wassermelone

(*Cucumis melo* L. und *Citrullus lanatus* [Thunb.] Matsum. et Nakai)

Kultur: ist im Freiland nur in klimatisch sehr begünstigten Gebieten wirtschaftlich vertretbar, sehr wärme- und wasserbedürftig, auf jeden Fall Kultur auf Mulchfolie bzw. im Folientunnel auf Spalier zu empfehlen.
Aussaat: bei Jungpflanzenvorkultur Mitte April, für die Pflanzung Mitte bis Ende Mai, der Samen ist größer als Gurkensamen und mehr abgerundet. **Tausendkorngewicht:** 30 bis 40 g, 5 bis 8 Jahre keimfähig, in guter Lage auch Direktsaat ab Mitte Mai ins Freiland möglich, Saatgutbedarf: 30.000 Korn oder ca. 1 kg/ha.
Pflanzung: 2 m Reihenabstand, 0,5 m Abstand in der Reihe, 2 Pflanzen pro Horst. Es sollen 2 Pflanzen/m^2 stehen. **Folientunnel:** maximal 1,5 Pflanzen/m^2.
Pflege: nach Saat oder Pflanzung Vliesbedeckung. Pflanzenschnitt wohl ertragssteigernd, doch nicht praxisüblich, für Bewässerung dankbar, von Beikräutern freihalten, Kopfdüngung geben, auf Befall durch Echten und Falschen Mehltau achten.
Düngung:
145 kg/ha N
50 kg P_2O_5
210 kg/ha K_2O
Ernte: Reife an der Neigung der Früchte, sich vom Stängel zu lösen, oder am feinen Duft erkennbar, Abdrehen der Früchte bzw. schneiden, meist ab Mitte Juli bis Frosteinbruch, Zuckermelone wenig lagerfähig.
Ertrag: Fruchtgewicht: bei Zuckermelonen 0,5 bis 1,2 kg bzw. 3 bis 4 Früchte pro Pflanze, bei Wassermelonen 1,5 bis 6 kg, Verkauf nach Gewicht oder Stück. 40.000 bis 70.000 Früchte/ha bzw. 40 bis 80 t/ha.
Sortenbeispiele: Auf *Fusarium*-Toleranz bei Freilandanbau achten. Es werden mehrere Sortengruppen (Charentais, Galia, Netz) unterschieden:
a) Zuckermelonen mit glatter (Honigmelonen) oder netzartiger (Netzmelonen) Schale: Aitana, **Anish**, Callisson, **Cezanne**, Galia, Galoubet, Kioto
b) Wassermelonen: Arriba, Crisby, Jenny, Petite, Treat, **Sugar Baby**

Gemüse aus der Familie der Nachtschattengewächse

(Solanaceae) *einjährig, Selbst- und Fremdbefruchter*

Bodenansprüche: Am besten sind warme, sandige Lehm- oder lehmige Sandböden, gegen kalte, nasse Böden sind Nachtschattengewächse empfindlich, jedoch hoher Wasserbedarf im Juli/August, sonnige, warme Lagen (Südhänge) bevorzugt (Weinbauklima), frostempfindlich, hohe Luftfeuchtigkeit vermehrt Pilzbefall.
Vorfrucht: stark gedüngte Gemüsearten oder Feldfrüchte wie Gurken, Kohlgemüse, auch Hülsenfrüchte, mit Rücksicht auf die relativ späte Pflanzzeit auch Spinat oder Salat (Winter- oder Frühsalat), Pflanzen aus derselben Familie wie Tabak und Kartoffeln vermeiden, mit sich selbst nicht sehr verträglich.
Krankheiten und Schädlinge: Kraut- und Braunfäule, Blattfleckenkrankheit, Blattläuse, Spinnmilben, Kartoffelkäfer, Welkekrankheiten, Grauschimmel, Weiße Fliege, Baumwollkapselwurm, Pepino-Mosaikvirus.
Düngung: Stallmist zur Vorfrucht
150 bis 200 kg/ha N
50 bis 80 kg/ha P_2O_5
250 bis 300 kg/ha K_2O
Auf gute Magnesium- und Kalziumversorgung achten.
Gesundheitlicher Wert: In der Familie der Nachtschattengewächse fällt vor allem die Tomate als Biobombe auf. Der rote Farbstoff enthält das Lycopin und gilt als effektivster Krebshemmer. Der reiche Kaliumgehalt (300 mg/100 g frische Frucht) trägt zur entwässernden Wirkung bei. Durch den Zinkgehalt ist die Tomate ein fruchtiger Muntermacher.
Paprikafrüchte sind u. a. als reichliche Träger von Vitamin C (für die Entdeckung bekam der Ungar Albert Szent-Györgyi den Nobelpreis anno 1937), Vitamin A und Vitamin P bekannt. Im gelben und roten Paprika sind wiederum die Carotinoide zu finden, deren Wirkung als Antioxidanzien bekannt ist.
In den Eierfrüchten sind Flavonoide enthalten. Dazu zählen die violetten Anthocyane in der Haut der Eierfrucht. (Alle kräftigen Farben der Gemüseprodukte signalisieren, dass Flavonoide vorkommen. Diese Farbstoffe wirken entzündungshemmend, antimikrobiell, hemmen die Blutgerinnung und beugen Herzinfarkt vor.)

Die Tomate, der Paradeiser

Solanum lycopersicum, (Lycopersicon esculentum Mill. *(syn. lycopersicum* L.*)* var. *esculentum)*
Paradeis, Paradiesapfel, Liebesapfel, Tomato (engl.)

Kultur: Freilandkulturen nur in klimatisch äußerst begünstigten Standorten (Weinbauklima) mit frühen Sorten erfolgreich, praxisüblich ist die Kultur im Folientunnel, in der Regel Hauptkultur von Mai bis Frosteintritt.
Aussaat: warme Jungpflanzenvorkultur notwendig, Aussaat ab Mitte März, je nach Anzuchtmöglichkeit oder früher, mindestens 22 °C Keimtemperatur, **Tausendkorngewicht:** 3 g, 4 g geben 1.000 Jungpflanzen, zeitgerecht pikieren in mindestens 7-cm-Töpfen. Der Samen ist platt gedrückt, nierenförmig, von graugelber Färbung und filzig behaart, bleibt 4 bis 6 Jahre keimfähig, bei der Anzucht Pflanzen nicht zu dicht und zu warm stellen (vergeilen leicht). Auf problematischem Boden ist die Veredelung auf eine Unterlagssorte (z. B. Vigomax, Maxifort, Beaufort, Hyres, Brigeor u. a.) und 2-triebige Erziehung üblich.
Pflanzung: 6 bis 7 Wochen nach der Aussaat nach Gefahr der „Eismänner", eher später, um zügiges Anwachsen zu garantieren; im Folientunnel ab Mitte April, tief pflanzen, da Tomaten leicht Adventivwurzeln bilden, **Pflanzweite:** 80 bis 100 cm Reihenabstand, 40 bis 60 cm in der Reihe; es sollen 2 bis 3 Pflanzen/m^2 zu stehen kommen; zur Bildung von Erntegassen abwechselnd 100 und 60 cm Reihenabstand wählen, z. B. 2 Reihen auf Mulchfolie setzen. Die zur Stütze notwendigen Pflöcke aus Holz- oder Metall (im Folientunnel Schnurerziehung) werden zweckmäßigerweise schon vor dem Auspflanzen eingeschlagen, Buschtomaten werden auf Mulchfolie oder mit Strohunterlage kultiviert, brauchen keine Stütze und müssen nicht ausgegeizt werden.
Düngung: Geschützer Anbau, Kurzkultur
320 kg/ha N
60 kg/ha P_2O_5
330 kg/ha K_2O
Auf gute Magnesium- und Kalziumversorgung achten.
Pflege: Regelmäßig aufbinden und Geiztriebe ausbrechen, nur Haupttrieb ziehen, Mehrtriebigkeit bringt nicht immer mehr Ertrag; hat der Haupttrieb 6 bis 7 Fruchttrauben, 10 bis 14 im Tunnel, ausgebildet, dann wird er oberhalb der letzten Fruchttraube gekappt (abgeschnitten), da weitere Früchte erfahrungsgemäß nicht mehr ausreifen. Reichliche Bewässerung ist notwendig, das Aufplatzen der Früch-

Im Folientunnel kann bei Tomaten die Samtfleckenkrankheit auftreten.

te ist ein Zeichen der unregelmäßigen Wasserversorgung und zu großer Temperaturunterschiede zwischen Tag und Nacht (auch sortenbedingt).
Weitere Pflegemaßnahmen beziehen sich auf das Unkrautfreihalten und den Pflanzenschutz.

Ernte: nach Einsetzen der Rotreife der Früchte, meist ab Mitte Juli, lose Ernte und Rispenernte (Tross, Trauben) möglich, im Folientunnel ab Ende Juni, Sortierung nach Größe bzw. Handelsklassen (Durchmesser mindestens 3,5 cm).
Sortierungen: 35–39 mm, 40 bis 46 mm, 47 bis 56 mm, 57 bis 66 mm und 67 bis 81 mm. Vor Einsetzen der Frostgefahr können grüne Früchte abgenommen und dunkel bei 10 bis 12 °C nachgereift werden.

Ertrag: je nach Sorte durchschnittliches Fruchtgewicht von 80 bis 250 g (Hellfrucht- oder Fleischtomaten), 2 bis 5 kg Fruchtertrag pro Pflanze bzw. 6 bis 10 kg/m² (im Tunnel bis 25 kg/m²), **Einzelrispengewicht:** 500–700 g, **Rispenertrag:** 15–25 kg/m² (= 150 bis 250 t/ha).

Die Tomate kann lose oder als Traube geerntet werden.

Lieferung und Verkauf: nach Gewicht in Plateaus (Holz/Karton). Kurzfristige Lagerung möglich. Longlife-Sorten (LL) bis 3 Wochen lagerfähig.

Sortenbeispiele: bei Sortenwahl auf Frühzeitigkeit, Transportfestigkeit, Wuchstyp, Eignung für Freiland- oder Folientunnelkultur, Geschmack, Resistenzen und gefragten Typ auf dem Markt achten. Es wird nach Fruchtformen unterschieden:
Fleischtypen (über 130 g): **Amaral, Berner Rose**, Marmande, Tomimaru Muchoo, **Vedetta**.
Runde Hell- oder Grünfruchttypen (80 bis 150 g): **Barbados**, **Bocati**, Ducati, Gaheris, Mercedes, **Sparta**, **Tica**
Buschsorten (rund): Balkonstar, Tom Red, Totem, Tumbling
Länglich ovale Sorten (Roma-Peretti): **Agro**, Cyclade, **Loreto**, **Myriade**, Olivade, Ovata
Kirschförmige Sorten (Cocktail, Cherry): **Apero**, Conchita, **Perlat**, Perlinio, Philovita, **Sakura**, Trilly
Rispenernte: Albis, Furore, Cappricia (geheizte Langzeitkultur)

Tomatenfruchtformen

Auch gelbfrüchtige Paprikasorten (im Bild: „Gelber Block"/Austrosaat) werden am Markt verlangt.

Der Paprika

(Capsicum annuum L.)
Spanischer Pfeffer, Peperoni, Pfefferoni, Pepper (engl.)

Kultur: Nur in klimatisch begünstigter Lage im Freiland erfolgreich (spez. Industriepaprika), sonst Folientunnelkultur, in der Regel Hauptkultur von Mai bis Oktober.
Aussaat: Warme Jungpflanzenvorkultur mit Pikieren, Aussaat ab Februar/März, mindestens 25 °C Keimtemperatur, der Samen ist gelblich weiß, platt und nierenförmig. **Tausendkorngewicht:** 6 g, für 1.000 Jungpflanzen werden 9–10 g gesät, Jungpflanzentopfgröße (Erdwürfel, Multitopf, Paperpot usw.) mindestens 6 cm, salzarmes Anzuchtsubstrat wählen, Jungpflanzen vor dem Auspflanzen durch reichliches Lüften und wenig Gießen abhärten.
Pflanzung: nach 7–9 Wochen Anzuchtdauer ab 15. Mai, im Tunnel Ende IV bis Anfang V, frostempfindlich. **Standraum:** 40 bis 60 bis 80 cm Reihenabstand, 40 bis 50 cm Abstand in der Reihe (4 bis 5 Pfl./m^2), im Folientunnel nur 2 bis 3 Pfl./m^2 setzen, z. B. (100, 40) × 40 cm (Doppelreihen), auf Mulchfolie 2 Reihen pflanzen, Doppelpflanzungen bringen keinen Vorteil. Nach der Pflanzung im Freiland Vliesbedeckung oder Minitunnel einsetzen.
Pflege: Beikrautregulierung, ein Anhäufeln erhöht die Standfestigkeit und fördert die Adventivwurzelbildung, in der Regel ist eine Pflanzenstütze im Freiland nicht üblich, bei Tunnelkultur jedoch notwendig. Schnitt auf 2–3 Triebe förderlich für gleichmäßigen Fruchtansatz und Fruchtbildung.
Düngung: Geschützer Anbau, Kurzkultur
250 kg/ha N
50 kg/ha P_2O_5
220 kg/ha K_2O
Auf gute Magnesium- und Kalziumversorgung achten.

Paprika- und Pfefferoni-Fruchtformen

Ernte: 7–9 Wochen nach der Pflanzung, sobald die Früchte sortentypische Größe bzw. marktgängige Form und Farbe erreicht haben, erste Achselfrucht (Königsfrucht) möglichst früh ausbrechen (fördert Früh- und Gesamtertrag), periodische Ernten mindestens einmal in der Woche, Fruchtstängel soll an der Frucht belassen bleiben.
Ertrag: je nach Sorte 60 bis 200 g Fruchtgewicht 15 bis 25 t/ha Fruchtertrag. **Im Tunnel:** 60–100 Stück bzw. 8–16 kg/m^2.
Lieferung: Sortiert nach Fruchtgrößen (mindestens 5 cm ø), Verkauf nach Stück oder Gewicht in Steigen oder Kartons, kurzfristige Lagerung möglich.
Sortenbeispiele: Auswahl nach Vermarktungsrichtung bzw. Verwendungszweck, Fruchtgröße, Farbe (grün, gelb, rot), Form (spitz, stumpf, rund), Schärfe (Capsaicin-Gehalt) u.a.
Milde Frischmarktsorten (meist Grünernte): Bendigo, Bontempi, **Fiesta**, Lozorno, **Ferrari**
Spitzpaprika: Austrocapi, Berenyi (pikant, wachsgelb), Cooper (rot), Jersey (gelb), **Ferenc Tender** (wachsgelb), **Korosko**, Madison, Palladio, Morahalom, Paradeisfrüchtig Frührot, Red Bull
Pfefferoni/Chilisorten: **Capela**, Chili-AS, **Glockenpaprika**, **Habanero Golden**, Halblanger Vulkan, **Milder Spiral**, Nova Star, **De Cayenne**
Gelbabreifende Sorten: **Fiesta**, Boogie (orange), Helsinki, Milena (orange)
Rotabreifende Sorten: **Bendigo**, **Ferrari**, **Spider**, **Zamboni**

Die Eierfrucht, Melanzani

(Solanum melongena L.*)*
Aubergine, Melanzani, Spanische Eier, Eggplant (engl.)

Kultur: Wurden schon bei Tomaten und Paprika äußerst günstige klimatische Standorte für die Kultur gefordert, so gilt dies für die Eierfrucht im besonderen Maß. Wirtschaftlich ist in hiesigen Anbaugebieten nur eine geschützte Kultur (z. B. im Folientunnel), in den seltensten Fällen eine Freilandkultur.
Aussaat: Warme Jungpflanzenvorkultur, Aussaat ab Anfang März bis Anfang April mit Pikieren der Sämlinge, **Tausendkorngewicht:** 4 g, für 1.000 Jungpflanzen werden 6 g gesät, der Samen ist gelblich weiß, von platter Gestalt und besitzt eine lederartige, mit kleinen Grübchen versehene Samenschale. Veredelung möglich.
Pflanzung: im Freiland nach Gefahr der „Eismänner" um den 20. Mai auf 60 × 50 cm auf Mulchfolie, im Folientunnel Anfang Mai auf 100 × 60 cm, da Wuchs kräftiger; 1 bis 2 Pfl./m^2. Nach der Pflanzung im Freiland mit dem Vlies bedecken.

© Aleksandr Ivasenko/Shutterstock.com

Eierfrucht im Unterglas-Anbau.

Pflege: im Freiland kein Stützen bzw. Schnitt notwendig, unter Folie Stütze geben (Pflöcke oder Schnurerziehung) und nur 2- bis 3-triebig ziehen bzw. ausgeizen, später auch kappen. Von Beikräutern freihalten, auf Befall durch den Kartoffelkäfer achten.
Düngung: Geschützter Anbau, Kurzkultur
200 kg/ha N
50 kg/ha P_2O_5
240 kg/ha K_2O
Ernte: nach Erreichen einer entsprechenden Fruchtgröße, Ausfärbung und Glanz durch Abschneiden der Frucht, Kelch belassen. Periodische Ernte (einmal pro Woche) von Ende Juli bis zum Frosteintritt.
Ertrag: Fruchtgewicht 150 bis 300 g, Freiland 15 bis 35 t/ha 50.000 bis 120.000 St., **Folientunnel:** 4 bis 8 kg/m², 12 bis 25 St./m², Lieferung nach Fruchtgrößen sortiert, **Mindestdurchmesser:** 70 mm für runde Sorten, 100 bis 300 g, 300 bis 500 g, über 500 g.
Lieferung: in Steigen oder Kartons, Verkauf nach Gewicht. Kurzfristige Lagerung möglich.
Sortenbeispiele: **3 Sortengruppen:** rund ovale, längliche und tropfenförmige Früchte. **Meist Hybridsorten:** Abrivado, Avan, **Black Pearl**, Diva, Madonna, **Violetta Lunga**.

© ORLIO/Shutterstock.com

Verschiedene Eierfrucht-Sorten

Gemüse aus der Familie der Hülsenfrüchte

(Leguminosae/Fabaceae)

Bodenansprüche: leichte bis mittelschwere, kalkhaltige, humose Lehmböden; saure, kalte und nasse Böden scheiden aus. Windfreie Anbaulagen, Feuerbohnen stellen an Boden und Klima geringere Ansprüche. Wildschadenanfällig.
Vorfrucht: Getreide, Kartoffeln, Rüben, weniger Grünfutterflächen, gute Vorfrucht, mit sich selbst verträglich (mehrjähriger Nachbau mit geringer Ertragsminderung möglich, außer Erbse).
Düngung: keine frische Stallmistdüngung, Stickstoffsammler durch die Knöllchenbakterien.
70 bis 140 kg/ha N
20 bis 40 kg/ha P_2O_5
50 bis 150 kg/ha K_2O
gute Magnesiumversorgung notwendig,
N-Gaben teilen, Hauptbedarf zur Blüte und zum Erntebeginn.
Krankheiten und Schädlinge: Fettfleckenkrankheit, Brennfleckenkrankheit, Bohnenrost, Wurzelfäule, Spinnmilben, Blattläuse, Bohnenfliege, Speisebohnenkäfer als Lagerschädling bei Trockenkochbohnen.
Gesundheitlicher Wert: Hülsenfrüchte und Spinat sind besonders reich an Saponinen. Diese sind leicht bitter schmeckende, sekundäre Inhaltsstoffe, die in Wasser stark Schaum bilden. Viele Studien weisen auf die krebshemmende, antimikrobielle Wirkung hin. Saponine beeinflussen auch das Abwehrsystem gegen Krankheiten und gelten als cholesterinsenkend. In Hülsenfrüchten sind bedeutsame Gehalte an Phytinsäure nachgewiesen. Diese Stoffe verlangsamen die Stärkeverdauung, wirken daher zusätzlich blutzuckersenkend. Somit sind Hülsenfrüchte geeignete Nahrungsmittel für Diabetiker. Der Ballaststoffanteil bei Bohnen reguliert die Verdauung und bindet mögliche Giftstoffe.

Die maschinelle Einmalernte der Buschbohnen verlangt einen konzentrierten Hülsenansatz.

Wachtelbohnen sind gesuchte Trockenkochbohnen am Bauernmarkt.

Die Buschbohne

(Phaseolus vulgaris L. var. *nanus* Asch.)
Gartenbohne, Fisole, Veitsbohne, Strankerl, Dwarf french bean (engl.) *einjährig, Selbstbefruchter*

Kultur: Meist Hauptkultur für Frischmarkt oder Industrie, als Nachfrucht seltener, gut mechanisierbar zur Gewinnung der grünen Hülsen, seltener für die Trockenkornproduktion.
Aussaat: Da sehr frostempfindlich, nicht vor dem 10. Mai, Direktsaat ins Freiland, mindestens 10 °C Bodentemperatur abwarten, Saat mit Einzelkornsägerät, Anbau durch Folgesaaten bis 20. Juli staffeln, **Tausendkorngewicht:** 130 bis 400 g, 80 bis 120 kg/ha Saatgutbedarf.

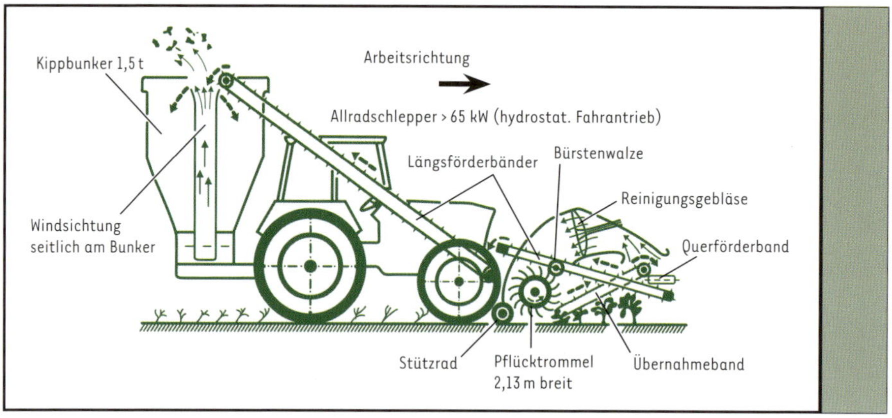

Schema einer Bohnenpflückmaschine als Anbaugerät

Standraum: Reihenabstand: 40 bis 50 cm, Abstand in der Reihe:
a) Horstsaat 30 bis 40 cm (4 bis 6 Korn).
b) Einzelkornsaat: 5 bis 7 cm (drillen). Jedenfalls 35 bis 40 Pfl./m^2 erstrebenswert.
Pflege: Vliesbedeckung nach der Saat zur Ernteverfrühung von Vorteil. Von Beikräutern freihalten, eine chemische Bekämpfung ist möglich. Anhäufeln bei 15 cm Wuchshöhe erhöht die Standfestigkeit und bringt Bodenwärme, Windschutz durch Maisreihen zweckmäßig, unbedingt Zusatzbewässerung zur Zeit der Blüte, auf Wildverbiss achten.
Ernte: etwa 8 Wochen nach der Saat (Anfang Juli bis September), für den Frischmarkt von Hand, ca. 8 bis 10 kg/AKh Pflückleistung, 2- bis 3-mal durchpflücken, für die industrielle Verwertung nur maschinelle Einmalpflücke (z. B. Bleinroth-Bohnenvollernter, Herbort).
Ertrag: 8 bis 15 t bis 20 t/ha Hülsen grün, 2 bis 3 t/ha Trockenkorn.
Sortierung: Hülsendurchmesser nur bei Prinzessbohnen vorgeschrieben: sehr fein: bis 6 mm; fein: bis 9 mm; mittelfein: bis über 9 mm, keine bis wenig Kornausbildung, fadenfrei.

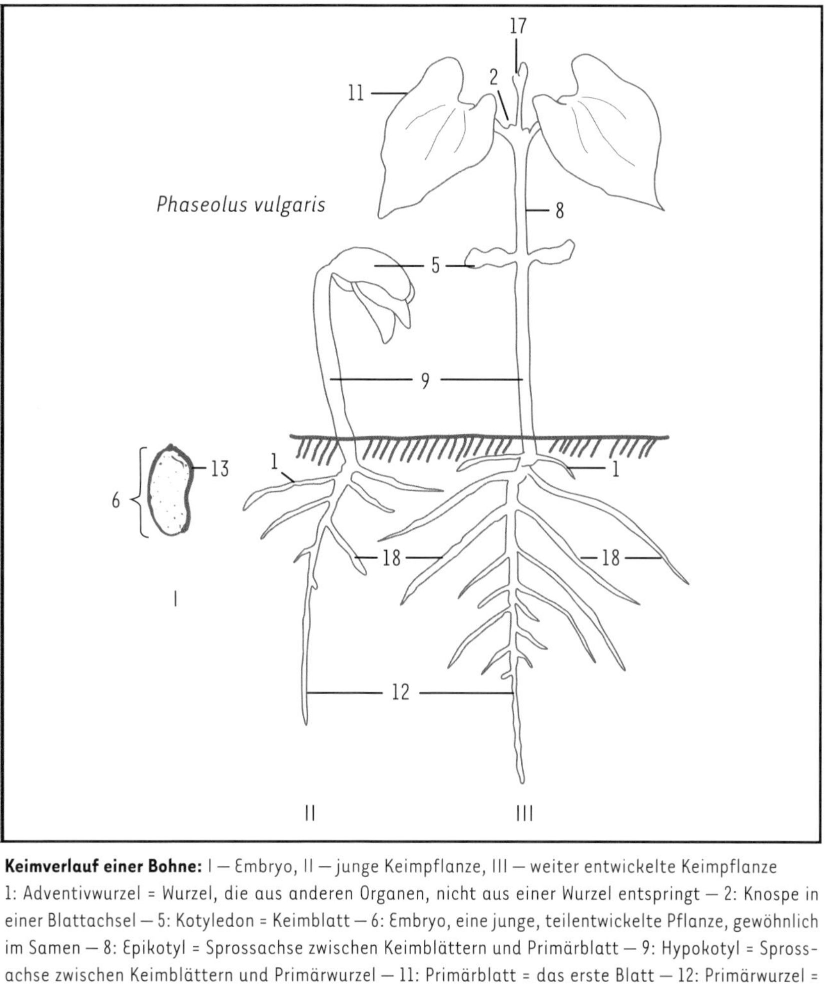

(Nach Wagner: Landw. Samen und Saaten)

Keimverlauf einer Bohne: I – Embryo, II – junge Keimpflanze, III – weiter entwickelte Keimpflanze
1: Adventivwurzel = Wurzel, die aus anderen Organen, nicht aus einer Wurzel entspringt – 2: Knospe in einer Blattachsel – 5: Kotyledon = Keimblatt – 6: Embryo, eine junge, teilentwickelte Pflanze, gewöhnlich im Samen – 8: Epikotyl = Sprossachse zwischen Keimblättern und Primärblatt – 9: Hypokotyl = Sprossachse zwischen Keimblättern und Primärwurzel – 11: Primärblatt = das erste Blatt – 12: Primärwurzel = Hauptwurzel – 13: Radicula = Wurzelvegetationspunkt des Embryos – 17: Sprossspitze – 18: Seitenwurzel

Lieferung: in Plateaus oder Kunststoffkisten, kurzfristig lagerfähig.
Sortenbeispiele: Krankheitsresistenzen, Frühzeitigkeit, Verwendungszweck (Brechbohne) und Fadenlosigkeit beachten;
grünhülsig: **Caruso**, **Cupidon**, Ferrari, **Marona**, **Maxi** (Gluckentyp = Hülsen über dem Laub), Provider, Speedy, Purple Tepee
gelbhülsig (Wachsbohne): Helios, Butterzart, Yellowstone
Trockenkornernte: Borlotto (Wachtel), Black Turtle (schwarz), Canadian Wonder (Red Kidney)

Die Stangenbohne

(Phaseolus vulgaris L. var. *vulgaris)*
Steckenbohne, Climbing french bean (engl.) *einjährig, Selbstbefruchter*

Kultur: Hauptkultur, Spätsaaten nur bis 10. Juni, in Ertrag und Qualität besser als Buschbohne, hauptsächlich für Frischmarkt, seltener für die Konservenindustrie (feinhülsige Sorten), die Stangenbohnen werden gelegentlich auch zur Trockenkorngewinnung (Samen) angebaut (Wachtelbohnen).
Aussaat: Da sehr frostempfindlich, nicht vor dem 10. Mai, Direktsaat ins Freiland, mindestens 10 °C Bodentemperatur abwarten, Saat meist per Hand, **Saatgutbedarf:** 60 bis 80 kg/ha.
Standraum: Reihenabstand: 80 bis 100 cm, Abstand in der Reihe:
a) bei Stangenkultur Horstsaat 60 bis 80 cm (3 bis 4 Korn),
b) bei Spalierkultur: auf 5 bis 8 cm je 1 Korn ablegen oder alle 30 cm Horst mit 4 bis 6 Körnern. Reihenabstand: 1,2 bis 1,5 cm.

In der Regel wird zu den bereits aufgestellten Pfählen oder Spalierrahmen gesät. Kultur auf Schnur gezogen: in Abständen von 2–3 m stellt man in der Reihe Pfähle (Holz oder Metall) auf, zwischen den Pfählen werden 20 cm über dem Boden und am oberen Pfahlende waagrechte Drähte gespannt. Mit scherenartig senkrecht gezogenen Sisalschnüren verbindet man die beiden Drähte; in Holland sind Fädelmaschinen gebräuchlich. Die Bohnentriebe winden an den Sisalschnüren hinauf.
Pflege: Von Beikräutern freihalten, eine chemische Bekämpfung ist möglich, Kopfdüngung meist nicht notwendig, eventuell junge Triebe zum Pfahl oder Spalier hinleiten. Mulchen mit Stroh, Grasschnitt, Folie usw.

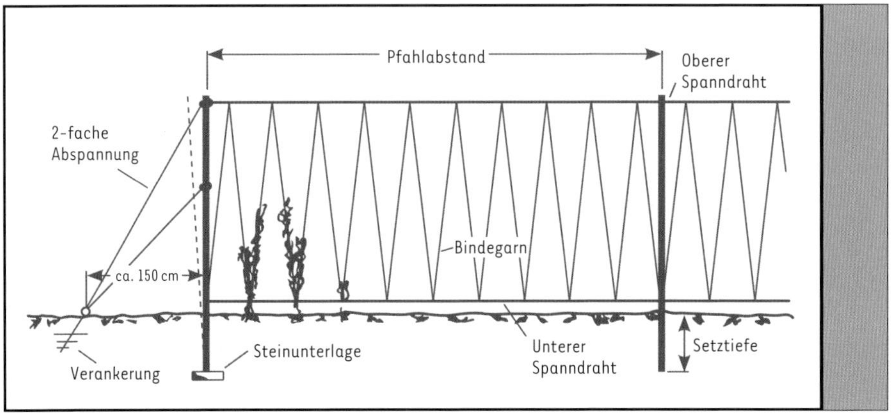

Schema eines Spalierrahmens für die Stangenbohnenkultur mit Sisalschnüren (Bedarf: 20 Pfähle/a und 2 Rollen Sisalschnur/a)

Marktfertige Stangenbohnen im Tragekarton

Ernte: 8 bis 10 Wochen nach der Saat (Ende Juli) bei Erreichen der marktgängigen bzw. sortentypischen Hülsenform, mehrmaliges Durchpflücken bis September (10 bis 12 kg/AKh Pflückleistung).
Ertrag: 15 t bis 35 t/ha Hülsenertrag grün bzw. 1,5 bis 2 kg pro Saatstelle.
Lieferung: lose gelegt in Plateaus, Tragekarton, Spankorb oder Poolkisten. Kurzfristig lagerfähig.
Sortenbeispiele: Sortenwahl nach marktgängiger Hülsenform (breit, rund, oval) und Farbe (grün, gelb, blau);
grünhülsig: Algarve, Cobra, **Eva**, **Limka**, **Neckarkönigin**
gelbhülsig: Aurie de Bacau, Corono d'Oro, **Neckargold**
blauhülsig: **Blauhilde**
Trockenkornernte: Wieser Wachtel

Die Feuerbohne

(Phaseolus coccineus L.*)* *[P. multiflorus* Lam.*]*
Prunkbohne, Käferbohne, Pischlerbohne, Runnerbean (engl.),
einjährig, Fremdbefruchter

Kultur: zur Gewinnung des ausgereiften Samens, Trockenkochbohne, Hauptkultur.
Aussaat: weniger frostempfindlich als Busch- oder Stangenbohne, ab Ende April bis Anfang Mai, Saat per Hand. Saatgutbedarf: 100 bis 150 kg/ha, **Tausendkorngewicht:** 1.200 bis 1.600 g, ca. 70 Korn sind bereits 100 g, Standraum gleich den Stangenbohnen. **Stangenkultur:** 60 bis 80 × 60 bis 80 cm (3 bis 4 Korn). **Spalierkultur:** 120 bis 150 cm. **Reihenabstand in der Reihe:** alle 20 cm je ein Korn ablegen. Mais als Stützfrucht möglich. In trockenen Jahren risikoreich.

Mischkultur Käferbohne/Mais: Saat mit Einzelkornsämaschine, Saatgutbedarf: 50 kg/ha Bohnen bzw. 50.000 Korn Mais, Standweite der Maisreihen: 70 cm, ca. 40 cm Abstand der Bohnen in der Reihe

Pflege: gleich der Stangenbohne.

Ernte: ab Ende September, nach dem Eintrocknen der Hülsen 1- bis 2-mal durchpflücken, händisches Auslösen der Samen aus der Hülse oder maschinelles Ausdreschen bzw. bei Mischkultur maschineller Mais-Bohnen-Drusch im November. Handverlesen notwendig, Entfernen der Bruch- und Kümmersamen, erst nach guter Trocknung auf 12 %-14 % Feuchtigkeit in luftige Säcke einsacken, kühl lagerfähig. Achtung auf den Bohnenkäfer.

Ertrag: 2 bis 3,5 t/ha Trockenkorn bzw. bei Mischkultur 0,5-1,2 t/ha

Die buntfarbigen Samen der Feuerbohne sind beliebte Trockenkochbohnen für die Salatzubereitung.

Lieferung egalisiert in Plastik- oder ähnlichen Säcken. Hauptabsatz in den Wintermonaten als Salatbohne (Riesenbohnensalat). In manchen Anbaugebieten werden Käferbohnen auch als junge Hülsen verkauft.

Sortenbeispiele: Zumeist Landsorten im Anbau, Auswahl nach Kornfärbung und marktgängiger Korngröße.

Buntkörnige Sorten: Bonela, Enorma, Melange, Preisgewinner, Lady Di, Rotblühende Riesen

Weißkörnige Sorten: Emergo, Steirische Riesen, Weißblühende Riesen

Maissortenbeispiele für Mischkultur: Auswahl nach Standfestigkeit, Wuchshöhe und Reifegruppe (290-310), Aligator, Atalante, Crispi, LG2306, Panther

Die Mischkultur Mais – Käferbohne kann maschinell geerntet werden.

Die Dicke Bohne

(Vicia faba L. var. *faba)*
Puffbohne, Saubohne, Ackerbohne, Gemüse-Pferdebohne, Broad Bean (engl.),
Langtagspflanze, einjährig, Fremdbefruchter)

Kultur: 100-Tage-Kultur, erlaubt noch eine 2. Kultur am selben Feld, z. B. Chinakohl, Grünkohl, Karfiol, Endivie u. a. Produktion der grünen Kerne aus der Hülse für Frischmarkt oder Konservenindustrie (Nass- und Tiefkühlkonserve), keine große Anbaubedeutung, reichhaltige Eiweißquelle, als Fleischersatz.
Aussaat: So früh wie möglich für gute Erträge, März–April, nicht kälteempfindlich (bis -5 °C spätfrosttolerant). Direktsaat ins Feld mit Einzelkornsägeräten auf 6–8 cm Tiefe. Spätere Aussaaten nicht wirtschaftlich. **Tausendkorngewicht:** 1.200–1.500 g. **Saatgutbedarf:** 250–350 kg/ha je nach Tausendkorngewicht.
Standraum: Reihenabstand 50–60 cm, Abstand in der Reihe 7–10 cm, jedenfalls 20–25 Pflanzen/m^2.
Pflege: Freihalten von Beikräutern mit Hacke und Striegel, chemische Bekämpfung möglich, Achtung auf die Schwarze Bohnenlaus, frühere Aussaaten werden weniger stark befallen. Empfindlich gegen Trockenheit. Bei unzureichender Wasserkapazität des Bodens und niedriger Luftfeuchtigkeit werden Blüten und junge Hülsen abgeworfen.
Düngung: Nährstoffbedarf
80 kg/ha N
80 kg/ha P_20_5
130 kg/ha K_20
Auf gute Kalk- und Borversorgung achten.
Ernte: Nach 100–120 Tagen nach der Saat im Juni–Juli. Ernten der grünen Hülsen mit den weichen, noch nicht mehligen Kernen. Im Kleinanbau Handernte, im feldmäßigen Anbau mit einem adaptierten Erbsendrescher.
Ertrag: 20–30 t/ha Hülsen bzw. 6–8 t/ha grüne Kerne. Entkernte Ware nur kurzfristig lagerfähig.
Sortenbeispiele: Con Amore, Hangdown, Hedosa, Trio

Dicke Bohnen werden grünhülsig mit noch weichen Kernen geerntet.

Die Erbse

(Pisum sativum L. subsp. *sativum)*
Kneifelerbse, Runzelerbse, *einjährig, Selbstbestäuber, Langtagpflanze,* Pea (engl.)

Botanische Einteilung:

1. Pal-, Roll- oder Schalerbsen:
   (Pisum sativum ssp. *sativum* convar. *sativum)*
   Sorten mit meist rundem Samenkorn (genaue Unterscheidung beim Stärkekorn im Mikroskop: glatt und oval mit exzentrischen Ringen), zäher Innenhaut an der Hülse, widerstandsfähiger gegenüber Frühjahrsfrösten, daher zeitlicher Anbau möglich.

2. Markerbsen:
   (Pisum sativum ssp. *sativum* convar. *medúllare)*
   Sorten meist mit runzeligem, mehreckigem, seitlich platt gedrücktem Korn und zäher Innenhaut an der Hülse, Stärkekorn im Mikroskop klumpig und zerklüftet, sehr süßer Geschmack, gegen Frost empfindlicher.

3. Zuckererbsen:
   (Pisum sativum ssp. *sativum* convar. *marcrocarpon)*
   Hülsen ohne zähe Innenhaut, Verwendung der Hülse mit dem noch unentwickelten Korn gleich Bohnen, Sorten mit meist Palerbsenkorn.

Kultur: Für den Frischmarkt unbedeutend, in der Regel feldmäßiger Vertragsanbau für die industrielle Konservenverwertung, wobei der Verwerter meist die Anbauplanung, Saatgutlieferung und Sortenzuteilung, Bestimmung des Erntetermins, Erntearbeiten, Sortierung usw. übernimmt; für den landwirtschaftlichen Betrieb gute Vorfrucht, mit sich selbst nicht verträglich.

Zuckererbsen bereichern die feine Küche mit Geschmack.

©angel217/shutterstock.com

Der mobile Erbsendrescher ist für eine schlagkräftige Ernte notwendig.

Aussaat: Da die Erbse eine Langtagpflanze ist, erfolgt die Aussaat so früh wie möglich, damit die Pflanzen möglichst lange im Kurztag (März/April) vegetativ wachsen, denn bei Einsetzen des Langtages (ab Mitte Mai) wird die Blüte ausgelöst, bei Spätsaat verkürzt sich somit die Vegetationszeit, und der Ertrag wird geringer; Palerbsen werden bei Bodentemperaturen ab 5 °C (Anfang bis Mitte März), Markerbsen ab 8 °C (Anfang April) gesät, Drillsaat, Reihenabstand 15 bis 25 cm, je nach Tausendkorngewicht 90 bis 200 kg/ha Saatgutbedarf (jedenfalls 100 bis 120 Pfl./m^2). **Tausendkorngewicht:** 150 bis 300 g, 3 bis 6 Jahre keimfähig, meist Zeitstufenanbau, zur besseren Staffelung der Ernte auch Herbstanbau mit winterharten Sorten bedingt möglich.
Pflege: Beikrautregulierung, Kopfdüngung in der Regel nicht notwendig, eine Stützung der Pflanze kann bei den derzeitigen feldmäßigen Sorten unterlassen bleiben. Für Frischmarkt Spalierkultur.
Ernte: Ende Juni bis Juli. Bestimmung des Reifezeitpunkts bzw. Erntetermins durch die Temperatursumme (= addierte Tagesmittel der Temperatur ab der Saat, abzüglich 4 °C pro Tag, meist 500 bis 800 °C) und den Tenderometerwert (105 bis 120) oder Texturenwert (Härtegrad des Erbsenkorns, Wert meist 90 bis 105), auch Bezahlung erfolgt nach Tenderometerwert und Sortierung. Ernte erfolgt in geschlossener Arbeitskette durch Abmähen und Ablegen auf Schwaden und anschließendem Drusch durch fahrende Mähdrescher oder seltener auf stationären Dreschanlagen. Manchmal wird auch maschinelle Erbsenpflücke und Drusch in der Fabrik gehandhabt. Lagerung gedroschener Erbsen ist nicht möglich, daher auch Anbau meist in Nähe der Verwertungsindustrie. Sortierung nach Korndurchmesser.
Ertrag: bis 4 t Frischkornertrag, bis 30 t Hülsenertrag pro ha.
Sortenbeispiele: für den Frischmarktanbau: Exzellenz, Rondo, **Wunder von Kelvedon**, **Kleine Rheinländerin**, Maxicolt
Zuckererbsen: **Ambrosia**, Oregon Sugar Pod, **Sugar Bon**

Zu den Hülsenfrüchten gehören auch nachstehende Arten, die mitunter als Gemüserarität in guten Anbaulagen kultiviert werden können:

Art	Anbau	Standraum	Ernte	Sortenbeispiele
Spargel-Bohne *(Vigna unguiculata* [L.] Walp. subsp. *sesquipedalis)*	M V	80 × 60 cm Horstsaat	E VIII grün	Metro Black, Metro Red (Stangenbohne)
Kichererbse *(Cicer arietinum* L.*)*	M V	25 × 25 cm Horstsaat	E X trocken	Landsorten für Keimsprossen
Kuhbohne oder Cowpea *(Vigna unguiculata* L. subsp. *unguiculata)*	M V	40 × 5 cm Reihensaat	E IX trocken	California Blackeye
Limabohne oder Mondbohne *(Phaseolus lunatus* L.*)*	M V	50 × 5 cm Reihensaat Buschbohne, 80 × 60 cm Stangenform	E VII grün AX trocken	Fordhock No. 242, Henderson, King of the Garden (Stangenbohne)
Linse *(Lens culinaris* Medik.*)*	A V	20 × 5 cm Reihensaat	A X trocken	
Mungobohne *(Vinga radiata* [L.] var. *radiata R. Wilczek)*	M V	50 × 5 cm	M VII grün A X trocken	Für Keimsprossen, Berken
Sojabohne *(Glycine max* L. Merr.*)*	E IV–AV	50 × 5 cm Reihensaat trocken	A VIII grün E IX	Fiskeby, Frostbeater, für Keimsprossen
Spargel- oder Flügelerbse *(Tetragonolobus purpurescens* L.*)*	A V	40 × 10 cm Reihensaat	M VII	Landsorten

Gemüse aus der Familie der Doldenblütler

(Umbelliferae/Apiaceae)

Gesundheitlicher Wert: In der Familie der Doldenblütler soll der gesundheitliche Wert der Karotte unterstrichen werden. Die Gruppe der roten, gelben und orangeroten Farbstoffe bekam ihren Namen von der Karotte: Carotinoide. Das bekannteste Carotinoid ist das Betacarotin, aus dem das Vitamin A entsteht. Es ist wichtig für die Bildung des Sehpurpurs und damit für das Farbensehen. Die vielfältigen Schutzwirkungen der Carotinoide sind schon an anderer Stelle erklärt worden. Karotten enthalten auch andere sekundäre **Pflanzeninhaltsstoffe:** Phenolsäuren, Terpene und Ballaststoffe. Karotten sind somit wichtige Vitaminlieferanten, hemmen die Cholesterinablagerungen und bergen Herzinfarkt und Schlaganfall vor.

Die Möhre, Karotte

(*Daucus carota* ssp. *sativa* [Hoffm.] Schübl. et G. Martens)
Karotten, Mohrrüben, Gelbe Rübe, Carrot (engl.), *zweijährig, Fremdbefruchter*

Anbau	Ernte
II–III (Frühsorten)	VII–VIII
IV–VI (Spätsorten)	IX–XI

Bodenansprüche: Tiefgründige Sand- bis sandige Lehmböden, optimal sind Böden mit großem organ. Anteil (Moorböden), für die Mechanisierung scheiden sehr steinige Böden aus, Anbau zum Teil auf Dämmen, klimatisch nicht sehr anspruchsvoll.
Kultur: Für den Frischmarktanbau nur besondere Qualitäten (Wasch- und Bundmöhren) oder zeitige Produktion (Frühmöhren) als Vorkultur interessant, meist feldmäßige Vertragsproduktion für die industrielle Verwertung als Haupt- oder Nachkultur.
Vorfrucht: Stark gedüngte Gemüsearten oder Feldfrüchte, Spätsaaten nach Frühkartoffeln, Spinat, Erbsen u. a.
Krankheiten und Schädlinge: Möhrenfliege, Möhrenminierfliege, Alternaria-Schwärze.
Düngung: keine frische Stallmistdüngung, auch nicht im Herbst.
Nährstoffbedarf: 110 bis 150 kg/ha N, 30 bis 50 kg/ha P_2O_5, 200 bis 250 kg/ha K_2O
Möhren sind während des Auflaufens salzempfindlich, daher Düngegaben unterteilen. Kalk- und Magnesiumversorgung beachten.
Aussaat: nur Direktsaat mit Einzelkornsägerät, z. B. mit Miniair, Gaspardo, Frühsorten so bald wie möglich im Februar/März (Vlies einsetzen), Samen sind flache, eiförmige Teilfrüchte mit Stacheln (für den Anbau sind sie abgerieben). **Tausendkorngewicht:** 0,8 bis 1,5 g, 3 bis 4 Jahre keimfähig.

Der Anbau auf Dämmen erzielt meist eine bessere Qualität.

Saatgutbedarf:
2 bis 3 kg/ha (Frühsorten)
1 bis 2,5 kg/ha (Spätsorten)
Bundmöhren: 2 bis 2,5 Millionen Korn/ha
Waschmöhren: 1,8 bis 2 Millionen Korn/ha
Industriemöhren: 1 bis 1,5 Millionen Korn/ha
Saatmenge wird so bemessen, dass nicht vereinzelt werden muss.
Reihenabstand: 30 bis 60 cm; günstige Pflanzenanzahl/m^2: 200 St. bei Frühmöhren, 80 bis 120/m^2 bei Spätmöhren. Teilweise Doppelreihen oder Bandsaat auf Dämmen üblich (50 cm bis 75 cm Reihenabstand von Dammmitte bis Dammmitte).
Pflege: Durch die langsame Anfangsentwicklung ist auf die Beikrautregulierung besonders zu achten, chem. Bekämpfung oder Abflammen gut möglich, Bodenverkrustung vermeiden, eventuell Zusatzbewässerung. Gegen Möhrenfliege Kulturschutz einsetzen.
Ernte: nach Erreichen entsprechender marktgängiger Rübendicke. Frühmöhren ab Juni (Bündelmöhren), bei Möhren, die für die Lagerung vorgesehen sind, physiologische Reife abwarten, geerntet wird im Kleinanbau mit Grabgabeln, sonst mit geeigneten Rodegeräten (Rodemax, Schwingsiebroder, Siebkettenroder usw.), im Großbetrieb mit Vollerntemaschinen (z. B. Scott-Urschel, FMC, Asa Lift u. a.), Raufbandroder.
Sortieren nach Qualitätsnormen:
Frühmöhren: mindestens 10 mm Durchmesser oder mindestens 8 g Gewicht;
Spätmöhren: mindestens 20 mm Durchmesser oder mindestens 50 g Gewicht.
Lieferung: gewaschen, lose in Plateaus, in Raschelsäcken oder in Plastiksackerln abgepackt. Langfristige Lagerung möglich (Kühlraum, Erdlager, Krautscheunen, Keller, auch Feldüberwinterung).
Ertrag: Frühmöhren 40 bis 60 t/ha, Spätmöhren 70 bis 90 t/ha.
Sortenbeispiele:
a) Bundmöhren: Coreo, **Napoli**, Nevis, **Miami**, Mokum **Laguna**, **Jeanette**
b) Waschmöhren: Bolero, Excelso, **Milan**, Noveno, Nipemo, Topfix
c) Industrie-Möhren (Scheiben, Würfel, Diätkost, Saft): Berlicum 2/Romosa, **Komarno**, Jupiter, Juwarot, **Maxima**, **Neptun**, Nerac, **Rodelika**
d) gelbe Sorten: Gelber Goliath, **Yellowstone**
e) violette Sorten: Deep Purple, Purple Haze

© Filip Ilic Novi Sad/Shutterstock.com

Rodegerät zur mechanischen Wurzelgemüseernte.

Der Sellerie

(Apium graveolens L.*)*
Zeller, Eppich, Celery (engl.), *zweijährig, Fremdbefruchter*

Bodenansprüche: tiefgründige, nährstoffreiche, humus- und kalkhaltige Böden, hoher Wasserbedarf, Anbaugebiete mit kühlen, feuchten Sommern sind vorzuziehen.
Vorfrucht: alle stark gedüngten Gemüse- oder Feldfrüchte wie Kartoffeln, Kraut, Gurken u. a.
Krankheiten und Schädlinge: Blattfleckenkrankheit, Selleriefliege, Möhrenfliege
Düngung: keine frische Stallmistdüngung, sehr salzverträglich, nicht chlorempfindlich
Nährstoffbedarf:
200 kg/ha N
80 kg/ha P_2O_5
280 kg/ha K_2O
20 kg/ha MgO
Auf Borversorgung (Herz- und Trockenfäule) achten, physiologisch saure Dünger (schwefelsaures Ammoniak, Superphosphat, chlorhaltiges 40-Kali, Vollkorn grün u. a.) verwenden.
Kultur:

a) **Knollensellerie** (A. graveolens L. var. rapaceum) für Frischmarkt und Konservenindustrie, Lagergemüse, Hauptkultur.
b) **Schnitt- oder Blattsellerie** (A. graveolens L. var. secalinum) bildet keine Knollen, für Suppengrünproduktion, auch feldmäßige Produktion für Blatttrocknung. Vor- und Nachkultur.
c) **Stangen-, Stauden- oder Bleichsellerie** (A. graveolens L. var. dulce) bildet auch keine Knolle, die Blattstängel werden für den Frischmarkt produziert, Gemüserarität, Hauptkultur.

© Valentyn Volkov/Shutterstock.com

Beim Stangensellerie werden die dickfleischigen Blattstiele als Gemüse verwendet.

Aussaat: Jungpflanzenvorkultur mit Pikieren, Aussaat ab Februar/März (März/ April bei Bleichsellerie), die Früchte, im Handel als Samen bezeichnet, sind von grau-brauner Farbe und starkem Selleriegeruch Tausendkorngewicht: 0,3 bis 0,5 g, für 1.000 Pflanzen werden 1,0 g gesät, langsames Keimen, warme Jungpflanzenanzucht verhindert vorzeitiges Schossen der Pflanzen (besonders bei Frühkulturen mindestens 16 °C).
Pflanzung: ab Anfang Mai, frostempfindlich, sonst Schosserstimmung, nicht zu tief. Standraum: 40 bis 50 cm Reihenabstand und Abstand in der Reihe (30 cm bei Bleichsellerie), 5 bis 6 Pfl./m^2, bei Frühkulturen wird dichter gepflanzt (Ernte von kleineren Knollen mit Laub, Suppensellerie, 8 bis 10 Pfl./m^2), bei Produktion für die Konservenindustrie (großknollige Ware) weiter pflanzen; bei Schnittsellerieproduktion stehen bis zu 100 Pfl./m^2, eventuell drillen.
Pflege: Zusatzbewässerung, Beikrautregulierung, chem. Bekämpfung möglich, späte Kopfdüngung noch zweckmäßig, Bleichsellerie im Spätsommer für gute Ausbleichung der unteren Stängel anhäufeln, bei Frühkulturen Vlies einsetzen.
Ernte: Suppensellerie bzw. bei Verkauf von Bündelware (Knolle mit Laub) ab Juli/ August, sonst bei gut entwickelter Knolle, Lagerware möglichst spät ernten, gering frostverträglich, ernten im Kleinanbau mit Grabgabel, das Laub abdrehen, sonst auspflügen oder mit Siebkettenroder, Schwingsiebroder, Sellerievollernter u. a., Verkauf der Frühware nach Stück (Knollen mit Laub), später nach Gewicht.
Sortierung: Größensortierung, Mindestdurchmesser 6 cm (3 cm für Suppensellerie mit Laub), 6 bis 9 cm, 9 bis 12 cm, über 12 cm, bei Bleichsellerie: Mindestgewicht 15 dag. Langfristige Lagerung für partienweisen Abverkauf in den Wintermonaten in Lagerräumen, Mieten bzw. Kühlräumen möglich.
Ertrag: 30 t bis 50 t/ha Knollenertrag, 20 t bis 30 t/ha Stangenertrag bei Bleichsellerie, bis 40 t kg/ha Frischkrautware bei Blattsellerie.
Sortenbeispiele: Wahl nach Weißfleischigkeit beim Kochen und Glätte der Knollen. Knollensellerie: Balena, Goliath, **Ibis**, **Prinz**, Kojak
Industrieware: Brilliant, Cisko, President, **Monarch**
Bleichsellerie: Darklet, Premio, **Tall Utah**, **Tango**

Die Petersilie

(*Petroselinum crispum* [Mill.] Nyman ex A. W. Hill)
Peterlein, Silk, Parsley (engl.),
zweijährig, Fremdbefruchter

Bodenansprüche: tiefgründige, jedoch aufgelockerte, feuchte Böden bevorzugt, gut geeignet auch Moorböden. Mit sich selbst nicht verträglich.

Kultur:

a) Wurzelpetersilie *(P. crispum* ssp. *tuberosum)* als Hauptkultur, Absatz Herbst und Winter.

b) Blatt- und Schnittpetersilie *(P. crispum* ssp. *crispum)* als Vor- oder Nachkultur, jedoch Ganzjahresbedarf, Winternutzung der Folientunnel, spez. auch für Blatttrocknung oder Tiefkühlindustrie.

Aussaat: direkte Drillsaat ins Freiland im März/April, 3 kg/ha Saatgutbedarf (5 bis 8 kg/ha bei Blattpetersilie). Die Früchte, im Handel als Samen bezeichnet, sind von graugrüner Färbung und besitzen charakteristischen Petersiliengeruch. Tausendkorngewicht: 1,3 bis 1,6 g, sehr langsame Keimung, Reihenabstand: 25 bis 35 cm Wurzelpetersilie, 10 bis 20 cm Blattpetersilie.

Pflege: Beikrautregulierung, Abflammen möglich, mehrmals hacken, da Petersilie empfindlich gegen Verkrusten ist, bei Blattpetersilie nach jedem Schnitt Kopfdüngung verabreichen.

Düngung:
130 kg/ha N
30 kg/ha P_2O_5
190 kg/ha K_2O
15 kg/ha MgO

Von der Petersilie können Blatt und Wurzel zum Würzen verwendet werden.

Ernte: Wurzelernte im Herbst, Bündelware früher, mit Schwingsiebroder oder dgl., Blatternte durch manuellen oder maschinellen Schnitt (bis 3-mal).
Ertrag: 20 bis 30 t/ha Wurzelertrag und 10 t/ha Blattertrag, bei Blattpetersilie: bis 40 t/ha Frischblattware (3 Schnitte), langfristige Lagerung der Wurzeln in Mieten, Lagerräumen oder Kühlräumen.
Lieferung: gewaschen mit oder ohne Laub, Bündelware oder lose ohne Laub in Plateaus bzw. Poolkiste.
Sortenbeispiele:
Blattsorten:
glattblättrig: **Einfache Schnitt**, Felicia, **Gigante d'Italia**, Laura
krausblättrig: Afrodite, Bravour, **Grüne Perle**, Mooskrause 2
Wurzelsorten: Arat, Atika, **Eagle**, **Halblange**, Lange Oberlaaer

Die Pastinake

(Pastinaca sativa L.*)*
Pastinak, Hammelmöhre, Moorwurzel, Parsnip (engl.)
zweijährig, Fremdbestäuber

Bodenansprüche: schwerere Böden, lehmige Humusböden, auch Moorböden geeignet.
Kultur: wenig üblich, Lagergemüse, als Petersilienersatz, Hauptkultur, Wurzel winterhart, manchmal für die Trockengemüseproduktion, verdient mehr Verbreitung (aromatischer Geschmack), nitratarmes Gemüse.
Aussaat: Direktsaat März/April, für Nachkultur bzw. Überwinterung auch bis Mai, 2 bis 4 cm tief.

Die Pastinake ist in der Kultur ein problemloses Wurzelgemüse.

Saatgutbedarf: 3 kg/ha, auf 30 bis 50 cm Reihenabstand so drillen, dass später nicht mehr vereinzelt werden muss; der Samen ist (Früchte) stark platt gedrückt, von hellbrauner Färbung. Tausendkorngewicht: 2,5 bis 3 g, nur 1 Jahr keimfähig. Tiefgekühlt aufbewahren.
Pflege: Hacke, Beikrautregulierung, Abflammen 14 Tage nach der Saat zweckmäßig, später Häufeln, notfalls auf 8 bis 12 cm vereinzeln (unwirtschaftlich), noch späte Stickstoff-Kopfdüngung im August/September zweckmäßig (Hauptzuwachs), Pflanzenschutz meist nicht notwendig, da eine der robustesten Gemüsepflanzen.
Düngung:
130 kg/ha N
30 kg/ha P_2O_5
190 kg/ha K_2O
15 kg/ha MgO
Ernte: ab Oktober, Roden der gelblich weißfleischigen Wurzeln mit Möhrenrodegeräten und dgl., Blatt kann auch als Küchengewürz verwendet werden, Rübe kann den Winter über im Boden verbleiben.
Ertrag: 30 t bis 50 t/ha Wurzeln, bis 15 t/ha Blattfrischmasse, langfristige Lagerung in Mieten, Kellern, Kühlräumen.
Lieferung: gewaschen, lose in Plateaus.
Sortenbeispiele: Sutton's Student, **Halblange Weisse**, **White Gem**

Der Knollenfenchel

(Foeniculum vulgare Mill. var. *azoricum)*
Italienischer Fenchel, Bologneser, Zwiebelfenchel,
Gemüsefenchel, Finocchio, Florence Fennel (engl.),
zweijährig, Fremdbefruchter, Langtagpflanze

Botanik: *Foeniculum vulgare* Mill. *(F. officinale* All.*)*
1. subsp. *piperitum*: Pfefferfenchel, mit pfefferartigem Geschmack der Frucht
2. subsp. *capillaceum*: Gartenfenchel
   a) var. *vulgare*: Wilder Fenchel
   b) var. *dulce*: Süßer Fenchel oder Gewürzfenchel. Die Samen dieser Art werden als Gewürz oder zur Gewinnung ätherischer Öle verwendet.
   c) var. *azoricum*: Knollenfenchel. Einzige Varietät, die Knollen bildet und als Gemüse genutzt wird.

Krankheiten und Schädlinge: Wenig anfällig, Rosenthripse, Sclerotinia-Fäule.
Kultur: Gemüserarität, meist als Nachfrucht für Juli-August-Anbau, unter bestimmten Voraussetzungen Ganzjahreskultur möglich (unter Einbeziehung geschützter Kultur), Importgemüse, auch für die Konservenindustrie.
Aussaat: Als Langtagpflanze kann Fenchel im Frühanbau leicht Schosser bringen, daher genaue Sortenwahl und warme Jungpflanzenanzucht bei frühem Anbautermin (ab März/April), Vlies als Kälteschutz anwenden, 1 g Samen für 120 Pflanzen, bei

Aussaat	Pflanzung	Ernte	Sortenbeispiele
M III	E IV	M VI	**Finale**, **Fino**, **Orion**, **Solaris**
M V	M VI	M VIII	**Fino**, Floro, **Preludio**, **Orion**
M VI	M VII	A IX	**Orion**, **Fino**, **Preludio**, **Rondo**
A VII	A VIII	M X	**Fino**, **Orion**, **Rondo**, **Solaris**

üblichem Anbau (Juni/Juli für Herbsternte) Direktsaat ins Feld mit Einzelkornsägerät oder Pflanzung, eventuell satzweiser Anbau. Saatgutbedarf: 3 bis 4 kg/ha, Tausendkorngewicht: 4 bis 6 g, der Samen ist ellipsoid walzenförmig, grau-braun, mit charakteristischem Geschmack; 2 bis 3 Jahre keimfähig. Standraum: 30 bis 50 cm Reihenabstand, 20 bis 30 cm Abstand in der Reihe, 10 bis 12 Pfl./m² bringen den höchsten Ertrag, bei weiterem Standraum steigt zwar das Einzelgewicht der Knollen, der Gesamtertrag aber sinkt.
Pflege: zeitgerecht vereinzeln, empfindlich gegen verkrusteten Boden, Beikrautregulierung, Zusatzberegnung und N-Kopfdüngung bei beginnender Knollenbildung erhöhen den Ertrag, ein Anhäufeln begünstigt die erwünschte helle Färbung der Knollen.
Düngung: organische Düngung nicht notwendig.
150 kg/ha N
20 kg/ha P_2O_5
140 kg/ha K_2O

Zur Marktaufbereitung wird der Knollenfenchel beim Laub eingekürzt.

Ernte: je nach Anbaustufe ab Anfang Juni bei entsprechend entwickelter Knolle, leicht frostverträglich, Ernte von Hand: die Knolle vom Wurzelhals abschneiden, die Blätter auf Handbreite über der Knolle einkürzen, mehrmals durchernten.
Ertrag: marktfertiges **Knollengewicht:** 200 bis 300 g, 20 bis 30 t/ha **Knollenertrag;** zu flache Knollen deuten auf falsch gewählten Kulturtermin oder Sorte hin.
Lieferung: lose in Plateaus gelegt, notfalls gewaschen, nach Größen sortiert, Verkauf nach Gewicht, Lagerung im Kühlraum gut möglich.
Sortenbeispiele: siehe Kulturtafel.

Der Dill

(Anethum graveolens L.*)*
einjährig, Fremdbefruchter, Langtagpflanze

Bodenansprüche: anspruchslos, jedoch besser auf schweren Böden ohne stauende Nässe.
Kultur: für Frischmarkt, Konservenindustrie oder Gemüsetrocknung, als Vorkultur oder ganzjähriger Stufenanbau. Anbau für die Produktion von:
a) Frischdill als junges Kraut bis 30 cm Wuchshöhe, meist für den Frischmarkt (Bündelware),
b) Dillkraut von 30 bis 80 cm Wuchshöhe bei beginnender Blüte meist zum Gurkeneinlegen (Konservenindustrie),
c) Samendill: für die Körnergewinnung.
Aussaat: Frühanbau vorteilhafter, da Sommeraussaaten sofort in Blüte gehen. Ab Ende März, Anfang April Direktsaat ins Freiland, die Samen sind deutlich gerippt, grau bis bräunlich. **Tausendkorngewicht:** 1,7 g, **Saatgutbedarf:** 35 kg/ha (Frischdill) – 20 kg/ha (Dillkraut) – 8 kg/ha (Blüten- und Samendill), **Reihenabstand:** 20 bis 30 cm, Drillen ohne Vereinzeln.

© Jenn Art/Shutterstock.com

Dill: nahezu ein Muss für manche Soßen und zum Gurkeneinlegen

Pflege: Beikrautregulierung, Abflammen nur bei frühen Saaten zweckmäßig.
Düngerbedarf:
90 kg/ha N
15 kg/ha P_2O_5
100 kg/ha K_2O
Ernte: Dillkraut etwa acht Wochen nach Aussaat, je nach gewünschter Pflanzenlänge, im Kleinanbau durch Abschneiden, im Großanbau durch maschinelles Abmähen, zweimalige Ernte möglich. **Erträge je nach Wuchshöhe:** 15 bis 20 t/ha bei Frischdille (20 bis 30 cm), 20 bis 25 t/ha bei Dillkraut (blühend). Lagerung ist nicht möglich.
Lieferung: in Bündeln gelegt.
Sortenbeispiele: Delikat, **Diana**, Dukat, **Hera**, **Goldkrone**, **Green Sleeves**. Trockenindustrie verlangt spezielle aromatische Herkünfte.

© Skrypnykov Dmytro/Shutterstock.com

Junge Dillpflanzen

Gemüse aus der Familie der Korbblütler

(Compositae/Asteraceae)

Botanische Einteilung:

1. *Lactuca sativa* L.
   var. *capitata*: Kopfsalat, Häuptelsalat, Krachsalat/Batavia, Eissalat;
   var. *longifolia*: Bindesalat, Römischer Salat, Cos, Kochsalat, Schlusssalat, Sommerendivie, Lattich, Romanischer Salat;
   var. *crispa*: Schnittsalat, Pflücksalat (Zupfsalat), Blattsalat, Babyleaf (engl.)
   var. *angustana*: Spargelsalat
2. *Cichorium endivia* L.: Winterendivie
   var. *crispum* Lam.: Krause Winterendivie, Frisée;
   var. *latifolium*: Breitblättrige Endivie, Eskariol
3. *Cichorium intybus* L. var. *foliosum*:
   a) Treibzichorie: Chicorée oder Witlof;
   b) Salatzichorie: Zuckerhut-Salat, Radicchio (Cicorino rosso), Rosettenzichorie, Blattzichorie

Der Kopfsalat

einjährig, Selbstbestäubung vorherrschend, meist Langtagformen

a) Kopfsalat weichblättrig: Butterhäuptel, Häuptelsalat, Hapelsalat, Grüner Salat, Lettuce Butterhead engl.
b) Krachsalat, Eissalat, Krauthäuptel, Batavia, Bummerlsalat, Great-Lakes-Typen, Lettuce crisphead, engl.

Kulturtermin	Aussaat	Pflanzung	Ernte
Frühkultur	Ab I	Ab A III	A–M V
Frühsommer	III–IV	IV–V	VI–VII
Sommer	IV–V	V–VI	VII–VIII
Herbst	Bis M VII	Bis M VIII	IX–X
Winter	VIII–IX	X	IV–V

Bodenansprüche: lockere, humose Lehmböden oder sandige Lehmböden, empfindlich gegen saure Böden, keine trockenen, leichten Standorte ohne Bewässerung wählen, gute und tiefe Bodenbearbeitung durchführen.
Vorfrucht: stark gedüngte Gemüsearten oder Feldfrüchte. Nach sich selbst nicht stellen.
Kultur: fast ganzjährige Produktion. Frühjahrs-, Frühsommer-, Sommer-, Herbst- und Wintersalat, Stufenanbau für ständige Frischmarktbelieferung, kurze Vegetationsdauer, intensive Gemüsekultur.

Aussaat: je nach Kulturtermin im gestaffelten Anbau, für Frühsalat Jungpflanzenvorkultur in Presswürfeln usw. notwendig, 1,5 g für 1.000 Jungpflanzen.
Tausendkorngewicht: 1 g; die im Handel als Samen bezeichnete Frucht ist ein Nüsschen von silbergrauer, brauner oder schwarzer Farbe bzw. Pillensaatgut, 3 bis 4 Jahre keimfähig.
Pflanzung: 30 bis 40 cm Reihenabstand, 25 bis 35 cm Abstand in der Reihe, etwa 10 bis 15 Pfl./m^2, Krachsalat weiteren Standraum bemessen, seicht pflanzen, bei Frühkulturen Vlies einsetzen, Vliesauflage ab Pflanzung bis unmittelbar vor Schnittbeginn. Zur Unkrautunterdrückung und Fäulnisminderung auf Mulchfolie (PE Folie oder Biomulchfolie), Mulchvlies oder Mulchpapier pflanzen.
Pflege: regelmäßige Hacke, verkrusteten Boden vermeiden, chemische Unkrautbekämpfung möglich, Zusatzberegnung besonders bei beginnender Kopfbildung förderlich.
Düngung: keine frische Stallmistdüngung, Salat ist sehr salzempfindlich.
100 kg/ha N
30 kg/ha P_2O_5
140 kg/ha K_2O
15 kg/ha MgO
Wegen der kurzen Kulturzeit meist keine Kopfdüngung notwendig.
Ernte: nach entsprechender Kopfbildung möglichst in den Morgenstunden schneiden, von Hand 1- bis 2-maliges Durchschneiden, da nicht immer einheitliche Schnittreife, Sortieren nach Handelsklassen, nach Stückzahl in Steigen packen, möglichst kühl stellen.
Erntegewicht: 200 bis 600 g Kopfgewicht bei Butterhäuptel, 300 bis 1.000 g bei Krachsalat, demnach 20 bis 40 t/ha. Kurzfristige Lagerung in Kühlräumen möglich, Vakuumkühlung besonders geeignet. Verkauf nach Stück, seltener nach Gewicht (Krachsalate).
Schädlinge und Krankheiten: Salatmosaikvirus (Sortenwahl), Bakterienwelke, Falscher Mehltau, Grauschimmelfäule, Wurzelläuse, Blattläuse, Maiswurzelbohrer, Sclerotinia-Fäule (Sortenresistenzen beachten).
Sortenbeispiele: Sortenwahl je nach Kulturtermin, Markterfordernis und Krankheitsresistenzen. Schießen von Temperatursumme und Tageslänge abhängig.

Kopfsalat erfordert zur gleichmäßigen Marktbeschickung einen satzweisen Anbau.

© Deyan Georgiev/Shutterstock.com

Großflächiger Salatanbau erfordert Maschinen- und Handarbeitseinsatz.

a) Butterhäuptel:
Frühjahr (Tunnel, Vlies): **Celene**, **Cindy**, Pia, **Speedway**, Torpedo, Twinco
Frühsommer bzw. Herbst: **Admiral**, Ferrado, **Forlina**, **Gisela**, **Mafaldo**, Skyphos
Sommer: Admiral, Ferrado, **Forlina**, **Hungarina**, **Lobela**, Rujano, Skyphos
Herbst: **Gisela**, **Jolito**, **Malfada**, Rujano, **Santoro**
Rot: **Laurenzio**, **Sebastiano**
b) Krachsalat, dunkel: **Argentinas**, **Ardinas**, **Bakel**, **Cellist**, Elenas, **Nanette**
c) Krachsalat, hell (Batavia): **Mareika, Grazer Krauthäuptel 2, Marcord**, Mozart, Reflexion
d) Blatt-Batavia (Gentile), grün: **Bonaly**, **Exquise**, **Maritima**, **Tourbillon**
rot: Diablotin, **Mohican**, **Novelski**, Redial
e) Lollo-Blattsalate, grün (Lollo Bionda): **Aleppo**, **Eztorill**, Levisto, Locarno
Lollo-Blattsalate, rot (Lollo Rosso): Anthony, Carmesi, **Cavernet**, Rasta, Redlo, **Tuska**
f) Blattsalate Sonderformen: **Catalogna**, Hussarde, **Tarantelle**, Till, Venezianer
g) Eichblatt (Krul), grün: Capsule, **Hardy**, **Kiribati**, Kristine, **Vizir**
Eichblatt (Krul), rot: **Bijella**, Cazarai, **Lunix**, Prunai, Ribai, **Sadawi**, Starix, Versai

In einigen Gegenden ist der Anbau und Markt für **Bindesalat oder Römischen Salat** gegeben. Als Kochsalat wird er auch von der Tiefkühlindustrie gebraucht. Beim Importgemüse unter Cos-Salat bekannt. Anbautermine und Kulturführung sind dem Kopfsalat gleich. Der Standraum ist etwas weiter zu bemessen. In der Sortenwahl sind die lokalen Bedürfnisse zu berücksichtigen.
Sortenbeispiele: **Corbana**, **Forellenschluss**, Maximus, Moonred, **Totana**, Zieglers Wiener Maidivi
Salatherzen, Romana-Herzen, Little-Gem-Typen: Casius, Cegolaine, **Little Gem**, **Xanadu**, **Xaroma**

Der Schnittsalat

Zupfsalat, Babyleaf (engl.)

Kultur: Babyleaf ist eine Mischung aus verschiedenen Salatsorten, die, dicht gesät, in sehr jungem Zustand als Einzelblatt geschnitten wird. Die Vermarktung erfolgt in farblicher Kombination bzw. auch anderer Salat- oder Kräuterarten. Die Produktion kann im Freiland wie im Folientunnel oder Gewächshaus mit sehr kurzer Kulturzeit erfolgen.

Das Foliengewächshaus erleichtert die Schnittsalat-Kulturführung.

Saatbeetvorbereitung: Abgesetzte, gewalzte Beete vorbereiten, möglichst Flächen mit geringem Begleitkräuterdruck bzw. geringer Verschlämmneigung im Freiland.
Aussaat: Wöchentliche Direktsaat einzelner Sorten, die erst bei der Vermarktung vermischt werden. Saat von Mischungen nicht ratsam, da unterschiedliche Entwicklung und Schnittreife. Reihenabstand 10–12 cm, Beetbauweise, **Saatgutbedarf:** 5–7 kg/ha bzw. können 300–500 Pflanzen/m^2 stehen bzw. je nach Sorte 40–80 Pflanzen pro lfm. Sehr flache Saat für Lichtkeimung mit pneumatischen Sägeräten wie z. B. Parker Seed Spider/GB, Sembdner/BRD, Dema/Italien. Vliesauflage für 1 Woche fördert gleichmäßiges Auflaufen.
Im geschützten Anbau kann durch Pflanzung (4–6 Pflanzen im Erdpresstopf) die Kulturdauer weiter verkürzt, der Begleitkräuterdruck gemindert und die Ernte verfrüht werden. Pflanzabstände 12 × 10 cm oder 15 × 7,5 cm.
Pflege: Sehr dosierte, gleichmäßige Bewässerung.
Ernte: Bei Blattlängen von 10 cm nach 35 bis 60 Tagen je nach Jahreszeit und Anbaustandort (Freiland oder geschützt), Schnitt per Hand mit Sense 2 cm über Vegetationspunkt oder Maschinenernte frühmorgens. Zum Teil auch 2. Schnitt möglich, wenn kein Krankheitsdruck oder Verunkrautung. Aufwendige Aufbereitung wie Wäsche, Schleuder, Mischung, Verpackung in Schalen, Beutel oder lose, stehend in Kisten. Kühlkette beachten.
Düngung: Keine organische Düngung direkt vor der Saat.
60 kg/ha N
60 kg/ha P_20_5
80 kg/ha K_20
Ertrag: Je nach Sorte und Kulturdauer bzw. Pflanzen/m^2: 0,5–2,0 kg/m^2, im Jahresmittel 1,0 kg/m^2.
Sortenbeispiele: Sortenwahl richtet sich nach den Abnehmerwünschen (Arten und Sorten, Zusammensetzung der Mischung), Saatgutkosten und aktuellen Resistenzen.

Batavia grün: Alanet, Burivia, Grüner Eishäuptel, **Lettony**
Batavia rot: **Dia Blotin**, **Red Bat**
Eichblatt grün: **Oaking**, Capsule
Eichblatt rot: Ponelya, **Sadawi**
Frisée: Endivette
Lollo Bionda: **Secco**
Lollo Rosso: **Redlo**
Romana grün: **Aerostar**, **Palosta**, Galasta
Romana rot: Amboni, Ovired, Redza
Andere mögliche Bestandteile einer Baby-Leaf-Mischung: Asiasalate (Schärfe beachten), Endivie, Feldsalat/Rapunzel, Kerbel, Radicchio, Rukola, Spinat, Schnittzichorie und Roter Mangold

Die Winterendivie

Endiviensalat, Bindendivie, Andivi, Divi, breiter Salat, Endive (engl.)
einjährig, Fremdbestäubung vorherrschend, Langtagpflanze

Bodenansprüche: mittelschwere, lockere Böden mit gutem Humusgehalt (Pfahlwurzel), tiefe Bodenbearbeitung, feuchte Standorte mit milden Herbstwochen sind bevorzugt und erlauben späte Ernte.
Vorfrucht: stark gedüngte Gemüse oder Feldfrüchte.
Kultur: ideale Nachfrucht für alle früh räumenden Gemüse- oder Feldkulturen, Anbaubedeutung gering, da hauptsächlich Importgemüse (Italien, Frankreich), Kulturführung gleich Kopfsalat, setzt Lagermöglichkeit und satzweisen Verkauf in den Wintermonaten voraus.
Aussaat: ab Mitte Februar bei warmer Anzucht möglich, Hauptkultur im Juni/Juli für Pflanzung Juli/August, also Jungpflanzenvorkultur, Erdwürfel usw., **Saatmenge:** 2,5 g für 1.000 Jungpflanzen, **Tausendkorngewicht:** 1,5 g, der Samen ist ein Früchtchen, mehr oder weniger gerippt, 4 bis 5 Jahre keimfähig.

Die Salatpalette ist bunter geworden.

Pflanzung: nach 4 bis 5 Wochen Anzuchtdauer auf einen Standraum von 35 bis 50 cm Reihenabstand und 30 bis 40 cm Abstand in der Reihe, das sind 6 bis 8 Pfl./m², seicht pflanzen (zur besseren Entfaltung der Blattrosette). Auf Mulchfolie, -papier oder -vlies pflanzen.
Pflege: Beikrautregulierung, Hacke; Zusatzbewässerung nur zum Anwachsen, nicht mehr in den kühlen Herbstwochen (Fäulnisgefahr).
Düngerbedarf: je nach Vorkultur
150 kg/ha N
35 kg/ha P_2O_5
140 kg/ha K_2O, 80 kg/ha CaO, 15 kg/ha MgO
Jedoch: salzempfindlich
Ernte: nach Erreichen einer gut ausgebildeten Rosette mit Herzfüllung ab Ende Mai (Frühsätze), sonst September, Oktober, November; leicht frostverträglich; Blätter nicht zurückschneiden, nur trockene Ware ernten, sonst zu großer Lagerverlust. Zur besseren Haltbarkeit einschlagen in Erdlager, bei 0 °C halten, stark lüften. Sortierung nach der Qualitätsklassenverordnung. 200 g Mindestgewicht; Verkauf nach Gewicht oder Stück.
Sortenbeispiele: Auswahl nach Marktgängigkeit der ganzblättrigen oder geschlitztblättrigen Sorten bzw. nach Bleichfähigkeit und Haltbarkeit. **Eros**, **Diva**, **Confiance**, Mikado, **Nuance**, **Stratego**, **Sychel**.
Friséetypen: Barundi, **Davos**, **Domari**, **Myrna**.
Krankheiten und Schädlinge: Falscher Mehltau, bakterielle und pilzliche Salatfäule, Wurzelläuse sowie Kranzfäule (Kalziummangel).

Die Treibzichorie oder Chicorée

Witlof, Weiße Zichorie, Brüsseler Spitzen, Chicory (engl.)
zweijährig, Fremdbefruchter

Chicoréeblätter lassen sich gut für Dips verwenden.

Bodenansprüche: Die für den Rübenanbau geeigneten mittelschweren, lockeren (Ernte), jedoch tiefgründigen (Pfahlwurzel) Standorte, hohe Luftfeuchte und entsprechende Temperaturen fördern das notwendige Wurzelwachstum.
Kultur: noch wenig üblich, es ist eine zweigeteilte Anbauweise:
a) Produktion der Wurzeln im Freiland über den Sommer.
b) Treiben der Wurzeln zur Produktion der Sprosse in den Wintermonaten in dazu geeigneten Räumen, meist Importgemüse aus Belgien, Holland, Frankreich u. a. Gemüserarität, heimischer Anbau sollte mehr beachtet werden.
Aussaat: Direktsaat ab Anfang April bis Mai, zu frühe Aussaat bringt unbrauchbare Schosser, zu späte Saat zu wenig Wurzelertrag, 0,5 bis 1 kg/ha Saatgutbedarf, Einzelkornsägeräte so einstellen, dass 10 bis 12 Pflanzen pro lfm zu stehen kommen (bzw. bis 25 Pfl./m^2). **Reihenabstand:** 40 bis 60 cm, **Tausendkorngewicht:** 1,1 bis 2,3 g.
Pflege: falls notwendig, zeitgerecht vereinzeln; Beikrautregulierung, Zusatzberegnung förderlich.
Düngung: Stallmist zur Vorfrucht, N-Gaben nicht zu früh (nur Blattmasse) und verteilen.
Nährstoffbedarf:
155 kg/ha N
40 kg/ha P_2O_5
140 kg/ha K_2O, Kalk nach Bedarf
15 kg/ha MgO
Ernte der Rüben: Anfang Oktober bis Anfang November, nach Erreichen 3 bis 6 cm starker Wurzeln, leichter Frost schadet nicht, Wurzeln mit Siebkettenroder oder dgl. ausgraben, Blätter bis auf 2 bis 3 cm abschneiden (Futter), ohne Herz (Vegetationspunkt) zu verletzen, und Ablage am Feld zum Abtrocknen und eventueller Frosteinwirkung (fördert die Treibstimmung).
Lagerung der Rüben möglichst kühl in geeigneten Räumen, damit sie nicht austreiben; nach Größe und Stärke sortieren. **Wurzelertrag:** 25 bis 30 t/ha.
Treiberei: Treiben mit Deckerde nicht mehr üblich, eingeführt haben sich das Verfahren der Treiberei ohne Deckerde und die sogenannte Wassertreiberei durch Züchtung entsprechend geeigneter Sorten. Notwendig sind absolut dunkle Räume oder Überbauten mit schwarzer Folie. Ausheben von Grubenbeeten (120 cm breit, 15 bis 20 cm tief) oder Methode der Wassertreiberei. Satzweises Einstellen der auf 16 bis 18 cm gleich lang geschnittenen Rüben, bei Möglichkeit Boden- und Raumtemperatur auf 16 bis 20 °C einstellen, auch „kaltes" Treiben möglich bei 8 bis 16 °C bei guter Qualität, aber verlängerter Treibdauer. Treibdauer bei 18 °C z. B. 3 bis 4 Wochen; auf Fäulnisbefall achten, zu hohe Luftfeuchtigkeit vermeiden.
Ernte der Sprosse: nach entsprechendem Auswachsen der Sprosse (Länge bis 15 cm), jedoch sollen diese noch gut geschlossen sein; abbrechen und beim Putzen gleich schneiden, Sortierung nach Sprossenlänge oder -stärke, küchengerechte Verpackung (z. B. Tassen mit Schrumpffolie), lagerfähig.
Sprossertrag: 20 bis 25 kg/m^2 Treibfläche bzw. **Einzelsprossgewichte:** 7 bis 15 dag. Anbauflächenbedarf zu Treibflächenbedarf verhält sich wie 30 : 1.
Sortenbeispiele: **Atlas**, Focus, Endora, **Lightning**, **Metafora**, Totem

Die Salatzichorie

Zichoriensalat, Zuckerhutsalat [Fleischkraut], Radicchio [Radic], Cicerino, Rosettenzichorie, Chicory Italian type (engl.)
zweijährig, Fremdbestäubung vorherrschend, Langtagpflanze.

Bodenansprüche: Vorfrucht und Kultur sind ähnlich dem Winterendiviensalat. Die Salatzichorie wird in mehrere Arten unterschieden:

Art	Nutzung	Farbe	Anmerkung
Zuckerhut	Mittelfester länglicher Kopf	Hellgrün	Lagerfähig
Radicchio (Kopfzichorie)	Mittel bis fester Kopf	Rötlich mit weißen Rippen	Herkunft beachten nicht winterhart
Rosetten-zichorie	Blattrosette mit oder ohne Köpfchen	Rot-grün gescheckt	Rübe kann überwintern

Aussaat: ab Anfang Mai bis Mitte Juli, Jungpflanzenvorkultur, zu frühe Aussaat bringt Schosser. **Saatmenge:** 2 g für 1.000 Pflanzen, **Tausendkorngewicht:** 1,1 bis 1,5 g, 2 bis 3 Jahre keimfähig.
Pflanzung: nach 3 bis 4 Wochen Anzuchtdauer im Juni bis Anfang August, frühere Pflanztermine mit Flachbedeckung. **Reihenabstand:** 40 bis 50 cm, **Abstand in der Reihe:** 30 bis 40 cm, 5 bis 8 Pfl./m^2.
Pflege: Beikrautregulierung, Kopfdüngung meist nicht notwendig, Fäulnisbefall beachten, Innenbrand, Wühlmausbekämpfung.
Düngung: je nach Vorkultur:
100 bis 120 kg/ha N
30 bis 40 kg/ha P_2O_5
140 kg/ha K_2O
Ernte: nach Erreichen der optimalen Kopfgröße bzw. -festigkeit, bei Rosettenzichorie nur kleine Kopfbildung mit Manschette, mehrmaliges Durchschneiden, frostverträglich, Rosettenzichorien-Typen können über den Winter stehen bleiben (Neuaustriebernte im März/April).
Ertrag: je nach Marktaufbereitung Kopfgewichte zwischen 150 bis 400 g, demnach 12 t bis 30 t/ha. Kurzfristige Lagerung möglich, Zuckerhut-Kopfgewicht bis 1,00 kg, Zuckerhut länger lagerfähig.
Sortenbeispiele:
Zuckerhut: siehe Kulturplan
Radicchio: siehe Kulturplan
Rosettenzichorie: Fioro/Treviso, Giove/Treviso, **Grumolo Verde**, **Rosso di Verona**, Variegato di Castelfranco
Löwenzahnblättrig: Catalogna, Rossa Italia

Der leicht bitter schmeckende Radicchio gehört zu den italienischen Klassikern.

Kulturplan Zuckerhut

Aussaat	Pflanzung	Ernte	Sortenbeispiele
8.4.	1.5.	3.7.	Jupiter
24.4.	15.5.	15.7.	Jupiter
10.5.	1.6.	1.8.	Jupiter, Virtus
24.5.	15.6.	15.8.	Jupiter, Virtus
10.6.	1.7.	1.9.	Jupiter, **Uranus**, Virtus
24.6.	15.7.	15.9.	Jupiter, **Uranus**, Virtus
10.7.	1.8.	5.10.	Jupiter, **Uranus**, Virtus
24.7.	5.8.	15.10.	Jupiter, **Uranus**, Virtus

Kulturplan Radicchio

Aussaat	Pflanzung	Ernte	Sortenbeispiele
21.3.	15.4.	20.6.	Balou, Indigo
9.4.	1.5.	5.7.	Balou, Indigo
24.4.	15.5.	20.7.	Balou, **Fiero/Treviso**, Indigo
9.5.	1.6.	5.8.	**Fiero/Treviso**, **Firestorm**, Indigo
24.5.	15.6.	20.8.	**Fiero/Treviso**, **Firestorm**, Indigo **Leonardo**
9.6.	1.7.	5.9.	**Fiero/Treviso**, **Firestorm**, Giove/Treviso, Indigo **Leonardo**
24.6.	15.7.	20.9.	**Fiero/Treviso**, **Firestorm**, Giove/Treviso, Indigo **Leonardo**
9.7.	1.8.	10.10.	**Fiero/Treviso**, **Firestorm**, Giove/Treviso, Indigo **Leonardo**

Die Schwarzwurzel

(Scorzonera hispanica L.*)*
Skorzonera, Winterspargel, Garten-Schwarzwurzel, Salsify (engl.)
ausdauernd, in Kultur einjährig bis einjährig überwinternd, Selbst- und Fremdbefruchter

Bodenansprüche: tiefgründige, nährstoffreiche, möglichst siebfähige Böden, die zeitige Aussaat und späte Ernte erlauben, also leicht abtrocknen; Schwarzwurzeln sind klassische Tiefwurzler, tiefe Winterfurche notwendig, neutrale Bodenreaktion.

Kultur: Hauptkultur, im heimischen Anbau noch wenig zu finden, für Frischmarkt und besonders für die Konservenindustrie (Diätgemüse), vollmechanisierbar.
Aussaat: Direktsaat Ende März/Mitte April, mit pneumatischen Einzelkornsägeräten, **Reihenabstand:** 30 bis 40 cm, **Saatgutbedarf:** 10 bis 12 kg/ha, alle 5 bis 7 cm soll eine Pflanze stehen, Saatgut stäbchenförmig bis 1,5 cm lang und 1 mm stark, **Tausendkorngewicht:** 10 bis 14 g, 1 g = 70 bis 100 Korn.
Pflege: Beikrautregulierung, notfalls vereinzeln (schräger Eggenstrich), Zusatzberegnung von Anfang Juli bis Anfang September, gegebenenfalls Vorblüher entfernen, Befall mit Echtem Mehltau beachten.
Düngung: organische Düngung im Herbst günstig,
155 kg/ha N (2 bis 3 Gaben bis spätestens im August),
60 kg/ha P_2O_5
155 kg/ha K_2O, 20 kg/ha MgO

© Alice Thinschmidt

Die Schwarzwurzel verlangt tiefgründige, möglichst siebfähige Böden zur leichteren Ernte.

Ernte: Oktober/November, kann notfalls im Boden verbleiben für die Frühjahrsernte, mit Schwingsiebroder, Krenroder u. a., die bis 30 cm langen Wurzeln brechen leicht ab, Kraut vorher abhäckseln. **Ertrag:** 15 bis 25 t/ha Wurzeln, Lagerung möglich.
Sortenbeispiele: Duplex, **Hoffmann's Schwarzer Pfahl**, Meres

Der Topinambur

(Helianthus tuberosus L.*)*
Erdsonnenblume, Erdbirne, Kleine Sonnenblume, Erdartischocke, Wildkartoffel, Jerusalem artichoke (engl.), *ausdauernd, Fremdbefruchter, Kurztagpflanze*

Bodenansprüche: gedeiht auf allen Böden, soweit genügend Wasser vorhanden ist, siebfähige Böden sind für die Ernte geeigneter, schwere Böden erhöhen den Knollenertrag.
Kultur: knollenbildende Verwandte der Sonnenblume, als Gemüsepflanze noch wenig verbreitet, bekannt als Futterpflanze, Hauptkultur, kann mehrere Jahre am selben Standort verbleiben, Kompostlieferant, Sichtschutzpflanze, zur Biospriterzeugung, Wildfutterpflanze, Diabetikernahrungsmittel, kann aber auch lästiges „Beikraut" werden.
Aussaat: keine Samen, nur vegetative Vermehrung, Knollen werden Anfang April/Mai oder im September/Oktober in Reihenabständen von 60 bis 70 cm und 30 cm Abstand in der Reihe gleich Kartoffeln 5 cm tief abgelegt. **Saatknollenbedarf:** 2 t/ha, eine Saatknolle soll mindestens 5 dag wiegen.
Pflege: Beikrautregulierung zu Beginn der Vegetationszeit, schließt jedoch bald den Bestand, Pflanzenschutzmaßnahmen sind nicht erforderlich, im Spätherbst/Winter das bis 3 m hohe Kraut abschneiden und kompostieren (als Erntevorbereitung), blüht als ausgesprochene Kurztagpflanze, wenn überhaupt, erst im September/Oktober (gibt auch Sommerblüher).
Düngung: Stallmistgaben im Herbst.
80 kg/ha N, 60 kg/ha P_2O_5, 180 kg/ha K_2O
Mit Stickstoff nicht überdüngen, mindert den Knollenertrag, fast kein Nitrat enthaltend.

Der Topinambur ist eine vielseitig verwendbare Pflanze.

Ernte: An den unterirdischen Ausläufern bilden sich Sprossknollen, die zu buckeligen, birnenförmigen, kartoffelgroßen, jedenfalls unregelmäßigen Knollen anschwellen, Roden der Knollen im Herbst, Ende Oktober/November, an frostfreien Tagen den ganzen Winter über möglich, wenig haltbar, also nach Möglichkeit nur unmittelbar vor Bedarf ernten mit Grabgabel im Kleinanbau, Kartoffelroder, Rodepflug usw., „vergessene“ Knollen treiben wieder aus, **Knollenertrag:** 30 t bis 50 t/ha, nicht lagerfähig.
Sortenbeispiele: Auswahl nach Knollenfarbe, Wuchshöhe, Frühzeitigkeit, Verwendung usw., Saatknollenbezug bei Zuchtbetrieben oder aus eigenen Beständen: Bianka, Rozo (Rote Zonenkugel), Topianka, Waldspindel usw.

Die Artischocke

(Cynara cardunculus var. *scolymus* L.*)*
Gemüse-Artischocke, Artichoke (engl.)
einjährig bis mehrjährig, Fremdbefruchter (Bienen)

Bodenansprüche: Hohe Ansprüche an sonnigen, windgeschützten Lagen, humus- und nährstoffreiche, tiefgründige, lockere und vor allem warme Böden. Feucht, aber keine stauende Nässe. Tiefe Bodenlockerung ist lohnend (Tiefwurzler), pH-Wert im Bereich von 6,5–7,2.
Kultur: Sommerliche Hauptkultur aus dem Mittelmeerraum, im heimischen Anbau noch selten. Überwinterung an begünstigten Standorten möglich, sonst einjährige Kulturweise, mit sich nicht verträglich.
Aussaat bzw. Pflanzung: Zum Anbau gelangen entweder über Saatgut gewonnene Jungpflanzen oder vegetative Kindel oder Fechser, die der Mutterpflanze an der Sprossbasis nach der Ernte entnommen werden können. Aussaat im März bis Anfang April, **Tausendkorngewicht** 50–75 g, **Saatgutbedarf** 12.000 Korn/ha, 80 g ergeben 1.000 Pflanzen, Anzucht in 7 × 7 cm Erdpresswürfel oder 9er-Topf. 4-6-wöchige Vorkultur (3 bis 5 entfaltete Laubblätter).
Pflanzung: Ende April bis Anfang Mai, Reihenabstand 120–150 cm und Abstand in der Reihe 60–80 cm, jedenfalls 1 bis 1,2 Pflanzen pro m^2. Wenig spätfrostempfindlich. Pflanzung auf Mulchfolie oder Mulchvlies zur Beikrautregulierung und

Ernteverfrühung zweckmäßig. Bedeckung mit Verfrühungsvlies fördert zügiges Anwachsen. In den klassischen Anbauländern Italien, Frankreich und Spanien werden nach der Ernte im Juni–Juli Fechser oder Kindel ausgepflanzt (mit der Mutterpflanze genetisch ident, bleiben bitterfrei).
Pflege: Regulierung der Begleitkräuter, gleichmäßige Feuchtigkeit fördert gute Pflanzenentwicklung, daher Bewässerung (Tropfschlauch) zweckmäßig. Auf Krankheits- und Schädlingsbefall achten.
Düngung: Reichliche Stallmistgabe von 40–60 t/ha zur Herbstfurche.
90 kg/ha N, 40 kg/ha P_2O_5,140 kg/ha K_2O
Ernte: Geerntet werden bei Artischocken die noch fest geschlossenen Blütenknospen für die Gemüseverwendung, ab Juli über 6–8 Wochen manuell und selektiv, 1–2-mal wöchentlich, übersehene, bereits aufgeblühte Knospen können der floristischen Verwendung zugeführt werden.
Ertrag: Nur Primärknospen haben Frischmarktqualität bei 250–400 g Gewicht. Sekundärknospen wiegen nur noch 100–200 g. Demnach Knospenertrag 1,5 bis 1,8 kg bzw. 4–8 Knospen pro Pflanze, somit 12 t bis 15 t kg/ha. Die Knospen sind bei 0 °C und 90–100 % relativer Luftfeuchte 2–3 Wochen lagerfähig. Verkauf nach Stück oder Gewicht.
Hinweis: Für pharmazeutische Nutzung können die frischen Blätter verwendet werden.
Schädlinge und Krankheiten: Bohrfliege, Blattläuse, Maiszünsler, Wiesenwanzen, Grauschimmel, Blattflecken, Verticillium, Welke, Hasen, Mäusefraß bei Überwinterung.
Sortenbeispiele: Auswahl nach Form (runde Sorten mit breitem Blütenboden) und Farbe (hellgrün bis grün, violette Sorten weniger geeignet für den mitteleuropäischen Anbau).
Concerto, Green Globe, Gros vert de laon, Imperial Star, Madrigal, Orlando (grünviolett), Romagna violett.
Nahe verwandt mit der Artischocke ist Kardy oder Spanische Artischocke, Kardone, *Cynara cardunculus* L. Bei dieser Pflanze werden aber die gebleichten silbrig-graugrünen, bleichsellerieähnlichen Blattstiele als Gemüse genutzt.

Die Artischocke benötigt zur Kultur wärmebegünstigte Lagen.

Gemüse aus der Familie der Gräser

(Gramineae)

Der Zuckermais

(Zea mays L. convar. *saccharata* Koern.*)*
Speisemais, Süßmais, Brotwoaz, Gemüsemais, Sweet Corn (engl.),
einjährig, Fremdbefruchter

Kultur: Anbaubedeutung noch gering, feldmäßige Gemüsekultur für Frischmarkt und Konservenindustrie; Zuckermais kann angebaut werden für:

a) Ernte der ausgewachsenen Kolben in weichem, milchreifem Zustand, hauptsächlich für den Frischmarkt, z. T. für die Konservenindustrie.
b) Ernte der noch kleinen (8 bis 10 cm) unreifen Kölbchen für die Produktion von „Maiskölbchen in Essig" (Mini-Mais), nur Vertragsproduktion für die gemüseverarbeitende Industrie.

Bodenansprüche: warme, nährstoffreiche, lockere Böden bevorzugt, keine trockenen oder Standorte mit stauender Nässe. Hohe Wärmeansprüche, spätfrostfreie Lagen ermöglichen zeitige Aussaat und somit frühe Ernte.
Krankheiten und Schädlinge: Maiszünsler, Fritfliege, Auflaufkrankheiten, Fasan- und Vogelfraß; Maiswurzelbohrer.
Aussaat: Direktsaat ab Mitte April bis Mitte Mai oder später bis Anfang Juni, bei einer Mindestbodentemperatur von 10 bis 12 °C mit Einzelkornsägerät, **Reihenabstand:** 60 bis 70 cm, Abstand in der Reihe: 15 bis 20 cm (7 bis 10 Pfl./m^2), **Saatgutbedarf:** 12 bis 18 kg je Hektar, die durch den Zuckergehalt sehr eingeschrumpften Körner haben ein Tausendkorngewicht von 200 bis 300 g, Jungpflanzenvorkultur möglich. Mulchfolie oder Flachbedeckung mit Vlies oder Lochfolie bringen Ernteverfrühung. Wegen Gefahr der Fremdbefruchtung von Körnermais (Futtermais) mindestens 300 m Abstand halten.
unterteilte N-Düngung als Reihendüngung
Pflege: Beikrautregulierung, Anhäufeln, Zusatzberegnung beim Fahnen-(Rispen-)Schieben von Vorteil.
Düngung:
160 kg/ha N
80 kg/ha P_2O_5
150 kg/ha K_2O
Ernte: 90 bis 140 Tage nach der Aussaat bei noch milchigen Körnern, somit ab Mitte Juli bis Ende Oktober, die Narben sind zu dieser Zeit bereits braun bzw. vertrocknet, händisches Abbrechen der Kolben, maschinelle Pflücke möglich,

Zuckermais zur Vermarktung foliert in Tassen

2- bis 3-mal durchernten, Verkauf und Lieferung meist mit Lieschen nach Stück, entlieścht auf Tassen mit Schrumpffolie.

Ertrag: 1 bis 2 marktfähige Kolben pro Pflanze, **Kolbengewicht** mit Lieschen: 30 bis 40 dag, ohne Lieschen 20 bis 30 dag. Lagerfähig.

Sortenbeispiele: Auswahl nach Reifezeit, Zuckergehalt (z. B. extra süß), Kolbenlänge und Kornfarbe (gelbkörnige und weißkörnige Sorten).

Dream Gold, Golda, Landmark, Noa, Sunrise, Tasty Gold, True Gold Sweet Corn.

Anmerkung: Für die Produktion von Mini-Mais für Essiggemüse werden entweder Zuckermaissorten oder Körnermaissorten (z. B. Karin) angebaut. Der Standraum kann etwas enger bemessen werden. Die Aussaat wird für eine kontinuierliche Ernte gestaffelt (bis Mitte Juni). **Ertrag:** 1 t/ha Kölbchen entliescht; 100 bis 140 St. Kölbchen pro kg, bei 1 AKh Entlieschzeit, 1 t Rohware ergibt 140 kg Fertigware.

Eine weitere Spezialität wäre die Popkornproduktion für die Direktvermarktung.

Sortenbeispiel: Popcorn-Yellow, Saatgutbedarf: 8 kg/a

Gemüse aus der Familie der Gänsefußgewächse

(Chenopodiaceae)

Die Rote Rübe

(Beta vulgaris L. subsp. *vulgaris* var. *vulgaris)*
Rote Bete, Randen, Rohnen, Salatrübe, Beets (engl.)
zweijährig, Fremdbefruchter

Kultur: Marktbedeutung gering, meist vollmechanisierter großflächiger Anbau für die Konservenindustrie, z. T. auch als Nachfrucht, extensive Kultur, Liebhaberanbau als Bündelware mit weißen Sorten oder kleinfallender Ware (Baby beets).
Bodenansprüche: nicht sehr anspruchsvoll, als Tiefwurzler nicht trockenheitsempfindlich, im Hinblick auf die Erntetechnik werden leichtere Standorte bevorzugt.
Krankheiten und Schädlinge: meist kein Pflanzenschutz notwendig, Cercospora-Blattfleckenkrankheit.

Rote Rüben werden hauptsächlich zu Konservengemüse verarbeitet.

Aussaat: direkt ins Freiland mit Einzelkornsägerät ab Ende März für Sommerernte (Frühsorten) oder Saat Mitte April bis Anfang Juni für Herbsternte (Lagersorten), Saatdichte bestimmt Rübengröße; Frühanbau 40 Pfl./m^2, Sommeranbau 60 Pfl./m^2, für Herbsternte 40 Pfl./m^2. Der Samen besteht aus einem Knäuel mit 3 bis 7 Einzelfrüchten, im Handel ist auch Monogermsaatgut, Tausendknäuelgewicht genetisch monogerm: 10–11 g, 1 g = 50 bis 65 Knäuel = 90 bis 100 Korn, **Saatgutbedarf:** 2–7 kg/ha, 3 bis 4 kg/ha bei Monogerm, **Reihenweite:** 30 bis 50 cm, Abstand in den Reihen ergibt sich aus der Saatgutmenge (3 bis 5 cm).
Pflege: Beikrautregulierung, bei Bedarf im 3- bis 4-Blatt-Stadium vereinzeln, Zusatzberegnung zweckmäßig.
Düngerbedarf:
150 kg/ha N
50 kg/ha P_2O_5
195 kg/ha K_2O
20 kg/ha MgO
N als Salpeter geben, chloridverträglich, auf gute Borversorgung achten.
Ernte: bei gewünschter Rübengröße bzw. bei Bedarf, spätestens jedoch vor Frosteinbruch, Schwingsiebroder oder Vollernter, Rübenblatt silierfähig.
Ertrag: 30 bis 45 t/ha, in Kellern, frostfreien Hallen, Feldmieten usw., lose geschüttet gut lagerfähig.
Sortenbeispiele: Auswahl nach Rübenform und guter Ausfärbung.
Akela, **Boro**, **Bolivar**, Burpree's Golden (gelb-orange), **Forono** (zylindrisch), Loma (zylindrisch), Pablo, **Robuschka**, Rocket, **Storuman**, Wodan.

Der Mangold

(Beta vulgaris L. subsp. *cicla)*
Sonstige Bezeichnungen: Römischer Kohl, Beißkohl, Krautstiel

Formen: Stiel- oder Rippenmangold *(var. flavescens)*, Nutzung der breiten, fleischigen Stiele. Schnitt- oder Blattmangold (Spinatmangold) *(var. cicla)*. Nutzung der mächtigen Blattspreiten.
Kultur: Spezialitätenkultur der Direktvermarkter, besonders in der Schweiz. Sommerkultur im Freiland, Schnittmangold als Spinatersatz im Sommer, wenig frostempfindlich, zu früher Anbau bringt Schossgefahr, keine hohen Bodenansprüche, jedoch Feuchtigkeit und hoher Düngerbedarf. Rübenböden vorteilhaft.
Aussaat: Direktsaat nur bei Schnittmangold üblich, ab Ende April auf Reihenabstand 30 cm mit 20–30 kg/ha Saatgutbedarf. Mangold ist Dunkelkeimer, daher gute Bedeckung notwendig. Bei Stielmangold ist die Pflanzung zweckmäßiger. Jungpflanzenanzucht ab Mitte März in Erdpresstopf für 3–4 Wochen, TKG = 15–20 Gramm, 1 g = 60–80 Knäuele = ca. 100 Pflanzen. Auspflanzungen ab Mitte April (Frühsätze warm anziehen und mit Vlies bedecken wegen Schossgefahr) auf 40–50 cm × 30–40 cm. Weiterer Abstand bringt große Einzelpflanzen mit ausladenden Blättern.
Pflege: Bodenlockerung und Beikrautregulierung, hoher Wasserbedarf, beim Pflanzenschutz sich nach Roten Rüben orientieren. Wenig krankheitsanfällig. Möglich sind Rübenmosaikvirus, Vergilbungsvirus, Falscher Mehltau, Nematoden (4-jährige Fruchtfolge einhalten).
Düngerbedarf:
140 kg N/ha
40 kg P_2O_5/ha
180 kg K_2O/ha

© Steidl/Shutterstock.com

Bei Mangold ist zwischen Stiel- und Blattmangold zu unterscheiden.

Ernte: Meist nach 8- bis 10-wöchiger Kulturdauer, bei Stielmangold die ganze Pflanze am Stängelgrund abschneiden, Außenblätter bzw. vergilbte Blätter wegbrechen, Vermarktung in 60 × 40er-Stiegen nach Stück oder Gewicht. Bei Schnittmangold die Blätter abschneiden und Loseblattvermarktung. Mehrfacher Schnitt möglich.
Ertrag: bis 50 t/ha bei Stielmangold, wenig haltbar. Blattertrag: bis 60 t/ha bei Schnittmangold.
Sortenbeispiele: Bei der Sortenwahl auf Stielfarbe (Weiß, Gelb, Bunt) achten.
Stielmangold: **Berac**, Bright Light (bunt), Feurio (rot), **Glatter Silber**, **Walliser**
Blattmangold: **Lukullus**, **Grüner Schnitt**

Der Spinat

(Spinacia oleracea L.*)*
Gartenspinat, Binetsch, Spinach (engl.)
einjährig, Fremdbefruchter, Langtagpflanze

Kultur	Anbau	Ernte
Frühjahrsspinat	II–III	IV–V
Sommerspinat	V–VI–VII	VI–VII–VIII
Herbstspinat	VIII–IX	X–XI
Winterspinat	IX–X	X + IV/V

© limipix/Shutterstock.com

Spinat im Feldanbau

Bodenansprüche: tiefgründige, sandige Lehmböden (Tiefwurzler), keine sauren Standorte, sandige Böden verschmutzen Erntegut, reagiert schnell auf nicht zusagende Bodenverhältnisse, nicht nach sich selbst stellen (Spinatmüdigkeit).
Krankheiten und Schädlinge: Falscher Mehltau, Viruskrankheiten.
Kultur: meist großflächige Vertragsanbauten in landwirtschaftlichen Betrieben mit vollmechanischer Ernte für die Tiefkühlindustrie bzw. Babynahrung als Vor- und Nachfrucht, im Intensivbetrieb Frischmarktproduktion (Wurzelspinat bzw. Baby Leaf), Herbstgemüse, z.T. Frühjahrsgemüse, neue Sorten erlauben auch Sommeranbau. Winternutzung im Folientunnel.
Aussaat: entsprechend dem Kulturtermin, Direktsaat bei 15 bis 25 cm Reihenabstand, 3 bis 4 cm tief drillen, Saatgutbedarf: 30 bis 50 kg/ha bzw. Blattspinat 250.000–300.000 Korn, Wurzelspinat 100.000–140.000 Korn, Baby Leaf 700.000–1 Mill. Korn. Samen sind rund bis spitz, von graubrauner Farbe, **Tausendkorngewicht:** 7–10 g.
Pflege: Beikrautregulierung, Kalkstickstoff einsetzen. Zusatzberegnung besonders bei Frühjahrskultur zweckmäßig.
Düngerbedarf: Stallmist zur Vorkultur
140 kg/ha N
40 kg/ha P_2O_5
140 kg/ha K_2O
N fördert den Nitratgehalt, dieser ist jedoch von der Lichtmenge abhängig.
Ernte: feldmäßig mit Erntemaschinen (Schnitt und Aufsammlung der Blätter), im Kleinanbau mit Handmesser oder Sense, optimaler Zeitpunkt bei viel Blatt- und wenig Schosseranteil, Nitratgehalt beachten
Ertrag: 15 t bis 25 t/ha Blattware; Verkauf nach Gewicht, Waschen bzw. Wässern frischt zwar auf, mindert jedoch Inhaltsstoffe.
Sortenbeispiele: Auswahl nach Mehltau- und Schossresistenz, Winterhärte, Anbautermin – Frischmarkt: **Corvair**, Dolphin, Lazio, **Monza** (Sommer), **Ottawa**, **Tamiro**, Toucan (Sommer)
Industrie: Novico, **Ottawa**, Rembour

Gemüse aus der Familie der Baldriangewächse

(Valerianaceae)

Der Rapunzel, Feldsalat

(Valerianella locusta Laterr. syn. *V. olitoria)*
Feldsalat, Vogerlsalat, Ackersalat, Nüsslisalat, Schlafmaul, Cornsalad (engl.)
einjährig, Fremdbestäuber

Bodenansprüche: keine besonderen Ansprüche, mittelschwere, unkrautfreie Böden bevorzugt, schneefreie, milde Anbaulagen ermöglichen auch Winterernten. Krankheiten und Schädlinge: Grauschimmel, Echter und Falscher Mehltau (resistente Sorten wählen).

© Tob1900/Shutterstock.com

Bei Rapunzel setzt sich die Pflanzkulturweise durch.

Kultur: wertvolle Nachkultur mit hohem Handarbeitsaufwand bei der Ernte, in den Wintermonaten gute Einnahmequelle und Auslastung ständiger Arbeitskräfte, Hauptanbau August/September für Oktober-bis-April-Ernte.
Aussaat: Direktaussaat mit Einzelkornsägerät ab August bis September, im Freiland oder Winternutzung im Folientunnel, Frühjahrsaussaaten gehen leicht in Blüte, **Reihenabstand:** 10 bis 15 cm in Beetform, Saatgutbedarf: 10 bis 15 kg/ha, kein Vereinzeln notwendig, im Folientunnel auch als Pflanzkultur, der Samen (Frucht) ist rundlich bis eiförmig zusammengedrückt, auf jeder Seite zweirippig, **Tausendkorngewicht:** 0,8 bis 1,0 g, oft geringe Keimfähigkeit.
Pflege: Beikrautregulierung
Düngerbedarf: Bei stark gedüngten Vorkulturen keine Düngung notwendig. Durch lange Kulturzeit bei Herbstsaat und Frühjahrsernte Auswaschungsverluste beachten:
60 kg/ha N (Nitratwert beachten)
10 kg/ha P_2O_5
60 kg K_2O
Keine frische Stallmistdüngung
Ernte: nach Ausbildung einer Blattrosette mit mindestens acht Blättern, beim Schneiden Rosette nicht zerstören, meist Einmalernte, küchenfertig putzen und waschen. Verkauf nach Gewicht, Ertrag: 0,5 kg bis 1 kg/m^2.
Sortenbeispiele: Auswahl nach Resistenzen (Falscher Mehltau), Blattform und Winterfestigkeit: Accent, **Baron**, Cirilla, **Favor**, **Elan**, Gala, **Granon**, **Juvert**, **Vit**.

Die gesamte Pflanze von Rapunzel oder Feldsalat wird ohne Wurzel frisch zubereitet.

Gemüse aus der Familie der Knöterichgewächse

(Polygonaceae)

Der Rhabarber

(Rheum rhaponticum L.*)*
Bulgarischer Rhabarber, Rhapontik, Rhubarb (engl.)
ausdauernd, Fremdbestäuber

Bodenansprüche: tiefgründige, nährstoffreiche Lehm- und Humusböden mit guter Wasserversorgung (hoher Grundwasserstand), gute Bodenlockerung vor Neuanlage.

Die klassischen Rhabarbersorten sollen nur bis Mitte Juni geerntet werden.

Kultur: ideale Dauerkultur für marktferne bäuerliche Betriebe, z. T. auch Vertragsproduktion für die Getränkeindustrie.
Aussaat bzw. Pflanzung: nur vegetative Vermehrung, zur Pflanzung gelangen Rhizomstücke (geteilte Wurzelstöcke alter Anlagen) mit mindestens 1 kg Gewicht und mehreren Knospen; diese „Klumpen“ werden in der Regel zugekauft. Herbstpflanzung günstiger als Frühjahrspflanzung. **Pflanzabstand:** 1 bis 1,5 m × 1,0 m, d. h. **Pflanzenbedarf:** 7.000 bis 10.000 St./ha, 2 Doppelreihen und 3,2 m Fahrgasse bewährt.
Pflege: Beikrautregulierung, besonders bei Neuanlage, bis Bestand geschlossen, chemische Unkrautbekämpfung möglich, regelmäßiges Ausbrechen der Blütenstängel. Kein Pflanzenschutz notwendig (Rost- und Fraßschäden möglich). Zur Ernteverfrühung Flachfolie oder Vlies einsetzen (jeweils 6 Reihen unter 10-m-Bahn).
Düngerbedarf: vor Neuanlage reichliche organische und P-K-Vorratsdüngung, laufende Düngung erst gegen Ende der Ernteperiode (Juni) mit bis 200 kg/ha N (aufgeteilt),
125 kg/ha N (aufgeteilt),
60 kg/ha P_2O_5
200 kg/ha K_2O
20 kg/ha MgO
Ernte: ab Ende März, Anfang April, bei Erreichen marktgängiger Stielgrößen bis Mitte Juni. Ausbrechen von 3 bis 4 Stängeln pro Pflanze einmal pro Woche. Marktfertiges Herrichten durch Abschneiden der Laubblätter und Bündeln zu egalisiertem Gewicht (3 bis 5 kg). Vom dauertragenden Rhabarber 'Livingstone' können den ganzen Sommer über grünfleischige Blattstiele geerntet werden – dadurch hohe Erträge.
Ertrag: 30 bis 50 t/ha, beschränkt lagerfähig.
Sortenbeispiele: rotstielige Sorten bevorzugt, Saftindustrie verlangt säurereiche Typen; oft lokale Selektionen.
Campbell, Canada Red, Frambozenrood, Goliath, Holsteiner Blut, The Sutton, Livingstone

Die Blattstiele werden einzeln geerntet.

Gemüse aus der Familie der Spargelgewächse*

(Asparagaceae)

Der Spargel

(Asparagus officinalis L.*)*
Bleichspargel, Grünspargel, Gemüse-Spargel, Asparagus (engl.), *ausdauernd, Fremdbefruchter*

Kultur: oft als Spezialkultur im Nebenerwerbsbetrieb. Ausgesprochenes Fein- bzw. Frühgemüse, Anbau ausweitungsfähig, setzt jedoch Absatzmöglichkeiten auf dem Frischmarkt voraus (Marktnähe), in konservierter Form (Dosenspargel) ein Importgemüse. Als Gemüse werden die ersten gebleichten oder grünen Sprossen genutzt. Kulturanlage bis 15 Jahre nutzbar.
Bodenansprüche: tiefgründige, humose Sandböden („Arme Sandböden") in freier, sonniger Lage, keine Waldnähe oder Böden mit stauender Nässe. Für Grünspargelproduktion eignen sich auch sehr lehmige oder steinige Standorte, da der Dammaufbau wegfällt.
Krankheiten und Schädlinge: Spargelfliege, Spargelkäfer, Rost, verschiedene Fußkrankheiten

Spargel wird häufig noch händisch mit dem Spargelstecher geerntet

* Spargel gehörte früher gemeinsam mit den Zwiebelgewächsen zur Familie der Liliengewächse (Liliaceae).

Aussaat: Im Prinzip ist eine eigene Pflanzenanzucht (Einzelkornsaat) möglich, jedoch werden in der Regel bei einer Spargelneuanlage die einjährigen Jungpflanzen von einem anerkannten Zuchtbetrieb zugekauft.
Pflanzung: März bis April, **Reihenabstand:** 1,80 bis 2,00 m, **Abstand in der Reihe:** 30 bis 50 cm, daher **Pflanzenbedarf pro ha:** 12.000 bis 16.000 Stück. Bei der Anlage zur Bleichspargelproduktion sind vorher Pflanzgräben mit 50 cm Breite und 30 cm Tiefe auszuheben (Spargelgrabenpflug), die Grabensohle mit Stallmist oder Torf anreichern. Die Knospenanlage soll mindestens 15 cm unter der Erde zum Liegen kommen.
Düngerbedarf: Stallmistgabe bis 20 t/ha und Gründecke im Vorjahr der Neuanlage. Nach entsprechender Vorratsdüngung (P, K und Mg nach Bodenuntersuchung dosieren) die Gaben bis zum 5. Standjahr steigern (Tiefwurzler). Gedüngt wird erst nach beendeter Ernte (Stechzeit bis 20. Juni):
100 kg/ha N
60 kg/ha P_2O_5
140 kg/ha K_2O
20 kg/ha MgO
Hauptnährstoffbedarf Juli/August, organische Düngung möglichst alle zwei Jahre, da beim Spargel keine Ernterückstände anfallen.
Pflege: Bei Bleichspargelkultur mindestens 30 cm hohe Dämme im April aufziehen. Bedecken der Dämme mit Spezialfolien bringt Ernteverfrühung. Nach der Ernte auseinanderpflügen und einebnen; bei Grünspargel entfällt die Dammbauweise; Unkrauthacke zwischen den Pflanzreihen, chemische Bekämpfung erst ab 3. Jahr möglich, im Herbst ist das Spargelkraut abzuschlägeln. Zusatzbewässerung bringt mehr Ertrag.
Ernte: Stechen der Sprossen mit dem Spargelmesser bei entsprechender Länge erst ab dem 3. Standjahr so früh als möglich im April/Mai bis längstens 20. Juni, damit sich die Pflanzen wieder erholen können, meist zweimal täglich; zur Ernteverfrühung Mulchfolie, Antitaufolie oder Vlies einsetzen. Bei Grünspargel nur oberirdisches Abschneiden der 20 bis 25 cm langen Sprosse.
Ertrag von mehrjährigen Anlagen: 3 t bis 8 t/ha, Sortierung nach den Handelsnormen, nach **Farbe:** weißer, violetter oder grüner Spargel, oder nach **Größe:** 17 bis 22 cm, 12 bis 17 cm, kürzer als 12 cm, Mindestdurchmesser je nach **Klasse:** 10 bis 12 mm. Erntegut sofort kühlen. Stechleistung 3 kg/AKh.
Sortenbeispiele:
Bleichspargel: Backlim, Gijnlim, Grolim, Mondeo, Ravel, Thielim, Ramires
Grünspargel: Primaverde, Steiniva, Schneewittchen, Viridas

Weißer, grüner und violetter Spargel unterscheidet sich auch im Geschmack.

Gemüse aus der Familie der Lauchgewächse*

(Alliaceae)

Arten: Zwiebel, Knoblauch, Porree, Schnittlauch

Die Zwiebel

(Allium cepa L.*)*
Küchenzwiebel, Zippel, Bolle, Onion (engl.)
zweijährig, Fremdbestäuber, Zwiebelbildung (= verdickte Blätter oder Schalen der gestauchten Sprossachse) im Langtag

Kulturverfahren	Anbau	Ernte
Direktsaat	Ende Februar, März bis April	August bis September
Direktsaat (Wintersorten)	10. bis 25. August	Juni–Juli
Steckzwiebel	März	August
Pflanzzwiebel (Fleischerzwiebel)	Februar–März (Saat) April (Pflanzung)	August bis September
Bundzwiebel	März–Mai bzw. später August	Juni–August und später April–Mai

Bundzwiebel ist das ganze Jahr vermarktbar.

* Zwiebel, Knoblauch, Porree und Schnittlauch wurden früher, gemeinsam mit Spargel, zur Familie der Liliengewächsen (Liliaceae) gezählt.

Kultur: meist großflächig, vollmechanisierte Hauptkultur bei Direktsaat (Säzwiebel) im landwirtschaftlichen Betrieb, im Kleinbetrieb noch Steckzwiebelkultur und im gärtnerischen Betrieb Pflanzzwiebelkultur üblich, ganzjähriges Angebot, z. T. Import- bzw. Exportgemüse, gute Vorfrucht.
Bodenansprüche: warme, lehmige Sand- oder sandige Lehmböden, keine feuchten Lagen oder Böden mit hohem Grundwasserstand bzw. schwere Ton- oder Lehmböden (Ernte problematisch), in der Hauptwuchszeit (M VI bis A VIII) genügend Niederschläge erforderlich bzw. begünstigt Trockenheit Ende August und im September das Ausreifen bzw. die Erntearbeiten.
Vorfrucht: stark gedüngte Gemüsearten oder Feldfrüchte, ebenso Getreide, Kartoffeln oder Hülsenfrüchte. Nicht nach sich selbst stellen.
Krankheiten und Schädlinge: Zwiebelbrand, Falscher Mehltau, Zwiebelhalsfäule, Zwiebelfliege (windoffene Lagen bevorzugen), Zwiebelminierfliege, Weichfäule.

a) Säzwiebel-Kultur

Aussaat: **Sommerzwiebel:** Direktsaat im Frühjahr so früh wie möglich (Februar bis März); **Winterzwiebel:** Herbstsaat zur Überwinterung zwischen 10. und 25. August (zu frühe Saaten schossen, zu späte wintern aus). **Reihenabstand:** 30 bis 40 cm, Saatmenge beeinflusst die Zwiebelgröße, **Saatgutbedarf:** 3 bis 6 kg/ha, mindestens 100 Pfl./m^2, der Samen ist dreikantig und von schwarzer Farbe, **Tausendkorngewicht:** 4 g, 2 bis 3 Jahre keimfähig.
Pflege: Beikrautregulierung, Zusatzberegnung zweckmäßig, auf Bodenverkrustung achten.
Düngung: keine frische organische Düngung
Nährstoffbedarf:
130 kg/ha N (Hälfte zur Saat, Hälfte Mitte Juni als Ammoniak)
40 kg/ha P_2O_5
140 kg/ha K_2O (Kalimagnesia)
Einfluss von reichlicher Stickstoffdüngung auf Lagerfähigkeit und Qualität.
Ernte: nach Festwerden der Zwiebel und Vergilben (Einziehen) des Laubes im August-September, Winterzwiebel wesentlich früher (Juni-Juli). Ernte mit Schwing-

Bei der Säzwiebel gibt es lang ovale Sonderformen (Foto links).

siebroder oder dgl. oder Vollernter und Ablage auf Schwaden zum Nachreifen (bis 10 Tage). Dem Nachreifen auf dem Feld folgt ein Nachtrocknen (Warmlufttrockenanlage bei 25–30 °C), für Transport und Lagerung werden Großkisten eingesetzt.
Ernteertrag: 30 bis 50 t/ha, Reinigung und Sortierung erfolgt mit entsprechenden maschinellen Anlagen, gängige Zwiebelgröße: 35 bis 60 mm, Verpackung in 5-, 10-, 25-kg-Einheiten u. a.
Lagerung: in Zwiebeltrockenräumen, speziellen Lagerräumen oder Kühlzellen.
Sortenbeispiele: Auswahl nach Anbautermin, Lagerfähigkeit, Form, Farbe und Größe.
Sommerzwiebel: Calibra, Carlos, **Gelbe Laaer**, Gunnison, Hybelle, Medeo, **Red Baron** (rot), **Redspark** (rot), Redbull (rot), Spirit, **Summit**, **Wiener Bronzekugel**, Winchester, **Wiro** (rot), Yankee
Winterzwiebel (Herbstanbau): Electric (rot), Element, Olympic, Radar

b) Steckzwiebel-Kultur

Diese Anbauform wird nur im Hausgarten oder im Intensivbetrieb für Früheernte angewandt. Die kleinen Brutzwiebeln für den Anbau werden entweder im einschlägigen Samenfachhandel zugekauft oder im eigenen Betrieb produziert.
Gewinnung der Steckzwiebeln: Aussaat Ende März/Anfang April auf 20 bis 25 cm Reihenabstand bei 1,0 kg/a Saatgutbedarf. Die im Spätsommer geernteten kleinen Steckzwiebeln werden frostfrei und trocken überwintert.
Kultur: Auslegen (Stecken) der Zwiebeln im zeitigen Frühjahr oder Wintersteckzwiebel Anfang Oktober (maschinelle Reihenablage möglich) auf etwa 30 × 5 bis 8 cm, Zwiebelbedarf: 400 bis 600 kg/ha. Kleine Zwiebeln sind von besserer Qualität (1 g/Stück, Sortierung 8/15 mm, 15/21 mm). Große schossen leicht.
Ernte: August
Sortenbeispiele: Sommersteckzwiebel: **Centurion**, **Gelbe Laaer**, Hytech, **Jagro**, **Redbaron** (rot), **Sturon**
Wintersteckzwiebel: Keepwell, **Radar**
Anmerkungen: Der Steckzwiebel-Kultur gleich ist der Schalottenanbau *(Allium cepa* L. var. *aggregatum)*. **Sortenbeispiele:** Golden Gourmet, **Red Sun** (rosa), **Longor**, **Redbaron** (rot), **Laaer rosa Lotte**.

c) Pflanzzwiebel-Kultur

Wird wenig gehandhabt. Aussaat im Februar/März mit Jungpflanzenanzucht (5 g Saatgut geben 1.000 Pflanzen). Pflanzung ins Freiland im April/Mai, Standraum 30 × 20–30 cm. **Zwiebeleinzelgewicht:** 400–600 g.
Sortenbeispiele: Ailsa Craig, Calibra, Wiener Gelbe, Exhibition, Whitewing
Ernte: Juli–August mit Laub (gestutzt) für Direktvermarktung.

d) Bund- oder Lauchzwiebel-Kultur

Bei dieser Zwiebelkultur wird das frische Laub (Schlotte) mit oder ohne Zwiebel (je nach Sorte) gebündelt vermarktet.
Kultur: Direktsaat ins Feld mit Reihenabstand 25–35 cm. Saatgutbedarf 5–8 kg/ha, jedenfalls sollen 150–200 Pflanzen/m² zu stehen kommen. Satzweiser Anbau der winterharten Sorten im August. Sommersorten mit Zwiebelbildung ab Anfang März–Mitte April, Sorten ohne Zwiebelbildung (z. T. *Allium fistulosum* ab Anfang März bis Mitte Juli).

Ernte: Je nach Sätermin ab Anfang April der Wintersorten bzw. ab Anfang Juni der Sommersorten. Beetweise unterfahren mit Roder und meist händische Aufnahme bzw. Bündeln.
Sortenbeispiele: Winterfestigkeit beachten, Bundzwiebel mit Zwiebelbildung: Starlight, Tundra (winterhart).
Bundzwiebel ohne Zwiebelbildung: **Ismikura longwhite**, Parade.

Der Knoblauch

(Allium sativum L.var. *sativum* und *A. ampeloprasum* L.*)*
Knofel, Knoblauch, Garlic (engl.), *keine Samengewinnung*

Kultur: In der Regel Importware, heimischer Erwerbsanbau geringe Bedeutung, Hausgartenkultur, sehr arbeitsaufwendig.
Anbau: Auslegen der sogenannten Einzelzehen oder Klauen (Nebenzwiebel) entweder im Herbst (Ertrag besser) im September oder Oktober oder im zeitigen Frühjahr (März/April) händisch oder mit Steckzwiebel-Legemaschinen, z. T. auch mit umgebauten Sägeräten. **Standraum:** 30 bis 50 cm Reihenabstand, 10 bis 15 cm Abstand in der Reihe, **Zehenbedarf:** 600 bis 800 kg/ha bzw. 160.000 bis 330.000 Zehen/ha (= 16 bis 33 Zehen/m^2)
Düngung: keine frische Stallmistgabe.
75 bis 90 kg/ha N
30 kg/ha P_2O_5
80 kg/ha K_2O
Kalkstickstoff verstärkt einsetzen.
Pflege: Beikrautregulierung, besonders im Juni beachten, mehrmalige mechanische Hacke (Blindstriegeln im Frühjahr), chemische Bekämpfung z. T. möglich, Knoblauch deckt schlecht den Boden.
Krankheiten und Schädlinge: Gelbstreifen-Virose, Falscher Mehltau, Grauschimmel, Sclerotinia-Fäule, Spitzendürre, Knoblauchfliege, Lauchmotte

Knoblauch gedeiht gut in Weinbaulagen.

Ernte: nach Verfärbung bzw. teilweisem Absterben des oberen Drittels des Laubes im Juli, spätestens Anfang August. Zuwarten erschwert die Ernte (Zwiebeln ziehen stark in den Boden ein), Einsatz von Siebkettenroder oder Rodeschar mit händischem Aufsammeln. Einige Tage am Feld nachtrocknen lassen. Aufbewahrung in frostfreien, luftigen Räumen.
Ertrag: 4–12 t/ha Zehen/Zwiebelgewicht. 8–12 Zehen/Zwiebel = 26–60 g, Zehengewicht für Pflanzgut mindestens 5 g. Ganzjähriger Verkauf in Raschelsäcken oder Zöpfen bzw. Flowbag.
Sortenbeispiele: Sommer- und Winterknoblauch unterscheiden. Wenig Sorten, meist eigene Selektionen; Handelsherkünfte: Französischer, Russischer, Italienischer, Slowakischer, Holländischer u. a. Schädeltragende (Luftzwiebel) Winterknoblauchtypen meist gesünder und ertragreicher.

Sortenauswahl (alle Winterknoblauch)

Sorte	Eigenschaften
Cleodor	Weiß, kleine Zehen, spät
Flavor	Weiß, kleine Zehen
Fructidor	Rosa, mittlere Zwiebelgröße, spät, lagerfähig
Germidour	Violett, große Zwiebel, früh, wenig lagerfähig
Messidrome	Elfenbeinfarben, große Zwiebel, begrenzt lagerfähig, früh, ertragreich
Thermidrome	Elfenbeinfarben, große Zwiebel, begrenzt lagerfähig, ertragreich

Der Porree

(Allium porrum L. var. *porrum)*
Winterlauch, Lauch, Breitlauch, Puri, Leek (engl.)
zweijährig, Fremdbestäuber

Kultur: ganzjähriges Anbot aus satzweisem Anbau bzw. Lager möglich, im Landwirtschaftsbetrieb feldmäßig großflächige Kultur, Produktion für Frischmarkt und gemüseverarbeitende Industrie (auch Trockengemüse), gute Vorfrucht.
Bodenansprüche: humusreiche Lehmböden mit guter Nährstoff- und Humusversorgung, feuchtere Lagen bevorzugt, gründliche und tiefe Bodenbearbeitung notwendig.
Aussaat: Direktsaat (4 kg/ha) möglich, jedoch wenig üblich (langsame Jugendentwicklung), Jungpflanzenvorkultur unter Glas (Erdwürfel – 2 bis 3 Korn ablegen oder lockere Saat 3 g/m^2), Sommersorten Februar/März. die Samen ähneln den Zwiebelsamen, doch sind sie meist ziemlich runzelig, **Tausendkorngewicht:** 2,5 bis 3 g. Pflanzung ab Ende April bis Anfang Mai, Wintersorten noch bis Mitte Juni. **Standraum:** 40 bis 50 cm Reihenabstand, 10 bis 15 cm in der Reihe (16 bis 22 Pfl./m^2). Tief pflanzen zur Bildung eines langen. weißen Schaftes, auch Doppelpflanzung üblich.
Pflege: Beikrautregulierung, anhäufeln, für Zusatzberegnung dankbar. Drillsaaten müssen zeitgerecht vereinzelt werden. Frühsätze mit Vlies bedecken.
Düngung: keinen frischen Stallmist (Zwiebelfliege)
160 kg/ha N (unbedingt unterteilen, Kalkstickstoff einsetzen, auch späte Gabe noch lohnend)
50 kg/ha P_2O_5
180 kg/ha K_2O

Der Porree muss tief gepflanzt werden.

Ernte: Je nach Marktbedarf Frühsätze bereits ab Juli. Mit Rodepflug unterfahren, Schwingsiebroder oder dgl.; Haupternte im Herbst, Wintersorten bleiben bis April/Mai stehen. Für die Marktaufbereitung werden die Blätter und Wurzeln gekürzt, Schäfte gewaschen und gebündelt. Verkauf nach Gewicht. **Ertrag:** 25 bis 40 t/ha, kurzfristige Lagerung möglich.
Sortenbeispiele: Industrie (lang): Bulgarische Riesen-Selektionen, Lincoln
Sommerernte: Alora, **Hilari**, **Striker**, **Previta**
Herbst-/Winterernte: **Atlanta**, **Avano**, **Farinto**, Lancelot, Runner, **Sheriff**

Der Schnittlauch

(Allium schoenoprasum L. var. *schoenoprasum)*
Schnittling, Graslauch, Chives (engl.),
ausdauernd, Fremdbestäuber

Kultur: Anbaufläche unbedeutend, feldmäßiger Anbau für die Trockenindustrie, Frischmarktbelieferung aus Freiland oder im gärtnerischen Betrieb aus Treiberei (Bündel- oder Topfware), ganzjähriger Bedarf, Hauptabsatz in den Wintermonaten.
Bodenansprüche: gut versorgte, kalkreiche, feuchte Böden.
Aussaat: Es gibt verschiedene Anzuchtverfahren:
a) Jungpflanzenvorkultur bei Aussaat März oder August, je Erdpresstopf 10–15 Korn, Pflanzung April oder Ende September auf 50 × 30 cm, 10 g Saatgut ergeben 300 Erdpresstöpfe. **Tausendkorngewicht:** 1,0–1,3 g.
b) Direktsaat (drillen oder dibbeln) 10 bis 20 kg/ha im Frühjahr.
c) Vegetative Vermehrung durch Teilung einjähriger Freilandballen, Pflanzung im Herbst auf 50 × 30 cm, wenig üblich, da sehr arbeitsaufwendig.

Pflege: Beikrautregulierung, bis der Bestand schließt. Zusatzberegnen, Kopfdüngung.

Schnittlauch kann aus Feld- oder Treibkultur stammen.

Düngerbedarf: keine frische organische Düngung, mineral. Düngung je nach Produktionsrichtung (ständiger Schnitt oder Produktion von Ballen für die Treiberei):
200 kg/ha N
50 kg/ha P_2O_5
180 kg/ha K_2O
15 kg/ha MgO
N vor allem nach jedem Schnitt nachgeben.
Ernte: für Frischmarkt regelmäßiger Schnitt von Hand ab entsprechender Wuchshöhe (bis 3-mal pro Jahr), für Trockenindustrie mähen mit Schnittlader; Roden der Ballen für die Treiberei mit Rodepflug, Siebkettenroder, Ende Oktober, Vorbereitung zur Treiberei durch Warmwasserbehandlung (40 bis 42 °C beginnend für 16 Std.), satzweises Treiben unter Glas oder kalte Treiberei im Folientunnel. Ertrag bis zu 50 Bund/m^2 = 5 kg/m^2 Treibfläche. **Feldanbau:** bis 30 t/ha. Für den Handel werden 10 Bündchen (je 10 g) zu einem Bund (= 100 g) gebündelt.
Sortenbeispiele:
Dünnstielige Sorten: Bohemia, Dolores, Polyvit, Staro
Dickstielige Sorten: Erecta, Gonzales, Grolau, Nelly, Prager, Schmitt

Verschiedene küchenfertige Zwiebelgewächse

Gemüse aus der Familie der Ingwergewächse

(Zingiberaceae)

Arten: Ingwer, Kurkuma

Der Ingwer

(Zingiber officinale Roscoe)
Küchenzwiebel, Zippel, Bolle, Onion (engl.)

Kultur: Ingwer ist eine tropische Pflanze, die in Österreich am besten im Gewächshaus oder Folientunnel kultiviert wird, da sie empfindlich gegenüber niedrigen Temperaturen ist. Der Anbau erfolgt einjährig, da frostfreie Bedingungen notwendig sind. Die optimale Temperatur für den Anbau liegt zwischen **20 und 30 °C**. Die Pflanzung sollte im **Frühjahr (März bis Mai)** erfolgen, um die warme Vegetationszeit bestmöglich zu nutzen.
Anbau: Ingwer wird nicht aus Samen, sondern durch das Setzen von **Rhizomstücken** (Stücke der Ingwerwurzel mit mindestens einem Auge) vermehrt. Die Pflanzung der Rhizome erfolgt bei einer Bodentemperatur von **20–25 °C**. Das Rhizomstück sollte etwa **5 cm** tief in humusreichen, gut drainierten Boden gesetzt werden. Für die Anzucht im Gewächshaus empfiehlt sich eine Pflanzdichte von **30 × 30 cm**.
Pflanzung: Nach der Setzzeit der Rhizome beginnt die Vegetationsphase, die etwa **8–10 Monate** dauert. Ingwer benötigt viel Wärme und gleichmäßige Feuchtigkeit. Die Pflanzung erfolgt ab Mitte Mai, wenn die Frostgefahr vorbei ist. Eine **Tröpfchenbewässerung** eignet sich ideal, um die konstante Bodenfeuchte zu gewährleisten, ohne Staunässe zu verursachen.
Pflege: Ingwer benötigt regelmäßige **Bewässerung** und **locker-humosen Boden**. Der Boden sollte regelmäßig aufgelockert und von Unkraut freigehalten werden. Da Ingwer eine feuchtigkeitsliebende Pflanze ist, ist das Mulchen von Vorteil, um die Feuchtigkeit im Boden zu halten. **Schutz vor Kälte** und starkem Wind ist besonders im Frühjahr wichtig. Die Pflanzen sind empfindlich gegenüber Staunässe, weshalb eine **gute Drainage** unerlässlich ist.
Düngerbedarf: Ingwer hat einen hohen Nährstoffbedarf. Ein stickstoff- und kaliumreicher Dünger fördert das Wachstum der Rhizome. Ein empfohlener Nährstoffbedarf ist:

- 100 kg/ha Stickstoff (N),
- 50 kg/ha Phosphat (P_2O_5),
- 150 kg/ha Kalium (K_2O).

Die Düngergaben sollten während der Vegetationsperiode aufgeteilt werden, um ein gleichmäßiges Wachstum zu gewährleisten.
Ernte: Die Ernte erfolgt im **Spätherbst (Oktober bis November)**, wenn die Blätter beginnen, gelb zu werden und abzusterben. Die Rhizome werden vorsichtig ausgegraben und von der Erde befreit. **Frischer Ingwer** kann direkt vermarktet oder für eine längere Haltbarkeit getrocknet werden.

© madorf/Shutterstock.com

Lagerung: Ingwer sollte kühl und trocken gelagert werden, um Schimmelbildung zu vermeiden. Frischer Ingwer kann bei einer Temperatur von **12 bis 15 °C** für mehrere Wochen gelagert werden. Für den Handel wird Ingwer oft getrocknet oder in kleinen Mengen - eventuell vakuumverpackt - angeboten.
Sorten: In Österreich sind hauptsächlich Sorten wie **'Chinese Yellow'** und **'Indian Blue'** verbreitet. Für den gewerbsmäßigen Anbau werden auch zunehmend Züchtungen verwendet, die für den Anbau in gemäßigten Zonen geeignet sind.
Hinweis: Ingwer erfordert im österreichischen Klima intensive Pflege und spezielle Schutzmaßnahmen (wie beheizte Gewächshäuser), um optimale Erträge zu erzielen.

Der Kurkuma

(Curcuma longa L.)

Kultur: Kurkuma wird in Österreich als mehrjährige, tropische Pflanze kultiviert, jedoch in gemäßigten Klimazonen wie Österreich einjährig angebaut. Die Pflanze benötigt einen geschützten Standort, da sie frostempfindlich ist. Für den Anbau eignen sich am besten **Gewächshäuser** oder **Folientunnel**. Optimale Bedingungen sind Temperaturen zwischen **20 und 30 °C** mit hoher Luftfeuchtigkeit. Die Pflanzung erfolgt im Frühjahr, nachdem keine Frostgefahr mehr besteht.
Anzucht: Die Anzucht von Kurkuma erfolgt durch **Rhizomteile** (etwa 5–7 cm lange Abschnitte), die direkt in die Erde gesetzt werden. Die Anzuchttemperatur sollte konstant bei etwa **25 °C** liegen, um ein schnelles Wachstum zu fördern. Die Pflanzung der Rhizome kann ab **März** in Töpfen oder ab **Mitte Mai** direkt ins Freiland erfolgen, sofern die Temperaturen stabil über 18 °C liegen.

Pflanzung: Der Abstand der Pflanzen sollte etwa **30 × 30 cm** betragen. Kurkuma bevorzugt einen humusreichen, lockeren Boden mit guter Drainage. Die Pflanzen sollten etwa **5–7 cm** tief gesetzt werden, um den Rhizomen genügend Platz zur Entwicklung zu geben.

Pflege: Kurkuma benötigt **regelmäßige Bewässerung**, da sie feuchtigkeitsliebend ist. Eine **Tröpfchenbewässerung** ist ideal, um die Feuchtigkeit konstant zu halten, ohne Staunässe zu verursachen. Zudem sollte der Boden regelmäßig aufgelockert und von Unkraut freigehalten werden. **Mulchen** kann helfen, die Feuchtigkeit zu bewahren und den Unkrautdruck zu reduzieren. In kälteren Nächten kann eine **Abdeckung mit Vlies** notwendig sein, um die Pflanzen vor kühleren Temperaturen zu schützen.

Düngerbedarf: Kurkuma hat einen hohen Nährstoffbedarf, insbesondere Stickstoff und Kalium. Eine Startgabe von **100 kg/ha Stickstoff, 60 kg/ha Phosphat** und **120 kg/ha** Kalium ist empfehlenswert. Während der Vegetationsperiode können zusätzliche Stickstoffgaben sinnvoll sein, um das Wachstum der Rhizome zu fördern.

Ernte: Die Ernte erfolgt etwa **9–10 Monate nach der Pflanzung**, sobald die Blätter gelb werden und absterben. Die Rhizome werden vorsichtig aus dem Boden gehoben, gereinigt und getrocknet.

Lagerung: Frisch geerntete Kurkuma-Rhizome können für kurze Zeit bei Raumtemperatur gelagert werden, jedoch verlängert eine Lagerung bei etwa **12–14 °C** die Haltbarkeit erheblich. Die Rhizome sollten gut belüftet und trocken gelagert werden, um Schimmelbildung zu vermeiden.

Sorten: Zurzeit werden in Österreich vor allem **importierte Sorten** wie **'Indira Yellow'** und **'Madras'** für den Anbau verwendet. Es gibt jedoch auch Züchtungen, die speziell für den gemäßigten Anbau geeignet sind.

Hinweis: In Österreich ist Kurkuma ein Nischenprodukt und erfordert spezifische Anbautechniken, um optimale Erträge zu erzielen. Gewächshäuser bieten die besten Bedingungen für den Anbau, da Kurkuma ein tropisches Klima bevorzugt.

Mittlere Erträge im Freilandgemüsebau

Die **mittleren Erträge** im **Freilandgemüsebau** unterscheiden sich deutlich zwischen **biologischem** und **konventionellem Anbau**.

Im **konventionellen Anbau** liegen die Erträge im Durchschnitt **20-25% (40 %)** höher als im biologischen Anbau. Dies ist vor allem auf den Einsatz von synthetischen Düngern und Pflanzenschutzmitteln zurückzuführen, die das Pflanzenwachstum schneller und effizienter fördern. Der durchschnittliche Ertragsunterschied variiert je nach Kulturart, mit besonders hohen Differenzen bei ertragreichen Kulturen wie Getreide und Raps. Im konventionellen Gemüsebau erreichen Kulturen wie Karotten und Blumenkohl beispielsweise sehr hohe Hektarerträge, die aufgrund der intensiveren Nutzung und der Möglichkeiten des Pflanzenschutzes stabil bleiben.

Im **biologischen Gemüsebau** hingegen fallen die Erträge in der Regel **um 20 bis 40 % geringer** aus, können aber unter optimalen Bedingungen nur **um 10 % geringer** sein, abhängig von der Kultur und den Umweltbedingungen. Die geringeren Erträge im Biolandbau sind auf den Verzicht auf chemische Dünger und Pflanzenschutzmittel zurückzuführen, was die Pflanzenentwicklung meist verlangsamt. Bei Kulturen wie Hülsenfrüchten oder Dinkel können die Ertragsunterschiede jedoch deutlich geringer sein, da der biologische Anbau bei diesen Pflanzen von Natur aus sehr effektiv ist.

Generell liegt der **Ertragsunterschied** zwischen biologischem und konventionellem Anbau, abhängig von den spezifischen Bedingungen und Kulturen, bei **8 bis 40 %** (je nach Studien und Vergleichsparametern).

Gemüsearten	Pflanzen				
	Brutto	Ausbeute	Stück/Bund	Kilo/Stück	Ertrag je ha
Blumenkohl/Karfiol	23.000	75 %			17.250 Stück
Brokkoli	32.000	75 %		0,50	12.000 kg
Buschbohnen	285.000				10.000 kg
Chicorée	245.000	70 %		0,15	25.725 kg
Chinakohl	74.000	75 %		1,00	55.500 kg
Einlegegurken	84.000				50.000 kg
Eissalat	66.000	70 %			46.200 Stück

(Nach Schlaghecken, 2003/2004)

Gemüsearten			Pflanzen		
	Brutto	Ausbeute	Stück/Bund	Kilo/Stück	Ertrag je ha
Endivien, glattblättrig	70.000	75 %			52.500 Stück
Endivien/Frisée	70.000	70 %			49.000 Stück
Erbsen					6.000 kg
Feldsalat/Rapunzel					6.000 kg
Grünkohl					30.000 kg
Knollenfenchel	94.000	80 %		0,30	22.560 kg
Kohlrabi	100.000	70 %			70.000 Stück
Kopfsalat	84.000	70 %			58.800 Stück
Lollo-Salat	84.000	70 %			58.800 Stück
Möhren, Wasch-	1.350.000	65 %		0,07	61.425 kg
Möhren, Bund-	175.000	60 %	10er-Bund		105.000 Bund
Petersilie, Blatt, (pro Schnitt)					20.000 kg
Porree	155.000	80 %		0,30	37.200 kg
Radicchio	77.000	60 %		0,30	13.860 kg
Radieschen	2.000.000	70 %	20er-Bund		70.000 Bund
Rettich, Bund-	64.000	70 %	5er-Bund		8.960 Bund
Rettich, Japanischer	100.000	50 %			50.000 Stück
Rhabarber					40.000 kg
Rosenkohl/Sprossenkohl					12.000 kg
Rote Rüben					40.000 kg
Rotkohl/Rotkraut					40.000 kg
Rucola					15.000 kg
Schälgurken					40.000 kg

Gemüsearten	Brutto	Ausbeute	Pflanzen Stück/Bund	Kilo/Stück	Ertrag je ha
Sellerie, Knollen-	50.000	80 %		0,90	36.000 kg
Sellerie, Bund-	66.000	95 %	5er-Bund		12.540 Bund
Sellerie, Stangen-	110.000	90 %			99.000 Stück
Spargel					6.000 kg
Spinat, Frischmarkt-					15.000 kg
Spinat, Industrie-					20.000 kg
Stangenbohnen					26.000 kg
Weißkohl/Weißkraut					60.000 kg
Wirsing/Kohl					30.000 kg
Zucchini					26.000 kg
Zuckermais	68.000	70 %	2er-Schale		17.000 Schalen
Zwiebeln, Winter-					45.000 kg
Zwiebeln, Sommer-					40.000 kg
Zwiebeln, Bund-	3.500.00	60 %	10er-Bund		214.000 Bund

ANHANG

Weiterführende Literatur

Aktualisierte Links zu Richtlinien und Pflanzenschutz finden Sie ab sofort auf der buchbegleitenden Website https://fachbuch.cadmos.de/gemuesebau-praxis/

biohelp – Biologischer Pflanzenschutz für den beruflichen Anwender. https://www.biohelp-profi.at

Düngewerte Gemüse für die Nährstoffe Stickstoff, Phosphor und Kalium; Boden.Wasser.Schutz Beratung im Auftrag des Landes OÖ. https://www.bwsb.at/media.php?filename=download%3D%2F2024.09.23%2F1727081638361487.pdf&rn=2024_09_23_Duengewerttabelle-Gemuese_V1.pdf

Liste der Pflanzenschutzmittel für Gemüse. lkWarndienst. https://warndienst.lko.at/liste-der-pflanzenschutzmittel-fuer-gemuese+2500+1073153

Natürlicher Pflanzenschutz im Gemüsegarten ohne Chemie. Umwelt Bundesamt. https://www.umweltbundesamt.de/umwelttipps-fuer-den-alltag/garten-freizeit/pflanzenschutz-im-gemuesegarten

Pflanzenschutzempfehlungen für den Biogemüsebau. FiBL 2023. DOI 10.5281/zenodo.7760415
https://www.fibl.org/fileadmin/documents/shop/1284-pflanzenschutzempfehlung.pdf

Pflanzenschutz im Erwerbsgemüsebau. Landwirtschaftliches Technologiezentrum Augustenberg, 2024.
https://ltz.landwirtschaft-bw.de/site/pbs-bw-mlr-root/get/documents_E2025183669/MLR.LEL/PB5Documents/ltz_ka/Kulturpflanzen/Gemüsebau/Pflanzenschutz/Integrierter%20Pflanzenschutz_DL/Integrierter%20Pflanzenschutz_Erwerbsgemüsebau.pdf

Richtlinie für die sachgerechte Düngung im Garten- und Feldgemüsebau. Bundesministerium für Land- und Forstwirtschaft, Regionen und Wasserwirtschaft. https://info.bml.gv.at/dam/jcr:6c7b56b7-b4d6-44e6-a898-6887ed545467/Richtlinie%20für%20die%20sachgerechte%20Düngung%20im%20Garten-%20und%20Feldgemüsebau.pdf

Arznei- und Gewürzpflanzen. Dachler M., Pelzmann H., avBUCH, 2017

Gemüsebau. Laber, H., Lattauschke, G., Eugen Ulmer Verlag, 2023

Gemüseproduktion. Krug H., Liebig H., Stützel H., Eugen Ulmer Verlag, 2023

Ökologischer Gemüsebau. Eghbal, R., Verlag Bioland, 2024

Zander – Handwörterbuch der Pflanzennamen. Eugen Ulmer Verlag, Erhardt W. et al; 19. Auflage 2014

RICHTLINIEN DER VERBÄNDE IN ÖSTERREICH, DEUTSCHLAND UND DER SCHWEIZ

www.bio-austria.at

www.bioland.de

www.naturland.de

www.biosuisse.ch

EU-BIO-VERORDNUNG

https://eur-lex.europa.eu/legal-content/DE/TXT/?uri=celex%3A32018R0848
Betriebsmittelbewertung für die biologische und gentechnikfreie Landwirtschaft

NATIONALE UND INTERNATIONALE INTERNET-DATENBANKEN UND DATENSAMMLUNGEN IM DIENSTE DER LANDWIRTSCHAFT

Europäische Union – Rechtsvorschriften

https://forschung.boku.ac.at/de
Forschungsdatenbank der Universität für Bodenkultur (BOKU)

https://www.baes.gv.at/zulassung/pflanzensorten/oesterreichische-sortenliste
Österreichische Sortenliste für landwirtschaftliche Pflanzenarten und Gemüsearten

LANDWIRTSCHAFTLICHE LITERATURDATENBANKEN

https://boku.ac.at/bib/literatursuche/bibliothekskataloge
Bibliothekskatalog der Universität für Bodenkultur (BOKU)

https://vlb.de
Verzeichnis lieferbarer Bücher in Österreich, Deutschland, Schweiz (VLB)

Bio-Kontrollstellen in Österreich und Deutschland

BIO-KONTROLLSTELLEN IN ÖSTERREICH

Code Kontroll-behörde	Name der Kontrollstelle	Zuständig für Bundesländer	Adresse	Kontaktinformationen	Website
AT-BIO-302 (Landwirte) AT-BIO-301 (Verarbeiter)	**Austria Bio Garantie GmbH**	O, N, W	*Standort Enzersfeld* Königsbrunner Straße 8, 2202 Enzersfeld	Tel: +43 2262 672212 E-Mail: enzersfeld@abg.at	www.abg.at
		B, K, S, ST, V	*Standort Lebring* Parkring 2, 8403 Lebring	Tel: +43 3182 40101 E-Mail: lebring@abg.at	
		T	*Standort Innsbruck* Wilhelm-Greil-Straße 9, 6020 Innsbruck	Tel: +43 9292 3100 E-Mail: innsbruck@abg.at	
AT-BIO-401	**BIOS-Biokontrollservice Österreich**	O, B, K, N, S, ST, T, V, W	Feyregg 39, 4552 Wartberg	Tel: +43 7587 7178 E-Mail: office@bios-kontrolle.at	www.bios-kontrolle.at
AT-BIO-402	**LACON** – Privatinstitut f. Qualitätssicherung u. Zertifizierung ökologisch erzeugter Lebensmittel GmbH	O, B, K, N, S, ST, T, V, W	Am Teich 2, 4150 Rohrbach	Tel: +43 7289 40977 E-Mail: office@lacon-institut.at	www.lacon-institut.at
AT-BIO-501	**SLK – Salzburger Landwirtschaftliche Kontrolle GesmbH**	S, B, K, N, O, ST, T, V, W	Kleßheimer Straße 8a 5071 Salzburg	Tel: +43 662 6494830 E-Mail: office@slk.at	www.slk.at
AT-BIO-901	**LVA GmbH**	W, B, K, N, O, S, ST, T, V	Magdeburggasse 10, 3400 Klosterneuburg	Tel: +43 2243 26622-4210 E-Mail: service@lva.at	www.lva.at
AT-BIO-902	**SGS Austria Controll – Co. GesmbH**	W, B, K, N, O, S, ST, T, V	Grünbergstraße 15, Stiege 2, 6. Stock, 1120 Wien	Tel: +43 1 51225670 E-Mail: sgs.austria@sgs.com	www.sgs-kontrolle.at
AT-BIO-903	**Zertifizierungsstelle LKV Austria**		Auf der Gugl 3, 4021 Linz	Tel: +43 50 6902 3130 E-Mail: zertifizierung@lkv-austria.at	www.lkv.at

DEUTSCHE BIO-KONTROLLSTELLEN

Code Kontrollbehörde	Name der Kontrollstelle	Adresse	Kontaktinformationen	Website
DE-ÖKO-001	**Kiwa BCS Öko-Garantie GmbH**	Marientorgraben 3–5, 90402 Nürnberg	Tel: +49 911 42 43 90 Fax: +49 911 42 43 72 E-Mail: DE.Info.BCS@kiwa.com	www.kiwa.com/de/de/
DE-ÖKO-003	**LACON GmbH** – Privatinstitut für Qualitätssicherung und Zertifizierung ökologisch erzeugter Lebensmittel	Moltkestraße 4, 77654 Offenburg	Tel: +49 781 96679 200 Fax: +49 781 96679 300 E-Mail: lacon@lacon-institut.org	www.lacon-institut.com
DE-ÖKO-005	**Ecocert Deutschland GmbH**	Reichenaustraße 39, 78476 Konstanz	Tel: +49 7531 81 30 1 0 Fax: +49 3222 39 46 735 E-Mail: office.deutschland@ecocert.com	www.ecocert.de
DE-ÖKO-006	**ABCERT AG** – Kontrollstelle für ökologisch erzeugte Lebensmittel	Martinstraße 42–44, 73728 Esslingen	Tel: +49 711 35 17 92 0 Fax: +49 711 35 17 92 200 E-Mail: info@abcert.de	www.abcert.de
DE-ÖKO-007	**Prüfgesellschaft ökologischer Landbau mbH**	Bahnhofstraße 9, 76137 Karlsruhe	Tel: +49 721 62 68 40-0 Fax: +49 721 62 68 40-22 E-Mail: kontakt@oeko007.de	www.pruefgesellschaft.bio
DE-ÖKO-009	**LC Landwirtschafts-Consulting GmbH Gesellschaft für Kontrolle und Zertifizierung**	Grüner Kamp 15–17, 24768 Rendsburg	Tel: +49 4331 33 630-0 Fax: +49 4331 33 630-12 E-Mail: info@lc-sh.de	www.lc-sh.de
DE-ÖKO-012	**AGRECO R.F. GÖDERZ GmbH**	Mündener Straße 19, 37218 Witzenhausen	Tel: +49 5542 40 44 Fax: +49 5542 65 40 E-Mail: info@agrecogmbh.de	www.agrecogmbh.de
DE-ÖKO-013	**QC & I GmbH** – Gesellschaft f. Kontrolle u. Zertifizierung v. Qualitätssicherungssystemen mbH	Gleuelerstraße 286, 50935 Köln	Tel: +49 6551 147 641 Fax: +49 6551 147 645 E-Mail: qci@qci.de	www.qci.de

Code Kontrollbehörde	Name der Kontrollstelle	Adresse	Kontaktinformationen	Website
DE-ÖKO-021	**Grünstempel® – Ökoprüfstelle e.V.** EU Kontrollstelle für ökologische Erzeugung und Verarbeitung landwirtschaftlicher Produkte	Kirchgang 9A, 39164 Wanzleben	Tel: +49 39209 6968-0 Fax: +49 39209 6968-11 E-Mail: info@gruenstempel.de	www.gruenstempel.de
DE-ÖKO-022	**Kontrollgesellschaft ökologischer Landbau mbH**	Ettlinger Straße 59, 76137 Karlsruhe	Tel: +49 721 35 239 10 Fax: +49 721 35 239 09 E-Mail: kontakt@kontrollgesellschaft.de	www.kontrollgesellschaft.de
DE-ÖKO-034	**Fachgesellschaft für ÖKO-Kontrolle mbH**	Hinterm Rehmel 12, 19395 Plau am See	Tel: +49 38735 81 83 81 Fax: +49 38738 81 83 83 E-Mail: info@fgs-kontrolle.de	www.fgs-kontrolle.de
DE-ÖKO-037	**ÖKOP Zertifizierungs GmbH**	Europaring 4, 94315 Straubing	Tel: +49 9421 96 10 90 Fax: +49 9421 96109-29 E-Mail: biokontrollstelle@oekop.de	www.oekop.de
DE-ÖKO-039	**GfRS Gesellschaft für Ressourcenschutz mbH**	**Prinzenstraße 4**, 37073 Göttingen	Tel: +49 551 37 07 53 47 od. 551 48 87 731 Fax: +49 551 58 774 E-Mail: postmaster@gfrs.de	www.gfrs.de
DE-ÖKO-044	**ARS PROBATA GmbH** Zertifizierungsstelle für Lebensmittelsicherheitssysteme	Möllendorffstraße 47, 10367 Berlin	Tel: +49 30 47 00 46 32 Fax: +49 30 47 00 46 33 E-Mail: organic.efap@cpt.eurofinseu.com	www.ars-probata.com
DE-ÖKO-060	**QAL Gesellschaft für Qualitätssicherung in der Agrar- und Lebensmittelwirtschaft GmbH**	Am Branden 6b, 85256 Vierkirchen	Tel: +49 8139 80 27 0 Fax: +49 8139 80 27 50 E-Mail: info@qal-gmbh.de	www.qal-gmbh.de
DE-ÖKO-064	**ABCG mbH** Agrar-, Beratungs- und Controll GmbH	An der Hessenhalle 4, 36304 Alsfeld	Tel: +49 6631 9149 490 Fax: +49 6631 9149 495 E-Mail: info@abcg-alsfeld.de	www.abcg-alsfeld.de

Code Kontrollbehörde	Name der Kontrollstelle	Adresse	Kontaktinformationen	Website
DE-ÖKO-070	**Control Union Certifications Germany GmbH**	Bornitzstraße 73–75, 10365 Berlin	Tel: +49 30 5 09 69 88-0 Fax: +49 30 5 09 69 88-88 E-Mail: bio-kontrollstelle@controlunion.com	www.controlunion-germany.com
DE-ÖKO-071	**Milchprüfring Baden-Württemberg** Gesellschaft für Dienstleistungen in der Milchwirtschaft mbH	Marie-Curie-Straße 19, 73230 Kirchheim/Teck	Tel: +49 7021 505-300 E-Mail: oeko@mprbw-zert.de	mprbw-zert.de
DE-ÖKO-072	**GSCI Services GmbH**	Hans-Henny-Jahnn-Weg 53, 22085 Hamburg	Tel: +49 4022 86 61 75-0 Fax: +49 4022 86 61 75-9 E-Mail: bio@gsci-services.de	www.gsci-services.de
DE-ÖKO-073	**Bio-Kontroll Institut GmbH**	Schlossstrasse 16/2, 74592 Kirchberg an der Jagst	Tel: +49 7954 9215550 E-Mail: info@biokontroll-institut.org	biokontroll-institut.org

Stichwortverzeichnis

Michael Dachler, Helmut Pelzmann

Arznei- und Gewürzpflanzen

Das Interesse an Arznei- und Gewürzpflanzen hat in den letzten Jahren stetig zugenommen. Dies drückt sich unter anderem in einer Ausdehnung der Anbauflächen aus. Das Buch verfolgt das Ziel, dem Landwirt die wesentlichen Grundlagen der Produktionstechnik und der Vermarktung zu vermitteln. Darüber hinaus soll es allen Interessierten in Lehre und Beruf als Informationsquelle über den aktuellen Wissensstand dienen.

Aus dem Inhalt:

- Gesetzliche Bestimmungen
- Inhaltsstoffe
- Anbau, Produktion, Ernte und Verarbeitung
- Vermarktung und Produktpalette
- Detaillierte Kulturanleitungen von 65 Arten

Blick ins Buch

336 Seiten; durchgehend farbige Abbildungen, Softcover
ISBN: 978-3-8404-8306-6
Preis: 33,38 €

Eva Maria Lipp

Direktvermarktung

Direktvermarktung liegt im Trend: Viele Konsumenten greifen lieber zu regionalen, saisonalen und selbst hergestellten Lebensmitteln direkt vom Bauernhof. Direktvermarkter in ländlichen Regionen haben reichlich zu bieten – vom klassischen Abhof – Verkauf, Bauernmarkt, Bauernladen, Catering, Food Coops bis hin zum Onlineversand. Die Direktvermarktung von Produkten und Dienstleistungen ist eine zeitgemäße Einkommenschance für Bäuerinnen und Bauern und eine wichtige Schnittstelle zwischen Landwirtschaft und Konsumenten.

Aus dem Inhalt:

- wirtschaftliche Absicherung des Betriebes
- Schaffung und Absicherung von Arbeitsplätzen
- Umsetzung persönlicher Ideen und Kreativität
- Zurück zu Regionalität und Saisonalität
- regionale Produkte, die von den Kunden geschätzt werden.

Blick ins Buch

160 Seiten; durchgehend farbige Abbildungen, Softcover
ISBN: 978-3-8404-8511-4
Preis: 27,80 €

avBUCH im CADMOS Verlag

Cadmos Verlag GmbH, Sturzgasse 1a, 1140 Wien
Tel. +43 (0)1 982 33 44 – 491, vertrieb@cadmos.at
www.cadmos.de, www.avbuch-shop.at